_____ 님의 소중한 미래를 위해
이 책을 드립니다.

핵심만 쏙쏙 짚어내는

1일 1페이지
수학 365

핵심만 쏙쏙 짚어내는 **1일 1페이지 수학365**

배수경·나소연 지음

메이트북스

메이트북스 우리는 책이 독자를 위한 것임을 잊지 않는다.
우리는 독자의 꿈을 사랑하고,
그 꿈이 실현될 수 있는 도구를 세상에 내놓는다.

핵심만 쏙쏙 짚어내는 1일 1페이지 수학 365

초판 1쇄 발행 2021년 7월 16일 **❘ 초판 2쇄 발행** 2022년 6월 10일 **❘ 지은이** 배수경·나소연
펴낸곳 ㈜원앤원콘텐츠그룹 **❘ 펴낸이** 강현규·정영훈
책임편집 안정연 **❘ 편집** 박은지·남수정 **❘ 디자인** 최정아
마케팅 김형진 · 서정윤 · 차승환 **❘ 경영지원** 최향숙 **❘ 홍보** 이선미 · 정채훈
등록번호 제301-2006-001호 **❘ 등록일자** 2013년 5월 24일
주소 04607 서울시 중구 다산로 139 랜더스빌딩 5층 **❘ 전화** (02)2234-7117
팩스 (02)2234-1086 **❘ 홈페이지** matebooks.co.kr **❘ 이메일** khg0109@hanmail.net
값 18,000원 **❘ ISBN** 979-11-6002-339-8 43410

수학적으로 설명하고 입증하지 못하는
인간의 탐구는 진정한 과학이 아니다.

• 레오나르도 다빈치 •

1일 1개념이면 수학 기초력 만렙

수학을 잘하고 싶은 친구들이 물량 공세로 전략을 세우는 경우가 많습니다. 수학의 정체를 잘 모르고 무조건 아이의 점수만 올리고 싶은 학부모의 경우도 마찬가지이고요. 수학 교사로서 가장 많이 듣는 고민의 주제가 바로 "저는 시험 전에 항상 문제를 3000개 정도 푸는데 왜 85점밖에 안 나오는 거죠?"이거나 "우리 애가 중학교 때까지는 늘 90점 이상이었는데 이상하게도 고등학교 올라가니 40점에서 올라올 줄을 모르네요."입니다.

그건 모두 수학의 가장 기본인 '개념'을 소홀히 하고 대충 넘긴 다음, 문제의 유형과 그에 따른 문제 풀이 절차만 달달 외운 후 함께 실린 유제만 몇십 개씩 풀기 때문입니다.

사실 방정식 문제 3000개를 풀었더라도 유형이 비틀리고 묻는 방식을 바꾸어 버려 내가 풀어보지 않은 문제가 출제되면 85점을 넘길 수 없게 됩니다. 안타깝게도 대부분의 시험이라는 것은 변별을 해야 하는 슬픈 운명을 가졌기에 소위 '한 방' 문제를 안 낼 수가 없는 법입니다. 이러한 상황의 심각성은 중학교보다는 고등학교에서 더욱 커지겠지요?

하지만 문제를 풀기 이전에 방정식에 대한 개념과 그에 따른 다양한 과정에 대한 이해를 완벽하게 한다면 단 30개의 문제만 풀더라도 그 한 방 문제를 해결해 낼 힘이 생길 것입니다. 개념없이 푼 3000문제 따위와는 비교가 되지 않을 진짜 실력을 소유하게 되는 것이지요.

개념을 알게 된다는 건 다른 사람에게 이 개념을 설명할 수 있게 되는 것을 의미합니다. 혼자서 문제 몇 개를 더 푸는 것보다 누군가에게 개념을 설명하거나 세상의 다양한 상황을 개념과 연관지어보는 것이 더 낫습니다. 처음에는 시간만 더 걸리고 문제를 파고 드는 친구보다 뒤처지는 것 같아 불안하겠지만 결승점에 다다를 그 시점에서는 분명 알게 될 것입니다. 누가 진정한 수학의 승자가 될 것인지를 말이죠.

문제 풀이보다 수학의 기초 체력인 개념을 먼저 채우고 싶다면 바로 이 책이 든든한 지원군이 되어줄 것입니다.

『핵심만 쏙쏙 짚어내는 1일 1페이지 수학 365』에는 중학교 수학과 고등학교 공통 수학의 모든 개념을 담았습니다. 중학생 친구들이 수업 진도에 맞추어 읽기에도 좋을 것이고, 수학이라는 녀석을 제대로 알고 싶은 고등학생 친구들에게도 큰 도움이 될 것입니다. 뿐만 아니라 수능을 준비하는 친구들 중에 수학의 기초가 없어서 무엇부터 시작해야 할지 막막한 경우에도 수학 기초 개념을 단박에 정리해줄 가장 좋은 친구가 될 것입니다.

이 책을 통해 수학의 개념을 확실히 잡아, 수학이 선발의 도구가 아니라 이 세상을 읽어내는 멋진 도구라는 것을 깨닫게 되길 바랍니다.

배수경·나소연

CONTENTS

PART 3 **함수** 180

이 책은 중학교부터 고등학교 1학년까지의 수학 교육과정의 모든 개념을 담고 있습니다. 덧붙여 이 기간의 개념을 이해하기 위해 필요한 초등학교 교육과정의 일부 내용도 포함하고 있습니다.

1일차부터 365일차까지 순서대로 읽어도 되지만 각 파트는 수학의 영역으로 나뉘어 있고 파트마다 중1부터 고1까지 개념이 나선형으로 배치되어 있기에 다른 공부를 하다가 깜빡했던 개념만 먼저 골라 읽어도 좋습니다.

이 책의 파트는 5개의 수학의 영역으로 구분되어 있습니다.

이 책의
활용법

1
수와 연산

고대의 숫자부터 시작해 인류가 필요에 의해 점차 발명해 온 수들인 자연수, 정수, 유리수, 실수, 복소수에 이르기까지 총망라해 소개합니다. 외우기보다는 여러 번 읽고 이해하는 방식으로 공부하세요. 매 학년초에 지난 학년에서 배웠던 개념까지 다시 읽고 반복한다면 크게 도움이 될 것입니다.

2
문자와 식

대수학에서 다루어지는 각종 개념을 비롯해 방정식, 부등식 등을 다루는 방법에 대해 자세히 소개합니다. 각 장의 개념을 이해한 후 수학 교과서 등에서 관련 문제를 연계해서 푼다면 개념을 확인하는데 도움이 될 것입니다.

3
함수

그래프, 정비례 함수부터 이차함수에 이르기까지 각종 함수를 수준별로 소개합니다. 소개된 개념과 그래프 그리는 방법을 눈으로만 이해하지 말고 반드시 표와 그래프로 직접 그려보며 공부해야 완벽하게 자신의 것으로 만들 수 있습니다.

4
기하

초등학교에서 배우는 삼각형부터 고등학교에서 배우는 원의 방정식까지 소개합니다. 개념 하나에 해당하는 도형의 종류가 다양하므로 하나의 도형의 개념을 공부할 때는 그 안에 포함되는 모든 종류의 도형의 특징을 구분해서 공부해야 도움이 됩니다.

5
확률과 통계

경우의 수, 확률과 다양한 자료의 통계 처리 방법에 대해 소개합니다. 개념을 암기하는 것은 별로 중요하지 않습니다. 소개하는 개념을 직접 활용해서 자료를 처리한 후 그것의 결과가 의미하는 바를 직접 해석해보고 수업 시간에 친구들과 비교하며 공부하세요.

365일 체크리스트

	Mon	Tue	Wed	Thu	Fri	Sat	Sun
1 Week	□	□	□	□	□	□	□
2 Week	□	□	□	□	□	□	□
3 Week	□	□	□	□	□	□	□
4 Week	□	□	□	□	□	□	□
5 Week	□	□	□	□	□	□	□
6 Week	□	□	□	□	□	□	□
7 Week	□	□	□	□	□	□	□
8 Week	□	□	□	□	□	□	□
9 Week	□	□	□	□	□	□	□
10 Week	□	□	□	□	□	□	□
11 Week	□	□	□	□	□	□	□
12 Week	□	□	□	□	□	□	□
13 Week	□	□	□	□	□	□	□
14 Week	□	□	□	□	□	□	□
15 Week	□	□	□	□	□	□	□
16 Week	□	□	□	□	□	□	□
17 Week	□	□	□	□	□	□	□
18 Week	□	□	□	□	□	□	□
19 Week	□	□	□	□	□	□	□
20 Week	□	□	□	□	□	□	□
21 Week	□	□	□	□	□	□	□
22 Week	□	□	□	□	□	□	□
23 Week	□	□	□	□	□	□	□
24 Week	□	□	□	□	□	□	□
25 Week	□	□	□	□	□	□	□
26 Week	□	□	□	□	□	□	□

	Mon	Tue	Wed	Thu	Fri	Sat	Sun
27 Week	☐	☐	☐	☐	☐	☐	☐
28 Week	☐	☐	☐	☐	☐	☐	☐
29 Week	☐	☐	☐	☐	☐	☐	☐
30 Week	☐	☐	☐	☐	☐	☐	☐
31 Week	☐	☐	☐	☐	☐	☐	☐
32 Week	☐	☐	☐	☐	☐	☐	☐
33 Week	☐	☐	☐	☐	☐	☐	☐
34 Week	☐	☐	☐	☐	☐	☐	☐
35 Week	☐	☐	☐	☐	☐	☐	☐
36 Week	☐	☐	☐	☐	☐	☐	☐
37 Week	☐	☐	☐	☐	☐	☐	☐
38 Week	☐	☐	☐	☐	☐	☐	☐
39 Week	☐	☐	☐	☐	☐	☐	☐
40 Week	☐	☐	☐	☐	☐	☐	☐
41 Week	☐	☐	☐	☐	☐	☐	☐
42 Week	☐	☐	☐	☐	☐	☐	☐
43 Week	☐	☐	☐	☐	☐	☐	☐
44 Week	☐	☐	☐	☐	☐	☐	☐
45 Week	☐	☐	☐	☐	☐	☐	☐
46 Week	☐	☐	☐	☐	☐	☐	☐
47 Week	☐	☐	☐	☐	☐	☐	☐
48 Week	☐	☐	☐	☐	☐	☐	☐
49 Week	☐	☐	☐	☐	☐	☐	☐
50 Week	☐	☐	☐	☐	☐	☐	☐
51 Week	☐	☐	☐	☐	☐	☐	☐
52 Week	☐	☐	☐	☐	☐	☐	☐

PART1에서는 수학의 기본 재료인 수와 그 수를 다루는 법에 대해서 익힙니다. 이러한 수의 개념은 중학교 매 학년과 고등학교 1학년 첫 단원의 주제이기도 합니다. 인류는 필요에 따라서 수의 개념을 확장시켜 왔습니다. 매 학년마다 등장하는 수의 개념을 꼭 기억해주세요.

1. 수의 체계를 기억하고 포함관계를 이해한다.
자연수–정수–유리수, 무리수–실수, 허수–복소수 등으로 확장되는 수의 체계와 그 포함관계를 머릿속에 그려놓는 것이 중요합니다. 인류가 무엇이 결핍된 상황에서 새로운 수를 발명해 냈는지 이해하면 그러한 수를 다루는 연산도 자연스럽게 이해하게 됩니다.

2. 연산의 법칙을 이해하고 실제로 연산을 연습한다.
흔히 사칙연산이라 불리는 덧셈, 뺄셈, 곱셈, 나눗셈의 계산 방법이 모든 수에 똑같이 적용되는 것은 아닙니다. 수의 영역이 커질수록 약속된 연산의 법칙을 잘 지켜야 하고 그것을 다루는 데 익숙해져야 합니다. 개념을 익힌 후에는 반드시 몇 개의 문제를 연습해 익히도록 합니다.

수의 연산을 너무 많이 연습하다 보면 질릴 수 있습니다. 빨리 계산하는 데 목표를 세우면 제대로 된 수학을 공부하기도 전에 수에 질리게 되니, 시간을 재지 말고 정확하게 계산하는 것에 포인트를 두고 연습하세요. 고1에서는 집합의 개념을 배우게 됩니다. 집합에서도 연산을 하게 되니 수와는 또다른 집합의 개념을 이해하지 않으면 집합의 연산이 헷갈릴 수 있습니다. 집합의 특징을 수와 비교하여 기억해주세요.

PART 1

수와
연산

수를 나타내는 이모티콘 '숫자'

고대에는 나무막대나 뼛조각에 일정한 간격으로 눈금을 새기거나, 물건의 개수를 조개껍데기 등과 하나씩 짝을 짓는 방법으로 수를 세었어요. 고대인들에게도 '하나, 둘, 많다~'라는 식의 양에 대한 개념이 있었고 이후 인류의 문명지마다 수를 나타내는 기호, 즉 '숫자'가 등장하게 됩니다. 마치 현대인들이 자신의 감정을 이모티콘으로 표현하듯이 말이죠.

바빌로니아에서는 1부터 59까지의 수를 1과 10을 나타내는 2개의 숫자 기호인 ▼, ◀을 사용하여 나타냈어요. 예를 들어 15와 20은 ⟨⟨⟨⟨, ⟨⟨과 같이 각각 나타냅니다. 60을 나타내는 숫자는 1을 나타내는 숫자 기호인 ▼를 다시 사용했어요. 대신 1과 구분하기 위해 61을 나타낼 때는 60의 기호와 1의 기호 사이에 간격을 두어 사용했지요. 그러니 ⟨⟨, ⟨⟨과 같이 간격에 확실히 차이를 두지 않으면 자칫 2와 헷갈리게 됩니다.

이집트에서는 1은 |(막대기), 10은 ∩(뒷꿈치뼈), 100은 ⟨(감긴 밧줄)과 같이 상형문자를 이용해 수를 나타냈어요. 심지어 일백만까지도 ⟨과 같이 수가 너무 커서 놀라는 사람을 나타내는 상형문자를 사용하여 일일이 나타냈지요. 그렇기 때문에 573을 표현하려면 100을 다섯 번, 10을 일곱 번, 1을 세 번 반복하여 자그마치 15개의 기호를 나열해야 하는 번거로움이 있었어요.

로마 숫자는 이집트 숫자보다 조금 더 발전하여 5, 50, 500을 나타내는 숫자를 따로 두어서 같은 숫자를 다섯 번 이상 반복하여 적는 불편함을 없앴습니다. 이는 현재에도 널리 사용되고 있습니다.

1	5	10	50	100	500	1000
I	V	X	L	C	D	M

아라비아 숫자

세상에서 가장 편리한 수의 표기법

여러분의 휴대폰 선물함에 기프티콘이 차곡차곡 쌓일 때마다 기프티콘의 개수는 어떻게 표현이 되나요? 우리가 태어날 때부터 보았기 때문에 너무나도 익숙한 1, 2, 3, 4, 5와 같은 아라비아 숫자로 표현되어 있을 것입니다. 이러한 아라비아 숫자는 놀랍게도 아랍인들이 아닌 기원전 300년경 인도 사람들의 발명품에서 비롯되었습니다.

인도에서 탄생했지만, 인도-유럽-북아프리카로 연결된 서부 무역로를 오가며 너무나도 편리한 인도 숫자의 매력을 알게 된 아라비아 상인들이 이를 세상에 널리 전파하게 되면서 '아라비아 숫자'라는 이름으로 불리게 되었답니다.

그렇다고 이 숫자가 처음부터 유럽인들에게 환영받기만 한 것은 아니었습니다. 11세기 스페인은 이미 로마 숫자를 사용하고 있었기 때문에 인도-아라비아 숫자 체계를 쉽게 받아들이지 못했어요. 심지어 이탈리아 몇몇 지역에서는 로마 숫자 외에는 사용을 금지하기도 했지요.

하지만 결국 16세기 유럽의 무역업자들이 0~9의 숫자로 수를 표기하는 것이 간결할 뿐 아니라 계산에도 효율적이라고 생각해 적극적으로 사용하게 되면서 인도-아라비아 숫자가 두루 퍼지기 시작했어요.

나중에는 인쇄기의 등장으로 인도-아라비아 숫자의 계산 방법에 대한 책이 출판되자 남녀노소 누구나 숫자를 쓰고 계산할 수 있게 되었고, 현재 전 세계인의 사랑을 한 몸에 받는 수 체계의 왕좌를 인도-아라비아 숫자가 차지하게 되었답니다.

인도 숫자	۱	۲	۳	۴	۵	۶	۷	۸	۹	۰
아라비아 숫자	1	2	3	4	5	6	7	8	9	0

기수법

수를 세는 다양한 방법

꼬꼬마 시절 숫자를 세어야 할 때 쉽게 소환
가능한 천연 계산기를 사용했던 기억이 있
을 겁니다. 우리 몸의 천연 계산기인 10개의
손가락 덕분에 0, 1, 2, 3, …, 9의 10개 숫자
를 이용하여 수를 세게 되었고 10을 한 묶음
으로 받아 올리는 십진법이 탄생하게 되었
지요.

바빌로니아 점토판

십진법은 10이 되면 자리가 올라가는 위
치 기수법으로 숫자의 위치에 따라 그 숫자
가 나타내는 값이 다릅니다. 예를 들어 십진법으로 나타낸 수 225에서, 맨 앞의 2
라는 숫자는 100의 자리에 위치하기 때문에 200을 뜻하지만, 가운데의 2는 10의
자리에 위치하므로 20이라는 값을 의미합니다.

수를 세는 방법은 십진법 외에도 여러 가지가 있었습니다. 기원전 3500년 전의
것으로 알려진 바빌로니아 점토판을 보면 고대 바빌로니아인들은 1시간을 60분,
1분을 60초로 나누는 육십진법을 사용했다는 것을 알 수 있습니다. 자연 현상을
중요하게 생각한 이들은 1년 동안 달 모양이 바뀌는 주기가 열두 번인 것을 관찰
하여 이로부터 십이진법을 만들어내기도 했답니다. 지금 현대인들의 시계와 달
력에도 그 흔적이 고스란히 남아 있습니다.

한편 마야인들은 손가락과 발가락까지 총동원하여 20까지 센 후 묶어 올렸기
때문에 이십진법을 사용하기도 했습니다.

이렇듯 다양한 기수법이 존재했지만 최후의 승자가 된 십진법! 아라비아의 수
학자인 알 콰리즈미가 인도의 기수법인 십진법을 극찬하고 아라비아 상인들도
편리하게 사용했지만 이 기수법을 모두가 좋아하지는 않았습니다. 그것은 10의
약수가 2와 5뿐이기 때문에 간단한 분수인 $\frac{1}{3}$조차 소수로 정확하게 나타낼 수 없
었기 때문입니다.

그 후 십진법에 소수점을 도입하는 등 여러 민족과 수학자에 의해 가다듬고 발
전되면서 십진법은 비로소 현재 우리가 쉽게 쓰는 기수법으로 자리잡게 되었습
니다.

0과 1로만 수를 나타내는 방식

1, 2, 3, 4,…와 같은 방법으로 수를 세고 표기하는 것이 편리하기 때문에 대부분의 분야에서 십진법을 사용합니다. 십진법에서 0부터 9까지 수를 세고 10이 되면 받아 올려 그 다음 10의 자리에 1로 표기하듯이 이진법에서도 0부터 1까지만 세고 2가 되면 받아 올려 그 다음 2의 자리에 1로 표기합니다. 이진법으로 나타낸 수는 십진법으로 나타낸 수와 구분하기 위해 $101_{(2)}$과 같이 괄호 안에 작은 수로 표시합니다. 예를 들어 이진법으로 나타낸 수 $11_{(2)}$에서 앞의 1은 2묶음 하나, 뒤의 1은 1이 하나 있다는 뜻이므로 이를 십진법으로 나타내면 3이 됩니다.

독일 수학자 라이프니츠는 여러분 주위에서 흔히 찾을 수 있는 전기 스위치처럼, 모든 자연 현상을 끄거나(0) 켜는(1) '예-아니오', '있다-없다'와 같이 이분법으로 해석하려고 했습니다. 또 영국의 수학자 불은 논리적인 수학적 사고 과정에서 참인 것은 1, 거짓인 것은 0의 값을 주었지요.

온 세상의 만물을 생물과 무생물로 나누는 것과 같이 서로 상반되는 것을 2가지로 나누어 생각하는 논리적 구분법은 이진법과 더불어 컴퓨터가 발달하는 데 있어서 큰 영향을 주었습니다.

이진법에서 사용되는 숫자는 0과 1 달랑 2개뿐이어서 '전류의 on-off', '코일의 자기화 방향 전환'에 쉽게 이용할 수 있습니다. 우리가 컴퓨터에 입력하는 정보가 복잡한 회로로 흐를 때 컴퓨터는 정보를 처리하는 회로의 상태를 on 또는 off 2가지 중 하나를 선택하여 처리하게 됩니다. 즉 컴퓨터에 전달된 정보를 이진법의 숫자 0과 1, 2개로 나누어 순식간에 처리하게 되는 것이죠. 결국 이진법은 컴퓨터를 존재하게 하는 힘의 원천이라고 할 수 있답니다.

시간과 시각

동안을 나타내는 시간, 때를 나타내는 시각

고대 바빌로니아인은 십이진법과 육십진법을 사용하여 시간, 분, 초를 구분하였습니다. 오늘날에도 여전히 같은 방법을 사용하여 하루 24시간 중 시계의 짧은 바늘이 처음으로 한 바퀴 도는 밤 12시부터 낮 12시까지의 12시간 동안을 오전, 그 다음 한 바퀴 도는 낮 12시부터 밤 12시까지의 12시간 동안을 오후라고 합니다. 그리고 낮 12시를 정오라고 부르지요.

뿐만 아니라 60분이라는 시간이 모이면 1시간이 되고, 60초라는 시간이 모이면 1분이 되는 것에서도 고대 바빌로니아인들이 사용한 기수법의 흔적을 느껴볼 수 있습니다.

우리는 일상생활에서 흔히 '지금 몇 시야? 시간 좀 알려줘'라고 말합니다. 그런데 이 말은 시간과 시각을 혼동하여 잘못 표현한 것입니다.

시각은 시간의 어느 한 시점을 콕 집어 말하는 것으로 '지금 몇 시야? 시각 좀 알려줘'라고 하는 것이 정확한 표현입니다. 시간을 한자로 써보면 시(때 時)와 간(사이 間)입니다. 한자 그대로 풀이하면 때와 때의 사이입니다. 그래서 시간은 어떤 시각부터 어떤 시각까지의 사이를 말하기 때문에 하루는 '24시각'이 아니라 '24시간'이라고 표현하는 것이지요.

친구와 약속 시각을 정할 때도 "지금 시각이 10시니까 3시간 후 1시에 만나자"라고 해야 정확하게 표현한 것입니다. 10시(시각)에 3시간(시간)을 더해서 1시(시각)가 된 것이죠. 이처럼 시간은 더하고 빼는 것이 가능합니다.

한 가지 더!

일상생활에서 사용하는 진법은 십진법만 있는 것이 아니라 십이진법도 있습니다. 예를 들면 1년은 12달이고 하루 24시간 중 오전과 오후는 각각 12시간으로 이루어져 있습니다. 그리고 연필 한 다스(dozon)는 12개로 이루어져 있으며 12인치는 1피트입니다. 12의 약수는 1, 2, 3, 4, 6, 12이고 10의 약수는 1, 2, 5, 10입니다. 그래서 십이진법을 사용하면 십진법보다 소수의 계산이 간단해질 수 있습니다. 십진법으로는 간단한 분수인 $\frac{1}{3}$조차 무한소수가 되지만 십이진법에서 $\frac{1}{3}$은 딱 떨어지는 유한소수로 나타낼 수 있기 때문입니다.

환영받지 못한 슬픈 수

내가 좋아하는 아이돌 그룹의 공연을 예매하기 위해 애타는 마음으로 남은 티켓 수를 확인해본 적 있나요? 이때, 남은 좌석을 세어보고 "티켓이 3장 남았어"라는 말은 하지만 "티켓이 0장 있어"라고 말하지는 않습니다. 대신 "흑흑, 남은 티켓이 하나도 없어"라고 말하겠지요. 이처럼 양을 나타낼 때 0은 의미가 없습니다.

　인류가 사칙연산을 하게 되면서 0은 환영받지 못했습니다. 왜냐면 0은 어떤 수에 더하더라도 그 값이 변하지 않고, 어떤 수에 0을 곱하면 모든 수를 0으로 만들어버리며 심지어 0으로는 그 어떤 수도 나눌 수 없었기 때문입니다. 고대에서 최고로 수학이 발전되었던 그리스, 이곳의 유명한 수학자였던 아리스토텔레스조차도 0은 '아무 것도 없는 수', '존재의 이유가 없는 수'라고 여겼으니까요.

　이렇듯 구박덩어리 수였던 0이 처음으로 인도에서 기호로 표현되었습니다. 인도에서 비어 있다는 뜻을 가진 '수냐(sunya)'라는 말에 해당하는 작은 동그라미가 0을 나타내기 위한 기호로 사용되기 시작한 것이죠. 이때까지 1부터 9까지만 사용하던 수 체계에 0이 들어가게 되었고 다른 숫자들과 동등하게 사용되기 시작했습니다.

　0이 비어 있는 자릿수를 채우는 기호의 역할을 하게 되면서 2000과 같이 비어 있는 자리를 나타내기에도 편리해졌습니다. 수의 개념과 셈에 밝았던 아라비아 상인들이 비어 있는 자리 계산에도 유용한 0의 역할을 깨닫게 되면서 인도-유럽-북아프리카의 무역에 인도 숫자를 활발히 사용하였습니다. 환영받지 못한 슬픈 수였던 0이 인류의 위대한 발명품인 0이라는 숫자의 탄생으로 거듭나면서 인도-아라비아 숫자가 더욱 빛을 발하게 되었습니다.

인류 최초의 자연스러운 수

1, 2, 3, 4, …와 같이 사물의 개수를 셀 때 쓰이는 수를 '자연수'라고 합니다. 고대
인에게도 자연수라는 개념이 있었을까요? 사물을 셀 때, 대상 하나 하나를 손가
락과 짝지어 세거나 뼛조각에 일정한 간격을 두고 한 줄 한 줄 새기며 세었기에
고대인에게도 자연수가 있었다고 할 수 있습니다. 물론 오늘날과 같은 수 체계를
사용하지는 않았지만 시각적인 방법으로 덧셈과 뺄셈도 했습니다.

자연수의 사용은 사물의 양을 세는 것부터 금융업, 무역 등에 이르기까지 우리
의 일상생활을 포함해 사회생활과도 매우 밀접한 관계가 있습니다. 그래서 그리
스의 피타고라스 학파는 '만물의 근원은 수'라고 생각했고 자연수에 특별한 의
미를 부여하기도 했습니다. 1은 모든 수의 근원, 2는 여성, 3은 남성, 5는 남성과
여성이 만나는 결혼, 10은 1, 2, 3, 4를 모두 더한 값이기에 신성한 수라고 여겼습
니다.

이처럼 자연수는 고대부터 있었던 지극히 자연스러운 수임에도 불구하고 자연
수에 대한 학문적 이론은 19세기에 이르러서야 이탈리아 수학자 페아노(Peano,
G.)에 의해 확립되었습니다.

페아노는 먼저 '1이 자연수이다', '모든 자연수는 다음 자연수를 가진다' 등
과 같은 자연스러운 사실은 일단 받아들이자고 했습니다. 이런 식으로 생각하면
1 다음의 수인 2도 자연수, 2 다음의 수인 3도 자연수가 되는 것이죠. 따라서 1에
서 출발해 1, 2, 3, 4, …와 같이 순서를 가지고 무한히 생겨나는 자연수에 대한 이
론적 체계가 완성됩니다.

독일의 수학자 데데킨트(Dedekind)가 자연수를 뜻하는 독일어 natürliche
Zahl의 머릿글자 n에서 따와 자연수의 집합을 N으로 나타냈습니다. 그 이후 오
늘날까지도 자연수를 흔히 N이라고 표현합니다.

자연수의 부족함을 채워주는 정수

혹시 여러분은 마이너스 통장을 본 적이 있나요? 보통의 통장은 내가 저금해서 쌓은 금액까지만 인출해서 찾아 쓸 수 있지만, 마이너스 통장은 잔액보다 더 많이 인출해서 찾아 쓸 수 있습니다. 물론 이건 내가 은행에 빚을 지게 되는 것이고 통장 잔액에는 마이너스(-) 기호로 표기가 됩니다.

인도의 브라마굽타도 이익은 양수로, 손해는 음수로 표현했습니다. 즉 서로 반대되는 수량을 구분한 것이지요. 이처럼 반대되는 수량 사이에 기준을 정하고 한쪽 수량에는 + 기호를, 다른 쪽 수량에는 - 기호를 붙여 나타내면 편리합니다. 예를 들어 이익 5000원은 +5000원, 손해 3000원은 -3000원과 같이 나타내는 것이지요.

'+'는 양의 부호라고 하고 '-'는 음의 부호라고 합니다. 덧셈, 뺄셈을 나타내는 기호와 모양은 같지만 그 의미는 다릅니다. 자연수에 양의 부호를 붙인 +1, +2, +3,…을 양의 정수라고 하고 자연수에 음의 부호를 붙인 -1, -2, -3,…을 음의 정수라고 합니다. 양의 정수와 음의 정수는 서로 반대되는 수량을 나타내고, 이때 기준은 0이 됩니다. 0은 양의 정수도 아니고 음의 정수도 아니지만 양의 정수, 0, 음의 정수를 통틀어서 '정수'라고 부릅니다.

양의 정수는 자연수와 같은 수를 의미하기 때문에 양의 정수에 붙는 부호 '+'는 특별히 강조해야 하는 경우를 제외하고 생략하여 간편하게 씁니다. 즉 양의 정수 +1, +2, +3,…은 자연수 1, 2, 3,…과 같은 것입니다.

자연수의 집합을 N이라고 나타내는 것처럼 정수의 집합은 수를 뜻하는 독일어 $Zahl$의 첫 글자를 따서 Z라고 표현합니다.

음수

음수는 가짜 수?

0보다 작은 수가 있을까요? 수라는 것을 구체적인 양을 세는 도구로만 여긴 과거에는 당대 최고의 수학자들조차 0보다 작은 수인 음수는 '가짜 수'라고 여기며 큰 고민거리로 취급했습니다.

사실 수를 사용한다는 것은 그 수를 계산하는 '연산'과 직결됩니다. 자연수의 경우 덧셈은 자연스럽게 계산할 수 있었고, 곱셈도 덧셈을 여러 번 반복하는 방법으로 가능했습니다. 물론 약간의 문제는 있지만 나눗셈 역시 곱셈을 거꾸로 생각해서 답을 얻을 수 있었지요. 예를 들어 10÷5는 5를 몇 번 곱하면 10이 되는지를 생각해 2라는 답을 얻을 수 있습니다. 하지만 음수를 '가짜 수'로 인식했던 과거에는 5-10의 답은 생각조차 하기 어려웠습니다.

음수에 대한 최초의 기록은 2000년 전 중국 한나라 때의 수학책인 『구장산술』에서 찾아볼 수 있습니다. 전체 9장으로 이루어진 이 책의 제8장 '방정장'에는 두 수의 부호가 서로 다를 때 덧셈이나 뺄셈을 하는 방법이 기록되어 있습니다. 실제 나무로 만든 막대로 계산할 때 양수는 빨간색, 음수는 검은색으로 나타내서 계산했지요.

오늘날 널리 사용되고 있는 십진법의 체계를 발명한 인도는 어땠을까요? 7세기 인도의 브라마굽타는 자신의 재산은 양수로, 빚은 음수로 표현하고 음수가 들어간 연산방법도 소개했습니다. 즉 당시 인도에서는 음수의 개념을 이해하고 진짜 수로 다루었던 것이죠.

인도의 수 체계가 유럽에 전파되었듯이 음수도 유럽에 전해졌지만 당시 유럽에서는 음수란 의미 없는 수이고 실용성도 없다며 인정하지 않았습니다. 유명한 수학자인 파스칼조차 '0보다 작은 수는 없다'라고 했을 정도니까요. 하지만 17세기 중반 수학자인 데카르트가 좌표를 발명해 사용하면서 0보다 큰 수는 양의 부호를 붙여 양의 정수, 0보다 작은 수는 음의 부호를 붙여 음의 정수라고 하면서 0까지도 새로운 수로 인정해 받아들이게 되었습니다.

소수(prime number)

암호로도 사용되는 비밀의 수

더 이상 쪼갤 수 없다는 뜻의 그리스어에서 온 '원자'와 같은 성질을 가지는 자연수는 무엇일까요? 자연수를 쪼갤 때 '더 이상 쪼개어지지 않는 수'는 1과 자기 자신으로만 나누어떨어지는 '소수'입니다.

소수는 2, 3, 5, 7, 11, 13, 17, 19, …로 이어지는데 그 끝은 아직 밝혀지지 않았고 간격도 불규칙해보입니다. 수학에는 규칙이 있고, 모든 문제는 답을 얻을 수 있다고 생각하는 수학자들에게 소수는 늘 흥미로운 탐구 대상이었습니다.

과연 수학자들은 소수의 비밀을 완벽히 풀어냈을까요? 아닙니다. 소수에 대한 위대한 논문이라는 리만 가설조차도 소수는 풀어지지 않는 미스터리라고 했습니다. 이런 미스터리를 가지고 있기 때문에 소수는 정보 보호를 위한 암호로도 사용되고 있습니다.

우리의 정보를 보호하기 위해 사용하는 암호화 및 인증 시스템 중 하나로 '공개키 암호방식(RSA)'이 있습니다. 예를 들어 어떤 두 소수 A, B의 곱 7136341을 이용하여 암호를 만들었다고 공개하면 어떤 두 소수 A, B를 알아야 암호를 풀 수 있습니다. 하지만 이 암호를 푸는 건 거의 불가능합니다. 왜냐면 1973과 3617의 곱인 7136341을 얻는 건 쉽지만, 거꾸로 7136341이 어떤 두 소수의 곱으로 이루어져 있는지 찾는 것은 매우 어렵기 때문입니다. 게다가 흔히 우리가 쓰는 암호는 300자리의 두 소수의 곱이기 때문에 곱의 결과를 알려주더라도 그 수가 어떤 두 소수의 곱인지 찾아내는 것은 100년 이상 걸릴 정도입니다.

한 가지 더!

땅 속에서 수년 동안 애벌레로 지내다가 땅 위로 올라와 허물을 벗고 성충이 되는 매미의 주기는 흥미롭게도 3, 5, 7, 13, 17과 같은 소수입니다.

예를 들어 매미의 주기가 6년, 천적의 출현 주기가 2년이라면 매미와 천적이 6년마다 만나지만 매미의 주기가 소수인 5년이면 천적을 10년마다 만나게 되어 천적으로부터 살아남을 가능성이 높아집니다. 작은 곤충인 매미도 나름의 생존 지혜를 갖고 있는 것입니다.

에라토스테네스의 체

자연수를 체로 걸러내어 남긴 소수

작은 막대기 하나만으로 거대한 지구의 둘레를 알아낸 신묘한 그리스인을 아시나요? 바로 에라토스테네스라는 수학자입니다. 고대의 수학자들은 약수에 대한 연구를 하던 중 자연수 중에는 1과 자기 자신만을 약수로 갖는 수가 있다는 사실을 발견하게 되었습니다. 이러한 수를 소수라 부르고 소수를 쉽게 찾아내는 방법을 알아내기 위해 머리를 모으기 시작했죠. 이들 중 가장 먼저 소수를 찾는 방법을 발견한 수학자가 바로 그리스인 에라토스테네스입니다.

그렇다면, 소수를 쉽게 찾는 에라토스테네스의 방법이란 무엇일까요? 우선 1부터 100까지 자연수를 차례로 적습니다. 그리고 모든 수의 약수이자 소수가 아닌 1을 제일 먼저 지웁니다. 1 다음의 수인 2는 1과 자기 자신만을 약수로 갖는 소수이므로 2는 남기고 2의 배수인 짝수를 모두 지웁니다. 3도 1과 자기 자신만을 약수로 갖는 소수이므로 3은 남기고 3의 배수를 모두 지웁니다. 4는 짝수이기 때문에 이미 지워졌으므로 그 다음 수인 5로 넘어가 소수인 5만 남기고 5의 배수를 모두 지웁니다.

이런 방법으로 소수만을 남겨두고 해당 소수의 나머지 배수들을 계속 지워나가면 결국 1과 100 사이의 소수만 남게 됩니다. 마치 자연수를 체로 걸러내어 소수만 남기는 것 같다고 하여 이 방법을 고안했던 수학자의 이름을 따서 '에라토스테네스의 체'라고 부른답니다.

1̶	②	③	4̶	⑤	6̶	⑦	8̶	9̶	1̶0̶
⑪	1̶2̶	⑬	1̶4̶	1̶5̶	1̶6̶	⑰	1̶8̶	⑲	2̶0̶
2̶1̶	2̶2̶	㉓	2̶4̶	2̶5̶	2̶6̶	2̶7̶	2̶8̶	㉙	3̶0̶
㉛	3̶2̶	3̶3̶	3̶4̶	3̶5̶	3̶6̶	㊲	3̶8̶	3̶9̶	4̶0̶
㊶	4̶2̶	㊸	4̶4̶	4̶5̶	4̶6̶	㊼	4̶8̶	4̶9̶	5̶0̶
5̶1̶	5̶2̶	㊽	5̶4̶	5̶5̶	5̶6̶	5̶7̶	5̶8̶	㊾	6̶0̶
㊿	6̶2̶	6̶3̶	6̶4̶	6̶5̶	6̶6̶	67	6̶8̶	6̶9̶	7̶0̶
71	7̶2̶	73	7̶4̶	7̶5̶	7̶6̶	7̶7̶	7̶8̶	79	8̶0̶
8̶1̶	8̶2̶	83	8̶4̶	8̶5̶	8̶6̶	8̶7̶	8̶8̶	89	9̶0̶
9̶1̶	9̶2̶	9̶3̶	9̶4̶	9̶5̶	9̶6̶	97	9̶8̶	9̶9̶	1̶0̶0̶

단위분수

분자가 1인 분수

'이집트' 하면 가장 먼저 떠오르는 이미지는 피라미드입니다. 이집트의 통치자는 피라미드를 만드는 노동자들에게 품삯으로 똑같은 양의 식량을 나누어주기를 원했습니다. 그런데 그렇게 하려면 나누어주려는 전체의 양을 1이라고 할 때 1을 노동자의 수로 나누어 얻게 되는 1인당 품삯을 표현할 1보다 작은 수가 필요했습니다. 이런 이유로 이집트인들은 $\frac{1}{2}, \frac{1}{3}, \frac{1}{4}, \frac{1}{5}, \cdots$과 같이 분자가 1인 단위분수와 $\frac{2}{3}$라는 분수를 사용했습니다.

예를 들어 빵 2개를 5명의 노동자에게 나누어줄 때 1인당 품삯을 오늘날에는 $\frac{2}{5}$라는 분수로 나타내지만 이집트에서는 단위분수를 이용해 빵 2개를 각각 3등분하여 한 개씩 나누어주고, 남은 $\frac{1}{3}$의 빵을 다시 5등분하여 각자에게 $\frac{1}{15}$씩 더 주는 방법인 $\frac{1}{3}+\frac{1}{15}$과 같은 방법으로 표시했습니다. 오늘날의 분수 표현보다는 길고 복잡해 보이지만 일꾼들의 품삯을 나눠주기엔 오히려 더 편리할 수도 있었을 겁니다.

이집트에서 사용했던 단위분수를 보여주는 대표적인 것은 '호루스의 눈'입니다. 호루스는 이집트의 두 신인 오시리스와 이시스의 아들이자 적을 물리친 이집트의 왕으로서 파라오의 왕권을 상징합니다. 이집트인들은 호루스의 눈 전체를 1로 하여 각 부분에 단위분수 $\frac{1}{2}, \frac{1}{4}, \frac{1}{8}, \frac{1}{16}, \frac{1}{32}, \frac{1}{64}$을 배치했습니다. 이때 모든 분수를 더하면 $\frac{63}{64}$이 되는데 1이 되기에 부족한 $\frac{1}{64}$은 호루스의 눈을 치유해 준 지식과 달의 신인 토트가 채워준다고 여겼습니다.

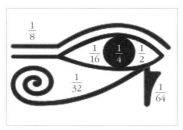

각 분수가 적힌 호루스의 눈

비와 비율

기준이 달라지면 달라지는 비와 비율

국제 경기 관련 뉴스를 시청하다 보면 같은 경기 결과를 두고도 나라마다 다르게 표현하는 것을 보게 됩니다. 만약 월드컵 경기에서 대한민국이 이탈리아를 상대로 "2대 1"의 승리를 거두었을 때, 이탈리아에서는 거꾸로 "1대 2"로 패했다고 말합니다. 왜 이탈리아에서는 같은 경기인데도 "2대 1"이 아닌 "1대 2"로 다르게 말할까요? 그것은 2개의 양을 비교함에 있어서 기준이 다르면 그 표현도 달라지기 때문입니다.

두 수의 양을 ' : '라는 기호를 사용하여 나타내는 것을 '비'라고 합니다. 비교하는 양을 앞쪽에, 기준이 되는 양을 뒷쪽에 적습니다. 2 : 1에서 2는 비교하는 양, 1은 기준량이 됩니다.

그리스인들은 자연수 외의 수는 '수'로 인정하지 않아서 두 양을 비교할 때 분수 대신 '비'를 사용했습니다. 예를 들어 피자 한 판을 절반으로 나누어 반을 먹었다고 할 때 전체 피자의 양에 대해 먹은 양을 $\frac{1}{2}$이 아닌 1 : 2와 같이 비로 나타내었습니다. 이에 비해 전체 피자의 양을 무조건 1로 두고 이에 대해 먹은 양을 분수 $\frac{1}{2}$이나 소수 0.5로 나타내는 것을 '비율'이라고 합니다.

이제 1 : 2와 2 : 1을 비교해볼까요? 언뜻 둘은 비슷하게 생겼지만 기준량에 대해 비교하는 양을 비율로 나타내면 각각 $\frac{1}{2}$과 $\frac{2}{1}$로 그 값이 완전 다릅니다. 어떤 수를 기준량으로 하고, 어떤 수를 비교하는 양으로 하느냐에 따라 비율은 전혀 달라지기 때문입니다. 바로 이런 이유로 같은 경기 결과를 두고도 이탈리아에서는 대한민국 축구팀의 득점인 2점을 기준으로 두었을 때, 이탈리아 축구팀은 1점을 얻었다는 뜻인 "1대 2"라고 말하는 것입니다.

백분율

기준량이 100인 비율

우리는 '파격 세일! 이번 기회에 80% 할인된 놀라운 가격에 구입하세요~'와 같은 광고 문구를 종종 만나곤 합니다. 보통 물건 가격의 할인율이나 적금의 이자율을 나타낼 때 %를 사용합니다. 비율은 기준량을 1로 두었을 때 비교하는 양을 나타내는 것인데 비교하는 양이 1보다 클 수는 없기 때문에 대부분 1보다 작은 분수나 소수로 나타냅니다.

만약 기준량을 1이 아닌 100으로 바꾸면 어떨까요? 0.23이라고 나타낸 비교하는 양도 23이라는 자연수로 보기 편하게 표현할 수 있게 됩니다. 이렇게 기준량을 100으로 두고 비교하는 양이 얼마인지 나타내는 방법을 '백분율'이라고 합니다. %(퍼센트)는 '100에 대하여'라는 뜻의 15세기 이탈리아어 per cento에서 유래되었지요.

용돈 중 일부 금액을 저축하려고 할 때 2 : 5라는 비율을 나타내도 되지만 용돈의 40%를 저축한다고 바꾸어 말하면 전체 중 얼마만큼을 저축하는지 알아듣기 쉽습니다.

농구 경기에서 상대방의 반칙으로 인해 자유투를 얻었다고 한다면 우리 팀에서 자유투 성공률이 가장 높은 선수가 슈터가 되는 것이 좋겠죠? 이때 자유투 성공률은 서로 비교하기 좋게 백분율로 나타냅니다.

그렇다면 기준량이 10이거나 1000인 비율도 있을까요? 물론입니다. 기준량을 10으로 하면 십분율, 1000으로 하면 천분율로 기준량은 반드시 1 또는 100이 아니어도 됩니다. 하지만, 우리 생활에서 보통 100 이하의 수가 많이 쓰이고, 사람들이 쉽게 가늠할 수 있는 수량이기 때문에 일상에서는 백분율이 가장 흔하게 사용됩니다.

백분율의 함정

백분율은 비율을 나타낼 뿐!

백분율은 흔히 '퍼센트'라고 부르며 $\frac{(비교하는 양)}{(기준량)}\times100$으로 구합니다. 예를 들어 열흘 중 3일을 운동했다면 운동을 한 날의 비율은 $\frac{3}{10}\times100=30(\%)$입니다. 퍼센트는 큰 수를 나타낼 때도 사용하는데 A 회사가 전체 지출액에서 광고비로 얼마를 쓰고 있는지 알고 싶다면, 한 해 지출액과 광고비를 나란히 적는 것보다는 광고비가 전체 지출액의 11%라고 하는 것이 훨씬 더 이해가 잘 됩니다. 그래서 백분율은 오래 전부터 일상생활에 자주 사용되고 있습니다.

그렇지만 퍼센트로 나타낸 숫자를 맹신하다가 함정에 빠지면 곤란합니다. 자칫 잘못된 판단을 하게 되기 쉽기 때문이죠. 예를 들어 마트에서 한 개에 만원이었던 물건을 30% 할인해 팔았는데 이번에 추가로 50% 더 할인해준다고 합니다. 총 80% 할인이니 2000원에 판매하는 건가 싶어 마트로 냉큼 달려가지만 판매가가 2000원이 아닌 3500원이라면? 마트가 사기 광고를 한 걸까요?

마트의 변명은 이렇습니다. 만원짜리 물건을 최초에 30% 할인해 7000원, 그 후 7000원의 50%를 할인하기 때문에 3500원이 되었다는 거죠. 앞의 30%와 뒤의 50%에 대한 기준량이 다르기 때문에 이를 착각하면 함정에 퐁당 빠지게 되는 거랍니다.

백분율의 함정에 빠지는 또다른 경우도 봅시다. 치약 광고에서 80%의 의사가 이 치약이 좋다고 했다면 광고를 본 소비자 입장에서는 전체 의사의 80%라고 생각할 수 있습니다. 하지만 실제로 이 치약 회사는 총 10명의 의사에게 물어보았고 그중 8명이 좋다고 답하여 $\frac{8}{10}\times100=80(\%)$라는 광고 문구를 사용했을 수도 있습니다. 조사 대상의 크기나 원래의 수를 밝히지 않았을 때 퍼센트의 함정에 빠지지 않도록 더욱 조심해야겠죠?

분수

전체에 대한 부분을 나타내는 수

분모와 분자로 구성되어 전체에 대한 부분을 나타내는 수를 '분수'라고 합니다. 같은 분수라도 상황에 따라 그 의미가 달라지게 됩니다.

피자 한 판을 8조각으로 나눈 후 3조각을 먹었다고 하면 먹은 피자의 양은 전체 조각 수를 분모에, 먹은 조각 수를 분자에 써서 분수 $\frac{3}{8}$으로 나타냅니다. 전체에 대한 부분을 나타내는 것이죠.

분수는 나눗셈의 몫을 나타낼 때도 사용됩니다. 빵 2개를 5명에게 나누어주었다고 가정했을 때, 한 사람이 가지게 되는 빵의 양은 $\frac{2}{5}$입니다. 이것은 2÷5의 몫을 의미합니다.

이번 주 용돈이 만원일 때 이중 $\frac{2}{5}$만큼을 저축한다고 하면 만원의 $\frac{2}{5}$인 4000원이라는 양을 의미합니다. 전체 중에서 차지하는 양을 나타내는 데 분수가 사용되는 것입니다.

분수의 종류로는 대표적으로 진분수, 가분수, 대분수가 있습니다. 진분수의 '진(進)'은 참의 의미로 분자가 항상 분모보다 작은 $\frac{2}{3}$와 같은 분수이고, 가분수의 '가(假)'는 가짜 또는 임시라는 의미로 분자가 분모와 같거나 분모보다 큰 $\frac{3}{3}$, $\frac{5}{3}$와 같은 분수입니다. 대분수는 자연수와 진분수를 합한 값으로서 1과 $\frac{2}{3}$를 합하여 나타낸 $1\frac{2}{3}$와 같은 분수를 말합니다. 대분수의 '대(帶)'는 허리띠를 뜻하는데, 마치 진분수가 자연수를 허리에 차고 있는 것과 같아 보여 '띠 대(帶)'자를 써서 만들어진 말입니다.

소수(decimal)

분수 계산의 불편함을 덜어주기 위해 탄생한 소수

우리나라 속담에 '되로 주고 말로 받는다'는 말이 있습니다. 이때 우리나라 부피의 옛 단위인 '되'와 '말' 사이에는 얼마만큼 부피 차이가 있을까요? '되'는 1.8L이고 '말'은 되의 10배인 18L입니다.

이렇게 사람들은 필요에 따라 기본이 되는 단위를 만들어내서 상황에 맞게 사용했습니다. 하지만 매번 단위를 만들고 기억해서 쓰는 것은 어렵지요. 되도록 작은 단위를 사용하면서, 아주 작은 수부터 큰 수까지 편리하게 나타내는 방법이 필요했습니다. 이러한 필요에 의해 탄생한 수가 바로 소수입니다.

16세기 네덜란드의 수학자 스테빈은 군대에서 포탄의 발사 거리를 계산할 때 '1과 $\frac{1}{2}$'과 '2와 $\frac{1}{5}$'처럼 두 값을 더하는 것이 불가능하지는 않았지만 통분해 계산하는 것이 매우 불편하다고 생각했습니다. 그래서 분모가 10, 100, 1000처럼 10의 배수가 되게 하고, 자연수 옆에 길게 이어 쓰면 편리하겠다는 생각을 하게 되었고, 이는 십진 분수법의 탄생으로 이어지게 됩니다.

스테빈은 소책자 「10분의 1에 관하여」에서 '1과 $\frac{3}{4}$'을 '1과 $\frac{75}{100}$'로 만든 다음 1$\overset{⓪①②}{7}$5와 같이 나타냈습니다. 일의 자리 위에 ⓪을 쓰고, 소수점 아래 첫째 자리 위에는 ①, 소수점 아래 둘째 자리에 ②를 쓰는 방식으로 자리를 나타냈습니다. 십진법으로 자연수를 나타낸 것처럼 소수점의 위치에 따라 $\frac{1}{10}$, $\frac{1}{100}$, $\frac{1}{1000}$, …을 나타내는 방법을 고안해 낸 것입니다. 이처럼 소수는 분수 계산의 불편함을 보완하는 또다른 수의 표현 방법입니다.

분수 VS. 소수

상황에 따라 편리함이 다른 분수와 소수

프랑스의 샤르트르 대성당 문 아래에는 무릎에 책상을 얹어 놓은 채 무언가에 열중하고 있는 피타고라스의 모습이 조각되어 있습니다. 고대 그리스의 수학자 피타고라스는 기독교와는 전혀 관련 없는 인물이지만 음계 이론의 창시자로서 기념된 것이라고 볼 수 있습니다.

흔히 피타고라스는 우연히 두 대장장이가 철을 두드리는 망치 소리를 듣게 된 후 조화로운 정수비를 연구하게 되었고, 이로써 순정률이라는 음계 이론을 만들게 되었다고 전해집니다. 현에서 기준이 되는 1만큼의 크기가 도(C1)음이 날 때 현의 길이를 $\frac{1}{2}$로 줄이면 진동수가 2배가 되어 1옥타브가 높은 도(C2)음이 됩니다. 만약 주어진 현의 길이를 $\frac{2}{3}$로 줄이면 솔(G1)이 됩니다. $\frac{2}{3}$를 소수로 나타내면 $\frac{2}{3}=2\div3=0.666\cdots$이므로 현의 길이를 분수 $\frac{2}{3}$로 나타내거나 소수 $0.666\cdots$으로 나타내도 됩니다. 하지만 이 2가지 표현 중 분수 $\frac{2}{3}$는 솔(G1)이 되는 현의 길이를 정확하게 나타낼 뿐 아니라 길이를 인식하는 데도 편리하기 때문에 이런 경우라면 소수보다는 분수로 표현하는 것이 더 적합합니다.

그렇다면 모든 경우에 항상 분수로 표현하는 것이 더 좋을까요? 만약 어떤 야구 선수가 250번 타석에 들어서서 80번 안타를 쳤을 때 그의 타율을 $\frac{80}{250}$이라고 나타내면 다른 선수의 타율과 비교하기에 매우 불편합니다. 그래서 타율은 $\frac{80}{250}$ 대신 0.32와 같이 소수로 표현합니다.

따라서 케이크 한 개를 3명이 똑같이 나누어 먹는 양 $\frac{1}{3}$과 같이 등분된 일부를 나타낼 때는 분수로, 1.25초와 같이 초 단위 시간이나 경기의 승률을 나타낼 때는 소수로 표현하는 것이 보다 편리합니다.

자연수의 DNA가 되는 약수

자연수를 어떤 자연수로 나누었을 때 나머지 없이 나누어떨어지는 수를 그 자연수의 '약수'라고 합니다. 예를 들어 12를 3으로 나누면 4로 나누어떨어지기 때문에 3은 12의 약수입니다. 3 외의 다른 약수도 구할 수 있습니다. 12의 약수를 더 구해보면, 12를 1로 나누면 12, 2로 나누면 6, 3으로 나누면 4입니다. 즉 12의 약수는 1, 2, 3, 4, 6, 12가 됩니다.

약수를 이용하면 12를 두 자연수의 곱 1×12, 2×6, 3×4, 6×2, 12×1과 같이 나타낼 수 있습니다. 이때 2×6과 6×2는 순서를 바꾸어 곱해도 결과가 같으므로 두 수의 곱으로는 1×12, 2×6, 3×4만 쓰고 곱해진 숫자를 작은 것부터 차례로 쓰면 약수 1, 2, 3, 4, 6, 12를 구할 수 있습니다.

약수를 구하다 보면 모든 자연수의 약수에 대한 공통적 특징 2가지를 발견할 수 있습니다. 모든 자연수는 1로 나누어떨어지기 때문에 1은 모든 수의 약수이고, 어떤 자연수 자신을 나누는 가장 큰 수는 어떤 수 그 자신이라는 것입니다. 즉 1과 어떤 수 자신은 항상 그 자연수의 약수가 됩니다.

약수로 인해 '완전수'라는 수의 개념도 생겨났습니다. 완전수는 그 수의 약수 중 자기 자신을 제외한 다른 모든 약수의 합이 곧 자기 자신이 되는 수입니다. 예를 들어 가장 작은 완전수는 6입니다. 6의 약수는 1, 2, 3, 6인데 6 자신을 제외한 세 수의 합인 1+2+3의 값이 6이기 때문입니다. 소수(prime number)처럼 완전수도 특별한 수이기 때문에 많은 수학자들이 완전수에 대한 특징을 찾는 연구를 멈추지 않고 있습니다.

무한히 증식하는 배수

어떤 자연수를 1배, 2배, 3배,…한 수를 어떤 자연수의 '배수'라고 합니다. 7의 배수는 7의 1배인 7, 7의 2배인 14, 7의 3배인 21,…등이 있습니다. 배수를 구하는 원리를 알면 어떤 자연수의 10배, 100배, 2500배인 수들도 손쉽게 구할 수 있습니다.

피타고라스 학파에서 1을 모든 수의 근원이라고 하는 이유가 무엇일까요? 1의 배수를 구하면 1배인 1, 2배인 2, 3배인 3, 4배인 4,…이므로 1의 배수들은 곧 자연수가 됩니다. 이 정도면 1을 수의 근원이라고 할 만하겠죠?

배수는 어떤 자연수에 몇 배를 곱한 것이므로 1배, 10배, 100배, 1000배 등 무수히 많이 구할 수 있습니다. 그렇기 때문에 약수와는 달리 어떤 자연수의 배수는 무수히 많습니다. 또한 배수를 구해보면 어떤 자연수에 1배, 2배, 3배,…를 하므로 가장 작은 배수는 어떤 수 그 자신입니다.

숫자의 특성만으로 그 수가 어떤 수의 배수가 되는지 알 수 있습니다. 162는 어떤 수의 배수일까요? 일의 자리 숫자가 짝수이므로 162는 2의 배수입니다.

또 각 자리의 숫자의 합이 3 또는 9의 배수인지 알아보면 그 수가 3 또는 9의 배수인지 알 수 있습니다. 예를 들어 162의 각 자리 숫자의 합은 1+6+2=9이고 이때 9는 3의 배수이자 9의 배수입니다. 따라서 162도 3의 배수이자 9의 배수임을 알 수 있습니다.

2와 3의 배수의 특성을 이용하면 132가 6의 배수라는 것도 금방 알 수 있습니다. 일의 자리 숫자인 2가 짝수이면서 동시에 각 자리의 숫자의 합 1+3+2=6이 3의 배수이기 때문에 132는 2의 배수이면서 3의 배수인 6의 배수입니다. 이 밖에도 270, 4125와 같이 일의 자리의 숫자가 0이거나 5이면 5의 배수이고, 끝의 세 자리의 수가 000인 4000과 같은 수는 8의 배수입니다.

최소공배수

공통인 배수 중 가장 작은 수

어떤 두 자연수의 공통인 배수를 '공배수'라고 합니다. 예를 들어 4의 배수는 4, 8, 12, 16, 24, …이고 6의 배수는 6, 12, 18, 24, …입니다. 이때 4와 6의 공통인 배수 12, 24, …가 4와 6의 공배수가 됩니다.

배수가 무수히 많이 있듯이 공배수도 무수히 많이 있습니다. 그중 가장 작은 공배수를 '최소공배수'라고 합니다.

정하와 예설이가 마을버스를 기다리고 있는데 정하의 버스는 매 시각 15분마다 출발하고, 예설이의 버스는 매 시각 20분마다 출발합니다. 둘 다 새벽 6시 첫차를 놓치고 그 후에 동시에 출발하는 차를 탈 때까지 같이 있으려고 한다면 과연 그 시각은 언제일까요?

먼저 정하의 버스는 6시에서 15분 후, 30분 후, 45분 후, 60분 후, 75분 후, 90분 후, 105분 후, 120분 후, …마다 출발하고 예설이의 버스는 6시에서 20분 후, 40분 후, 60분 후, 80분 후, 100분 후, 120분 후, …마다 출발합니다. 동시에 출발하는 경우는 공통으로 나타나는 60분 후, 120분 후, …이므로 이 시각에 두 버스는 동시에 출발하게 됩니다. 즉 정하와 예설이가 의리를 지켜 함께 기다렸다가 동시에 출발하는 버스를 타려면 매 시 정각마다 출발하면 되는 것이죠. 이때 두 버스가 동시에 출발하는 시간인 60분, 120분, 180분, …은 바로 15분과 20분의 최소공배수인 60분의 배수입니다.

최소공배수는 주로 분모가 다른 두 분수끼리의 덧셈과 뺄셈에서 통분할 때 유용하게 사용됩니다.

공통인 약수 중 가장 큰 수

어떤 두 자연수의 공통인 배수를 공배수라고 하듯이 두 자연수의 공통인 약수를 '공약수'라고 합니다. 4의 약수가 1, 2, 4이고 6의 약수가 1, 2, 3, 6일 때 4와 6의 공약수는 1과 2가 됩니다.

여러분이 발렌타인 데이를 맞아 친구들에게 사탕 28개와 초콜릿 42개를 똑같이 나누어 주려는데 최대한 많은 친구들에게 주고 싶다면 최대 몇 명까지 줄 수 있을까요? 먼저 사탕을 똑같이 나누어 주어야 하니까 사탕을 받을 수 있는 사람의 수는 28의 약수인 1, 2, 4, 7, 14, 28입니다. 마찬가지로 초콜릿도 똑같이 나누어 주어야 하므로 초콜릿을 받을 수 있는 사람의 수는 42의 약수인 1, 2, 3, 6, 7, 14, 21, 42입니다. 그렇다면 사탕 28개와 초콜릿 42개를 모두 똑같이 나누어 줄 수 있는 사람의 수는 28과 42의 공약수인 1명, 7명 또는 14명임을 알 수 있습니다. 최대한 많은 사람에게 주고 싶다고 했으니 그중 가장 큰 수인 14명이 되겠죠? 즉 28과 42의 최대공약수는 14가 됩니다.

최대공약수는 위와 같이 각각의 약수를 일일이 나열한 다음 공통인 약수 중 가장 큰 수를 골라 찾아낼 수도 있지만, 두 자연수를 작은 자연수들의 곱으로 나타낸 뒤 곱해진 수들 중 공통인 수를 곱해서 구할 수도 있습니다. 예를 들어 $28 = 2 \times 2 \times 7$, $42 = 2 \times 3 \times 7$에서 공통으로 곱해진 수는 2와 7이므로 이 두 수의 곱인 14가 최대공약수가 됩니다. 이 방법을 사용하면 시간도 절약되고 실수 없이 최대공약수를 구할 수 있게 됩니다.

최대공약수의 약수가 두 수의 공약수이므로 최대공약수를 구하면 결국 두 자연수의 공약수를 모두 구할 수 있습니다. 14의 약수가 1, 7, 14이니 이 수들이 28과 42의 공약수임을 확인할 수 있습니다.

이러한 최대공약수는 분수를 기약분수로 나타내기 위해 약분할 때 유용하게 사용됩니다.

더 이상 간단히 나타낼 수 없는 분수

분수 $\frac{1}{2}$은 $\frac{2}{4}$, $\frac{5}{10}$와 마찬가지로 전체의 반을 나타내는 양입니다. 전체의 반이라는 양의 변화는 없이 분모와 분자를 그 두 수의 공약수로 나누는 것을 '약분'이라고 합니다.

약분은 세 단계를 거치며 진행됩니다. 먼저 분모와 분자를 작은 수의 곱으로 나타낸 후 공통으로 곱해진 수를 지웁니다. 그런 다음 최후까지 남아 있는 수끼리만 곱해 적습니다.

예를 들어 $\frac{16}{40}$을 약분해볼까요? 먼저, 분모와 분자를 각각 $40 = 2 \times 2 \times 2 \times 5$와 $16 = 2 \times 2 \times 2 \times 2$로 나타낸 다음 공통으로 들어 있는 $2 \times 2 \times 2$를 싹싹 지웁니다. 이제 분모의 남은 5와 분자에 남은 2만 적으면 $\frac{16}{40}$을 약분한 분수인 $\frac{2}{5}$가 됩니다. 이때 분모와 분자에 공통으로 들어 있어서 싹싹 지운 수 $2 \times 2 \times 2$는 40과 16의 최대공약수입니다.

$$\frac{16}{40} = \frac{2 \times 2 \times 2 \times 2}{2 \times 2 \times 2 \times 5} = \frac{2}{5}$$

분모와 분자를 최대공약수로 나누었기 때문에 이제 분모의 5와 분자의 2의 공약수는 달랑 1뿐입니다. 이렇게 분모와 분자가 더는 나누어지지 않는 분수를 '기약분수'라고 합니다. 원래 분수의 분모와 분자의 숫자보다 기약분수로 나타낸 숫자가 더 작아졌지만 분수 자체의 크기가 더 작아진 것은 아닙니다. $\frac{16}{40}$이 나타내는 양과 $\frac{2}{5}$가 나타내는 양은 변함없이 같습니다.

서로소

자연수의 서로소 vs. 집합의 서로소

두 수가 '서로소(relatively prime)'라는 건 12와 25처럼 두 자연수의 공약수로 1밖에 없음을 뜻합니다. 즉 두 자연수의 최대공약수가 1일 때 두 수는 서로소라고 합니다. 두 수가 서로소인지 아닌지 알아보는 방법은 다음과 같습니다.

우선 두 수를 작은 수들의 곱으로 나타냅니다. 예를 들어 $12=2\times2\times3$, $25=5\times5$처럼 말이죠. 그런 다음 작은 수의 곱에서 같은 숫자가 곱해져 있는지 비교해봅니다. 12의 작은 수들의 곱과 25의 작은 수들의 곱에는 공통으로 곱해진 숫자가 없습니다. 이렇게 공통인 숫자가 없을 때 두 수는 1만을 공약수로 가지게 되므로 두 수의 최대공약수는 1이 됩니다.

두 수가 서로소인 경우 $\left.\begin{array}{l}12=2\times2\times3 \\ 25=5\times5\end{array}\right\}$ 공통으로 곱해진 수 없음

두 수가 서로소가 아닌 경우 $\left.\begin{array}{l}6=②\times3 \\ 8=②\times2\times2\end{array}\right\}$ 공통으로 곱해진 수 2가 있음

수학에서는 또 다른 서로소도 있습니다. 두 집합이 서로소(disjoint)인 것은 두 자연수의 서로소와는 다릅니다. 집합은 같은 성질을 가진 대상들의 모임을 말하는데 만약 두 집합에 공통으로 속하는 대상이 없다면, 두 집합은 서로소라고 합니다. 예를 들어 A라는 집합은 봄에 피는 꽃들의 모임이고 B라는 집합은 바다에 사는 물고기의 모임이라고 한다면, 봄에 피는 꽃이면서 동시에 바다에서 사는 물고기인 생물은 없으니 두 집합 A와 B는 서로소가 됩니다.

한 가지 더! 프로베니우스의 수

한 햄버거 체인점에서 치킨너깃을 6개, 9개, 20개 단위로 판매하는데 이곳에서는 특정한 개수의 치킨너깃만 살 수 있습니다. 예를 들어 12개는 6개 단위 2개를, 15개는 6개 단위와 9개 단위를 각각 한 개씩 사면 만들 수 있는 개수이지만 23개는 '살 수 없는 치킨너깃 개수'가 됩니다. 그래서 44개의 치킨너깃은 살 수 있지만 23개, 43개의 치킨너깃은 살 수 없습니다. 이러한 수의 조합은 독일 수학자 프레베니우스가 동전으로 만들 수 없는 가장 큰 수를 찾는 문제에서부터 시작했습니다.

덧셈

사칙연산의 첫 걸음인 덧셈

'사칙연산'이라고 하면 가장 먼저 떠오르는 것이 덧셈입니다. 덧셈은 가장 기본적인 연산 방법으로, 두 수의 합으로 새로운 수를 만드는 연산입니다. 인류의 탄생과 더불어 자연스럽게 생겨난 자연수처럼 덧셈도 자연스럽게 수를 세어나가면서 할 수 있는 연산입니다. 첫 번째 수에서 두 번째 수만큼 더 세어나가면 되니까요.

예를 들어 1+3이라고 하면 처음 수 1에서 뒤에 있는 수 3만큼 더 세면 2, 3, 4가되어 1+3=4입니다. 자릿수의 개념이 생겨나면서 27+18이라는 연산에서 일의 자리의 두 수 7과 8의 합은 15가 되고 일의 자리에 다 쓸 수 없으니 5만 남기고 1은 십의 자리로 넘어가는 받아올림을 하게 됩니다. 그래서 십의 자리에서는 2와 1을 더한 다음 받아올림한 1까지 더해 4를 적게 됩니다. 즉 27+18=45가 되는 것이죠.

수학에서 덧셈은 자연수에만 한정된 연산은 아닙니다. 정수, 유리수, 실수, 복소수 등 수의 범위를 넓혀가며 덧셈을 할 수도 있어요.

윤아와 성우가 커다란 물건을 끌어당길 때 윤아와 성우가 당기는 힘은 크기와 방향을 가지고 있는 물리량입니다. 윤아와 성우의 힘이 합쳐져 빨간색 방향으로 움직이는 것과 같이 크기와 방향성을 가진 물리량끼리도 덧셈을 할 수 있습니다.

덧셈을 뜻하는 연산 기호는 어떻게 만들어졌을까요? 상업적으로도 많이 상용되어 최초에는 과부족을 나타내는 기호로 사용되었다고도 하고 몇몇 학자들은 영어의 and에 해당하는 라틴어 'et'를 흘려 쓴 형태로부터 비롯되었다고도 합니다.

이전부터 일반적인 연산에서 흔히 사용되었다 하더라도 수학의 대수식에서 정식으로 덧셈과 뺄셈의 기호인 '+'와 '-'를 최초로 사용한 사람은 네덜란드 수학자인 반데르 호이케(Vander Hoecke)로 알려져 있습니다.

뺄셈

뺄셈은 덧셈의 물구나무 연산

뺄셈은 덧셈과 반대되는 연산입니다. 예를 들어 5-3이라고 하면 5는 빼어지는 수, 3은 빼는 수가 되고 5부터 거꾸로 3만큼 세어나가 4, 3, 2가 되어 5-3=2입니다. 즉 덧셈과는 반대 방향으로 세어나가는 연산입니다.

덧셈의 '받아올림'과 마찬가지로 뺄셈도 작은 수에서 큰 수를 뺄 때는 다음 자리에서 '받아내림'해 계산할 수 있습니다. 35-17이라는 연산을 한다면 일의 자리에서 5-7을 할 수 없기 때문에 다음 자리에서 10을 받아내려서 15-7을 한 8을 일의 자리에 적습니다. 십의 자리에서는 이제 3-1이 아니라 하나를 받아내렸으니 2-1=1이 되어 1을 적게 됩니다. 즉 35-17=18이 되는 것이죠.

자연수 범위에서 덧셈은 자연스럽게 모두 가능하지만 뺄셈은 종종 그 값을 구할 수 없는 경우가 생겼습니다. 실생활에서 3-5를 생각하면 매우 이상한 일이 벌어집니다. 사과 3개에서 사과 5개를 뺄 때 '모자라는 2'를 자연수로는 표현할 수 없었습니다. 그래서 뺄셈을 자유롭게 하고자 한다면 자연수 범위가 아닌 정수 범위로 수의 범위가 넓어져야 합니다. 즉 0과 음수까지 끌어들여야만 비로소 뺄셈을 완벽하게 할 수 있게 되는 것입니다.

우리가 흔히 뺄셈과 차를 혼동하는 경우가 있습니다. 뺄셈인 '3-5'와 '3과 5의 차'를 비교해볼까요? '3-5'라는 뺄셈에서 3은 빼어지는 수이고 5는 빼는 수이므로 3부터 거꾸로 5를 세어나가면 2, 1, 0, -1, -2가 되어 3-5=-2가 됩니다.

'3과 5의 차'에서 차(差)는 '견주다'라는 뜻으로 어떠한 차이가 있는지 알기 위해 서로 대어보는 것입니다. 즉 3과 5를 비교해 얼마만큼의 양의 차이가 있느냐를 묻는 것으로 '3과 5의 차'는 그냥 2가 됩니다.

곱셈

곱셈은 덧셈의 마술도구

4+4+4+4+4+4+4와 같이 똑같은 수를 계속 더하라는 미션이 주어졌을 때 이런 지겨운 반복 계산을 초간단하게 처리하는 방법은 무엇일까요? 바로 '곱셈'이라는 마술 도구를 사용하는 것입니다.

곱셈(multiply)은 '많은(many)'을 뜻하는 라틴어 multy와 '배(folds)'를 뜻하는 pli에서 유래한 것입니다. 그래서 처음 곱셈을 배울 때 과일 4개씩 3묶음을 4+4+4=12라고 하고 이를 '4의 3배' 또는 '4×3'이라고 한다고 배우죠. 두 수의 곱셈 '4×3=12'에서 곱셈의 요인이 되는 두 수 4와 3은 '인수'라고 하고 연산의 결과인 12는 '곱'이라고 합니다.

기호를 사용하면 훨씬 빠르게 소통할 수 있고 좁은 공간에도 기록할 수 있어서 17세기 인쇄의 발달과 더불어 수학 기호도 점점 더 발달하게 됩니다. 곱셈에서도 다양한 기호를 사용하게 되었지요. 독일의 수학자 라이프니츠는 ∩, 영국의 수학자 해리엇은 점 ·, 그리고 영국의 수학자 오트레드는 ×를 사용했습니다. 이 중 오트레드의 곱셈 기호 ×는 미지수를 나타내는 영문자 x와 닮아 사용되지 않다가 19세기부터 널리 사용되게 되었어요.

오늘날에도 곱셈 연산을 할 때 2×3, 2*3, 2·3과 같이 다양한 곱셈 기호가 쓰이고 있습니다.

한 가지 더!

누구나 초등학교에서 구구단을 배우고 외웁니다. 주문처럼 중얼중얼 외우곤 했던 이 구구단은 사실 중국 원나라에서 만들어져서 우리나라에는 13세기 고려시대에 전해진 것이라고 합니다. 현재 우리가 2단부터 외우는 것과는 달리 옛날 중국이나 우리나라에서는 귀족이나 왕실 계층과 같은 특수 계급에서만 수학을 했기 때문에 일반인들이 어렵게 느끼게 하려고 '구구 팔십일'부터 시작했다고 합니다. 바로 이런 이유로 '구구단'이라고 불리게 되었습니다.

나눗셈

등분제와 포함제로 구분되는 나눗셈

나눗셈은 곱셈의 역연산으로, 어떤 수를 다른 수로 나누는 연산입니다. 나눗셈 '12÷4=3'에서 나누어지는 수 12를 '피제수', 나누는 수 4를 '제수' 그리고 그 결과인 3을 '몫'이라고 부릅니다.

나눈다는 것만 생각하면 언뜻 같은 상황처럼 보이지만 그 속을 들여다보면 나눗셈의 의미가 다를 수 있습니다. 예를 들어볼까요?

먼저 12장의 마스크를 4명에게 나누어주려면 한 명당 몇 장씩 받게 될까요? 이렇게 똑같이 나누어 한 부분의 크기를 알아보는 나눗셈을 '등분제'라고 합니다. 즉 등분해서 받게 되는 양 3장을 얻게 되는 나눗셈인 것이죠.

한편 12장의 마스크를 4장씩 나누어 담으려면 총 몇 개의 봉투가 필요할까요? 이 경우의 나눗셈은 같은 양이 몇 번 들어갈 수 있는지를 알아보는 것으로 '포함제'라고 합니다. 즉 12장 안에 4장이 포함될 수 있는 회수인 3을 얻게 되는 나눗셈인 것이죠.

2가지 상황에서 똑같이 '12÷4=3'이라는 나눗셈을 하지만 그 몫의 의미는 구별됩니다.

나눗셈을 뜻하는 division에서 'divide'는 이별을 의미하는 라틴어 vidua 또는 di에서 유래했고 나눗셈 기호 '÷'는 스위스의 수학자 란(Rahn)이 ':'와 '−'를 조합해 만들었다고 알려져 있습니다. 우리나라에서 나눗셈 기호라고 하면 흔히 '÷'를 떠올리지만 어떤 나라에서는 '12/4'와 같이 '/'를 사용하기도 합니다.

서로 같음을 나타내는 평등의 기호

등호 '='는 둘 이상의 수나 식이 같음을 나타내는 기호입니다. 예를 들어 1=1, 1+2=3과 같이 등호가 사용됩니다. 등호를 사용한 식을 '등식'이라고 하고 등호의 왼쪽을 '좌변', 오른쪽을 '우변'이라고 합니다. 만약 좌변과 우변이 서로 같지 않다면 2≠3과 같이 나타냅니다.

등호는 비교적 최근에 발명된 것으로 영국의 수학자 로버트 레코드가 쓴 대수학책인 『지혜의 숫돌』에 처음 등장했습니다. 이 책에서는 어떤 2개의 사물이 서로 같다는 것은 마치 같은 길이를 가진 두 선분이 평행하게 놓인 것과 같으므로 등호로 2개의 평행한 선분을 사용한다고 설명했습니다. 평행선을 세로로 그어 ‖와 같이 나타내거나 'equal'을 뜻하는 라틴어에서 따온 ae나 oe로 같음을 나타내기도 했으나 결국 등호는 '='로 정착되어 지금까지 사용되고 있습니다.

등호가 수나 식에서는 양쪽이 서로 같음을 나타내지만 경우에 따라서는 다른 의미로 사용되기도 합니다. 컴퓨터 프로그램에서의 등호는 양변이 서로 같음을 나타내는 것이 아니라 등호 왼쪽 식의 값을 오른쪽의 식의 값으로 치환하라는 의미입니다. 예를 들어 n=n+1이라는 것은 n을 n+1로 계속 치환해 n의 값을 1씩 계속 증가시키라는 뜻입니다. 컴퓨터 프로그램에서 값이 같음을 나타낼 때는 '=='라는 기호를 사용합니다.

집합의 세계에서도 등호를 사용하는데 '두 집합 A와 B가 같다'를 A=B로 나타냅니다. 이것은 원소가 나열된 순서를 무시하면 집합 A를 구성하는 모든 원소와 집합 B를 구성하는 원소가 서로 같음을 의미합니다.

거꾸로 돌아 제자리로 오게 되는 역연산

반대라는 뜻의 역(inverse)은 역연산, 역함수와 같이 수학용어나 개념에 종종 나타납니다. 영어의 뜻처럼 '역○○'은 '○○을 반대로 해 원 상태로 되돌리는 것'입니다.

연산이란 '2+3＝5'와 같이 2개의 대상인 2와 3을 새로운 대상인 5가 되도록 하는 것입니다. '2+3＝5'와 같은 경우는 2와 3이라는 두 대상에 '덧셈'이라는 연산을 한 것입니다. 이때 2에 3을 더하기 전의 '원 상태로 되돌리는' 연산이 덧셈의 역연산입니다. 2에 3을 더해 5를 얻었는데 5라는 결과에서 원 상태인 2로 되돌린다는 것은 5에서 3을 빼야 가능합니다. 따라서 덧셈의 역연산은 바로 뺄셈입니다.

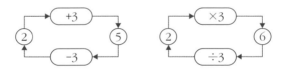

덧셈의 역연산이 뺄셈이듯이 곱셈의 역연산은 나눗셈입니다. '2×3＝6'에서 2에 3을 곱해 얻어진 결과인 6에서 다시 원 상태인 2를 얻으려면 6을 3으로 나누어야 합니다. 즉 2×3÷3＝2가 되므로 곱셈의 역연산이 바로 나눗셈임을 확인할 수 있습니다.

역연산은 우리가 많이 쓰는 사칙연산(+, -, ×, ÷)뿐 아니라 곱셈공식과 인수분해, 미분과 적분처럼 두 수학 개념 간의 관계를 이해하는 데도 도움이 됩니다.

때론 어림한 값만으로도 충분해

"한여름 해운대 해수욕장에 모인 사람들은 과연 몇 명이나 될까?"

"우리 몸의 표면적은 대체 얼마인 거지?"

이와 같은 질문은 한 치의 오차도 없는 정확한 값을 답으로 기대하진 않습니다.

이탈리아의 물리학자인 페르미는 "시카고의 피아노 조율사는 몇 명이나 될까?"라는 물음을 던지며 이렇게 답을 찾아 나섰습니다.

"시카고의 인구가 400만 명이고 가구당 평균 4인 가족이며 5가구당 1가구 꼴로 피아노를 소유했다고 할 때, 시 전체에는 20만 대의 피아노가 있다고 할 수 있다. 모든 피아노를 4년마다 조율한다고 하면 해마다 5만 대의 피아노를 조율해야 한다. 조율사 한 명이 하루에 4대의 피아노를 조율하고 일 년 중 250일 근무한다고 할 때 1명당 해마다 1000대의 피아노를 조율하게 된다. 그렇다면 시카고에는 50명의 조율사가 있게 된다!"

물론 페르미의 추정은 실제 시카고 피아노 조율사의 수와 정확히 일치하진 않습니다. 하지만 온갖 방법을 동원해 실제 조율사의 수를 알아낸들 5분도 안 돼서 대략적인 수를 추정해 낸 페르미보다 효율적이라고 할 순 없을 겁니다.

이처럼 정확성보다는 합리성을 발판에 두고 답을 찾아나가는 것이 바로 '어림하기'입니다.

아르키메데스도 원주율 π의 값을 알아내기 위해 원에 내·외접하는 정다각형들의 둘레의 길이를 이용했고 이를 통해 π의 값이 대략 3.14임을 어림으로 알아냈습니다.

위대한 수학자인 가우스의 "수 계산의 지나친 정확성을 따지는 것보다 수학적인 무지가 더 분명하게 드러나는 경우는 없다."라는 말처럼 어림하기는 수에 대한 그 어떤 산술적 계산보다 수학적인 사고에 더 필요한 소양입니다.

통분

통분은 분수의 덧셈과 뺄셈에서 필수템

이집트에서 발견된 아메스의 파피루스에는 $2 \div 5 = \frac{1}{3} + \frac{1}{15}$이라는 식이 적혀 있습니다. 좌변은 $\frac{2}{5}$라는 수로 금방 표현할 수 있는데 우변은 분수끼리 덧셈을 해야 하나의 수로 표현할 수 있겠네요.

우변의 덧셈 $\frac{1}{3} + \frac{1}{15}$을 시도해볼까요? 분수끼리 덧셈이나 뺄셈을 하려면 분모가 같아져야 합니다. 분모만 같으면 분자끼리 더하거나 빼서 값을 얻을 수 있거든요. 분모를 같게 만드는 것, 그것을 '통분'이라고 합니다.

첫 번째, 분모의 두 수의 최소공배수를 이용하여 공통분모를 찾습니다. 이 식에서 3과 15의 공통분모는 15입니다.

두 번째, 두 분수가 공통분모를 가지도록 분자에도 같은 수를 곱해줍니다. 지금은 $\frac{1}{3}$만 분모가 15가 되도록 바꾸어주면 되겠네요.

$\frac{1 \times 5}{3 \times 5} = \frac{5}{15}$가 되면 $\frac{1}{15}$와 분모가 같아져 통분 미션 완료!

통분을 했기 때문에 이제 분자끼리만 더하면 됩니다.

$$\frac{1}{3} + \frac{1}{15} = \frac{5}{15} + \frac{1}{15} = \frac{6}{15}$$

이제 우변의 분수의 덧셈 결과가 $\frac{6}{15}$이라는 걸 알게 되었습니다. 분수의 덧셈과 뺄셈은 분모가 같을 때 분자만 더하면 되기 때문에 분모가 같지 않은 분수끼리 덧셈과 뺄셈을 하려면 먼저 통분을 해야 합니다.

약분

약분의 최후는 기약분수

이집트에서 발견된 아메스의 파피루스에 적힌 $2 \div 5 = \frac{1}{3} + \frac{1}{15}$ 이라는 식에서 좌변은 $\frac{2}{5}$, 우변은 $\frac{6}{15}$ 이라는 걸 알아냈습니다. 과연 이 식은 참인 걸까요?

이번에는 최대공약수 무기를 사용할 차례입니다. $\frac{6}{15}$ 에서 분모와 분자의 최대공약수를 찾습니다. 15와 6의 최대공약수는 3. 그럼 이제 3으로 분모와 분자를 공통으로 나눕니다.

$$\frac{6}{15} = \frac{6 \div 3}{15 \div 3} = \frac{2}{5}$$

이렇게 공통인 약수로 분모와 분자를 나누는 것을 '약분'이라고 합니다. 분모와 분자의 공약수가 1밖에 남지 않게 되면 우리는 그 분수를 '기약분수'라고 합니다.

$\frac{6}{15}$ 은 기약분수가 아니지만 $\frac{2}{5}$ 는 기약분수입니다. 그리고 보니 파피루스의 좌변이 바로 기약분수인 $\frac{2}{5}$ 였네요.

아메스의 파피루스에 적힌 $2 \div 5 = \frac{1}{3} + \frac{1}{15}$ 이라는 식이 참이라는 것을 약분을 통해 확인할 수 있습니다.

분수의 곱셈

곱셈 후 깔끔하게 약분 처리

분수의 덧셈과 뺄셈은 분모만 같다면 분자끼리 더하거나 빼서 계산하고 만약 분모가 다르다면 통분을 해서 계산하면 됩니다. 그렇다면 분수의 곱셈과 나눗셈은 어떻게 할까요?

분수의 곱셈과 나눗셈을 할 때도 통분을 해야 할까요? 결론부터 말하자면 이 연산에서는 통분 스킬은 전혀 필요 없습니다.

먼저 곱셈부터 살펴봅시다. 그저 충실하게 분자는 분자끼리, 분모는 분모끼리 곱하면 끝입니다.

$$\frac{4}{15} \times \frac{5}{2} = \frac{20}{30}$$

곱셈이 끝났냐구요? 맞습니다. 끝입니다. 물론 여기서 답을 좀 깔끔하게 다듬어주면 더 좋겠죠.

지금의 답은 기약분수는 아닙니다. 약분을 해서 기약분수로 만들기 위해 분모와 분자의 최대공약수 10으로 싹싹 나누어주면 답은 $\frac{2}{3}$가 됩니다. 아주 간단한 답으로 표현되었습니다.

이제 팁을 하나 알려드리기로 하죠. 이왕 약분할 거 곱할 때 미리 나누어주면?

$$\frac{4}{15} \times \frac{5}{2} = \frac{\overset{2}{4} \times \overset{1}{5}}{\underset{3}{15} \times \underset{1}{2}} = \frac{2}{3}$$

어떤 방법을 택하든 상관은 없습니다. 분수의 곱셈 결과는 모두 같으니까요.

분수의 나눗셈

나눗셈은 역수를 이용하면 곱셈으로 변신

자연수의 나눗셈은 $12 \div 6 = 2$와 같이 구구단을 이용해서 계산하면 되지만 분수의 나눗셈은 구구단 없이 어떻게 가능할까요?

분수의 나눗셈은 곱셈으로 바꾼 다음 계산하면 됩니다.

$\frac{24}{7} \div \frac{4}{21}$에서 나누기를 곱하기로 바꾸면 $\frac{24}{7} \times \frac{4}{21}$를 계산한 값과 같다는 것일까요? 단순히 연산만 바꾸면 당연히 다른 값을 얻게 됩니다.

나눗셈을 곱셈으로 바꾸어 계산하려면 대신 곱해지는 뒤의 수를 역수로 바꾸어야 합니다. 어떤 분수에서 분모와 분자를 서로 체인지한 분수, 그것을 '역수'라고 합니다.

즉 $\frac{4}{21}$의 역수는 $\frac{21}{4}$이 되는 것입니다.

자, 그럼 다시 분수의 나눗셈을 이어나가볼까요?

$$\frac{24}{7} \div \frac{4}{21} = \frac{24}{7} \times \frac{21}{4} = \frac{24 \times 21}{7 \times 4} = 6 \times 3 = 18$$

만약 $\frac{24}{7} \div 4$와 같은 나눗셈이라면 어떻게 할까요? 나눗셈을 곱셈으로 고쳐서 계산하고 싶은데 4의 역수를 못 구한다구요? 4는 $\frac{4}{1}$로 생각한 후 분모와 분자를 바꾸면 $\frac{1}{4}$인 단위분수가 역수가 됩니다.

이제 $\frac{24}{7} \div 4 = \frac{24}{7} \times \frac{1}{4} = \frac{6}{7}$으로 계산하면 답을 얻게 됩니다.

0으로 나누는 것

0이라는 수에 대한 오랜 철학적 의문은 수학자들조차도 0을 받아들이기 어렵게 만들었습니다. 0은 다른 수들과는 완전히 다른 특별한 성질을 가지고 있기 때문 이지요.

0을 한번 곱해볼까요? 어떤 수든 0을 곱하면 그 답이 0이 됩니다. 덧셈의 반복적인 계산인 구구단을 살펴보면 2를 1번 더하면 $2 \times 1 = 2$, 2를 두 번 더하면 $2 \times 2 = 4$, 2를 세 번 더하면 $2 \times 3 = 6$이 됩니다. 그렇다면 2를 0번 더하는 것은 2×0 이 되고 이것은 2를 한 번도 더하지 않는 것이 되므로 그 결과는 결국 0이 됩니다. 즉 $2 \times 0 = 0$이 되는 것이죠.

반대로 0×2는 0을 두 번 더하는 것이니까 $0 + 0 = 0$입니다. 즉 0의 곱하기는 항 상 0이 됩니다.

그렇다면, 나누기 0은 어떨까요?

먼저 '$a \times \dfrac{b}{a}$'라는 식의 결과를 생각해봅시다. a끼리 약분이 될 테니 b가 될 겁 니다. 그럼 이제 이 식의 문자에 수를 한번 넣어서 생각해봅시다. 만약 $a = 0$이고 $b = 2$이면 $\dfrac{b}{a}$는 $\dfrac{2}{0}$가 됩니다. 위의 식에 수를 직접 넣어 써보면 $0 \times \dfrac{2}{0} = 2$가 됩니다.

그런데 뭔가 이상하지 않나요? 분명 0과 곱한 결과는 항상 0이라고 했는데 0에 $\dfrac{2}{0}$를 곱했더니 0이 아닌 2가 되었습니다. 어디서 무엇이 잘못된 걸까요?

이런 결과가 나온 이유는 2를 0으로 나눈 값인 $\dfrac{2}{0}$가 존재한다고 생각했기 때문 입니다. 그러나 '2 나누기 0'과 같은 상황에 대한 답은 없습니다. 나누기 0은 '아 무것도 없는 것으로 나눈다'는 것입니다. 그런데 아무것도 없는 것으로 나눌 수 는 없기 때문에 우리는 이것을 '불능'이라고 부릅니다.

1도 아니고 소수도 아닌 자연수

에라토스테네스의 체를 이용하여 지우고 남은 자연수는 소수입니다. 지워진 수 가운데 1을 제외한 나머지 수를 '합성수(合成數)'라고 합니다. 합성이라는 단어가 둘 이상의 것을 합쳐서 하나를 이룬다는 뜻인 것처럼, 합성수는 다른 수의 곱으로 나타낼 수 있습니다.

소수가 1과 자기 자신, 단 2개의 약수를 가지는 것과 달리 합성수는 1과 자기 자신 외의 약수를 가집니다. 예를 들어 소수 2와 3의 곱으로 나타낼 수 있으므로 6은 합성수입니다. 6은 1과 자기 자신 외에 2와 3이라는 약수도 가집니다.

4, 6, 8, 9, 10, 12, 14, 15, 16, 18, 20과 같은 작은 수들은 1과 자기 자신 외의 약수를 찾을 수 있어 합성수인 것을 쉽게 확인할 수 있습니다. 하지만 7136341과 같이 큰 수는 약수인 1973 또는 3617을 찾기 어렵기 때문에 이 수가 합성수임을 확인하는 것이 쉽지 않습니다.

약수의 개수로 합성수를 알아채는 방법도 있습니다. 소수는 1과 자기 자신을 약수로 가지므로 약수가 2개이고 합성수는 1과 자기 자신 외의 약수를 가지므로 약수가 3개 이상입니다.

그럼 1은 소수일까요, 합성수일까요? 1의 약수는 1인 자기 자신밖에 없으므로 약수가 한 개입니다. 그렇다면 1은 약수의 개수가 2개인 소수도 아니고, 약수의 개수가 3개 이상인 합성수도 아닙니다. 따라서 모든 자연수는 1, 소수, 합성수 이렇게 3가지로 분류할 수 있습니다.

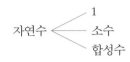

자연수 < ┌── 1
           ├── 소수
           └── 합성수

마법처럼 커지는 거듭제곱

수타 짜장면 집에 가면 조리사가 면발을 늘리고, 반을 접고, 다시 늘리는 행동을 반복하는 것을 볼 수 있습니다. 2가닥이었던 면발을 접으면 4가닥이 되고, 4가닥을 다시 접으면 8가닥, 8가닥을 다시 접으면 16가닥이 됩니다. 이 행동을 열 번만 반복해도 벌써 1024가닥이 되고 열네 번 반복하면 무려 16384가닥

이 됩니다. 겨우 열네 번 접었을 뿐인데 면의 가닥수가 무척 많아졌죠? 이것이 바로 거듭제곱의 마법입니다.

거듭제곱은 같은 수나 문자를 여러 번 곱하는 것입니다. 같은 것을 여러 번 더하는 것을 간편하게 하기 위해 곱셈을 사용하는 것처럼 같은 수를 여러 번 곱하는 경우 반복되는 곱셈을 간단하게 나타내기 위해 거듭제곱을 사용합니다. 예를 들어 $3 \times 3 \times 3 \times 3 \times 3 \times 3 \times 3 = 3^7$에서 밑에 써 있는 3이 곱해지는 횟수 7을 3의 오른쪽 위에 적습니다. 곱하는 수를 '밑'이라고 하고 곱해지는 횟수를 '지수'라고 합니다.

3^7에서 3이 밑이고 오른쪽 위에 작게 적힌 수 7이 지수입니다. 2^2, x^2과 같이 지수가 2인 경우는 제곱이라고 하고 '2의 제곱', 'x의 제곱'이라고 읽습니다. 2^3과 같이 지수가 3인 경우는 '세제곱'이라고 합니다.

수의 단위 중 그 값이 가장 큰 무량수는 무려 10의 69제곱(10^{69})입니다. 자릿수를 나타내는 0을 쓰면 이 수가 과연 무엇인지 알아보기 힘들지만, 무량수와 같이 10의 거듭제곱으로 나타내면 큰 수를 보기 쉽게 나타낼 수 있습니다.

밑이 같은 수의 곱

$$a^m \times a^n = a^{m+n}$$

'일곱 채의 집마다 각각 일곱 마리의 고양이가 살고 있네, 각 고양이는 일곱 마리의 생쥐를 잡고 있네. 각 생쥐는 일곱 포기의 밀을 들고 있네'는 고대 이집트인이 남긴 아메스 파피루스에 있는 문제입니다. 이 문제에서 생쥐는 모두 몇 마리일까요?

집과 고양이와 생쥐가 7배씩 늘어나므로 7을 세 번 곱한 7^3입니다. 그렇다면 밀 포기의 수는 생쥐의 수의 몇 배일까요? 모든 생쥐가 일곱 포기씩 들고 있으므로 7배입니다. 결국 밀 포기의 수는 집과 고양이, 생쥐, 밀 포기수가 7배씩 늘어나므로 7^4이 됩니다.

생쥐가 7^3마리이고 각 생쥐가 밀 포기를 7개씩 들고 있으므로 밀 포기의 수는 $7^3 \times 7$로 구할 수도 있습니다. 즉 7^3은 7을 세 번 곱하는 것이고 여기에 7을 한 번 더 곱하면 7을 네 번 곱하는 것이므로 $7^3 \times 7 = 7^4$입니다. 이렇게 밑이 같은 거듭제곱의 곱에서는 지수를 더하여 간단하게 나타낼 수 있어요.

즉 $a^m \times a^n = a^{m+n}$이라고 간단히 표현할 수 있습니다.

$x^2 \times y \times x^3 \times y^2$이라는 식을 지수법칙을 이용하여 간단하게 나타내어볼까요? x를 밑으로 하는 거듭제곱의 지수는 각각 2와 3이므로 x의 지수는 2와 3의 합 5가 되고, y를 밑으로 하는 거듭제곱의 지수는 각각 1과 2이므로 y의 지수는 1과 2의 합인 3이 됩니다.

$$x^2 \times y \times x^3 \times y^2 = x \times x \times y \times x \times x \times x \times y \times y = x^5 \times y^3 = x^5 y^3$$

이처럼 밑이 같은 수의 곱은 거듭제곱끼리 더하면 됩니다.

거듭제곱의 거듭제곱

$(a^{m})^{n} = a^{mn}$

$(2^3)^2$은 2^3을 제곱한 것이므로 2^3을 두 번 곱해서 구할 수 있어요

$$(2^3)^2 = 2^3 \times 2^3$$

그리고 밑이 같은 거듭제곱의 곱은 지수의 합으로 구할 수 있으므로
$(2^3)^2 = 2^3 \times 2^3 = 2^{3+3}$입니다.

지수에서 3을 반복해서 더했죠? 반복적인 덧셈은 곱셈으로 나타낼 수 있으므로 지수는 $3+3 = 3 \times 2$로 나타낼 수 있습니다. 즉 $(2^3)^2 = 2^{3 \times 2} = 2^6$이 되었죠? 이처럼 밑이 같은 거듭제곱의 지수의 덧셈을, 더 간단한 연산인 곱셈으로 바꿀 수 있습니다.

$(2^3)^2$에서 밑은 숫자 2인데 만약 밑이 문자라면 어떻게 될까요? 밑이 문자여도 수학의 계산은 마찬가지입니다. $(a^3)^2$도 지수끼리 곱하여 $(a^3)^2 = a^{3 \times 2} = a^6$이 됩니다.

'정사각형의 넓이는 어떻게 구하나요?'라는 질문에 모두들 '정사각형의 넓이는 한 변의 길이의 제곱입니다'라고 말하죠. 만약 한 변의 길이가 x^5인 정사각형의 넓이를 구하면 $(x^5)^2 = x^{5 \times 2} = x^{10}$이 되는 것입니다.

거듭제곱의 거듭제곱은 지수끼리의 곱셈입니다.

모든 수의 0제곱은 1

같은 수를 거듭해 곱할 때 거듭제곱을 사용해 나타낼 수 있습니다. 예를 들어 2를 거듭해 곱한 것을 간단히 나타내면 $2 \times 2 = 2^2$, $2 \times 2 \times 2 = 2^3$, $2 \times 2 \times 2 \times 2 = 2^4$과 같이 나타낼 수 있어요. 그럼 어떤 수의 0제곱은 얼마일까요?

2의 거듭제곱은 2를 곱할 때마다 $2^1, 2^2, 2^3, 2^4, \cdots$과 같이 지수가 1씩 늘어납니다. 거듭제곱의 역연산, 즉 2로 계속 나누어보면 지수가 1씩 줄어들겠죠?

$2 \times 2 \times 2 \times 2 = 2^4$의 양변을 2로 나누면 $2 \times 2 \times 2 = 2^3$입니다. $2 \times 2 \times 2 = 2^3$의 양변을 2로 나누면 $2 \times 2 = 2^2$입니다. $2 \times 2 = 2^2$의 양변을 2로 나누면 $2 = 2^1$입니다. 마지막으로 $2 = 2^1$의 양변을 2로 나누면 $1 = 2^0$이 됩니다. 즉 2^0의 값은 1입니다.

$$
\begin{array}{l}
\div 2 \left(\begin{array}{l} 2^0 = ? \\ 2^1 = 2 \end{array}\right) \times 2 \\
\div 2 \left(\begin{array}{l} 2^1 = 2 \\ 2^2 = 4 \end{array}\right) \times 2 \\
\div 2 \left(\begin{array}{l} 2^2 = 4 \\ 2^3 = 8 \end{array}\right) \times 2
\end{array}
$$

다른 수의 거듭제곱에서도 거듭제곱을 역연산해서 거꾸로 나누어봅시다. $3^1 = 3$의 양변을 3으로 나누면 $3^0 = 1$이고 $4^1 = 4$의 양변을 4로 나누어도 $4^0 = 1$, $5^1 = 5$의 양변을 5로 나누어도 $5^0 = 1$과 같이 나타납니다. 즉 $2^0 = 1$, $3^0 = 1$, $4^0 = 1$, $5^0 = 1, \cdots$이므로 어떤 수의 0제곱은 1임을 알 수 있습니다.

밑이 같은 수의 나눗셈

$a^m \div a^n = a^{m-n}$

부피가 10^6인 정육면체 포장 상자에 부피가 10^3인 정육면체 과자 상자를 넣으려고 하면 포장 상자에는 과자 상자를 몇 개나 넣을 수 있을까요? 이것은 두 상자의 부피를 나누어 구할 수 있습니다.

$10^6 \div 10^3$에서 나눗셈은 역수의 곱셈으로 나타낼 수 있으므로 $10^6 \times \dfrac{1}{10^3}$입니다. 거듭제곱의 의미대로 곱셈으로 나타내면 $10^6 \div 10^3 = \dfrac{10 \times 10 \times 10 \times 10 \times 10 \times 10}{10 \times 10 \times 10} = 10^3$ 이 되므로 큰 상자에는 작은 상자 10^3개를 넣을 수 있어요. 즉 거듭제곱의 지수는 각각의 지수 6과 3의 차이 3이 됩니다.

마찬가지로 $10^3 \div 10^6$을 나눗셈과 거듭제곱의 뜻을 이용해 나타내면 $10^3 \div 10^6 = \dfrac{10 \times 10 \times 10}{10 \times 10 \times 10 \times 10 \times 10 \times 10} = \dfrac{1}{10^3}$입니다.

거듭제곱의 의미와 지수법칙에 따라 $a^m \times a^n = a^{m+n}$, $(a^m)^n = a^{m \times n}$, $a^0 = 1$, $a^1 = a$ 이므로 $10^2 \times 10^{-2} = 10^0 = 1$이고 $10^2 \times \dfrac{1}{10^2} = 1$이므로 $10^{-2} = \dfrac{1}{10^2}$이 됩니다. 다시 말해 $a^{-1} = \dfrac{1}{a}$로 나타낼 수 있는 셈이죠.

즉 밑이 a로 같고 거듭제곱의 지수가 m과 n으로 서로 다를 때 두 수의 나눗셈 $a^m \div a^n$에서 지수는 두 지수의 **뺄셈** $m-n$으로 구할 수 있습니다.

그렇다면 $10^3 \div 10^3$과 같이 지수가 같은 거듭제곱의 나눗셈은 어떻게 되는 걸까요? $10^3 \div 10^3 = 10^{3-3} = 10^0 = 1$입니다. 즉 A÷A와 같이 똑같은 수로 나누는 것이므로 그 결과는 1이 됩니다.

소인수분해

수를 분해해 소수의 곱으로 나타내기

자연수 6을 두 자연수의 곱으로 나타내면 $6=2\times3=1\times6$으로 나타낼 수 있습니다. 이때 6을 분해해서 곱셈의 한 조각 한 조각이 되는 수 1, 2, 3, 6이 바로 6의 인수가 됩니다. 이 인수 중 2와 3과 같이 소수인 특별한 인수를 '소인수'라고합니다. 자연수 6을 곱으로 나타낸 2×3과 1×6 중 소수들만의 곱으로 나타낸 것은 2×3이죠? 이렇게 하나의 자연수를 소수의 곱으로 나타내는 것을 '소인수분해'라고 합니다.

소인수분해를 하는 방법은 어렵지 않습니다.

첫째, 주어진 자연수를 나누어 떨어지게 하는 소수를 찾습니다.

둘째, 찾은 소수로 주어진 수를 나눕니다. 이때 자연수를 나누는 소수의 순서는 상관없지만 일반적으로 2, 3, 5, 7,…과 같이 작은 소수부터 찾아서 나누어줍니다.

셋째, 몫이 소수가 될 때까지 반복해서 나누어 몫이 소수가 되면 그 수를 나눈 소수들과 몫을 모두 곱합니다.

예를 들어 12의 경우 짝수이므로 우선 2로 나누어줍니다. 2로 나눈 몫 6은 소수가 아니므로 다시 소수 2로 나누어줍니다. 두 번째로 2로 나눈 몫이 3이므로 드디어 소수가 되었습니다. 이때 나눈 수 2와 2 그리고 몫 3을 모두 곱해 나타내면 됩니다. 수를 나눈 소수들과 몫을 곱할 때 거듭제곱을 이용하면 더욱 간단하게 나타낼 수 있습니다.

$$\begin{array}{r|l} 2 & 12 \\ 2 & 6 \\ \hline & 3 \end{array} \qquad 12 < \begin{array}{l} 2 \\ 6 < \begin{array}{l} 2 \\ 3 \end{array} \end{array}$$

$$12 = 2\times6 = 2\times2\times3 = 2^2\times3$$

유리수

이성적인 수? 나눌 수 있는 수!

물건의 개수를 세고 사칙연산을 하면서 생겨난 정수는 대상을 세는 것뿐 아니라 길이, 시간, 무게 등의 다양한 양을 측정하는 데 사용되었습니다. 아래에 있는 이집트 벽화를 보면 밧줄을 들고 서 있는 사람이 그려져 있습니다.

왜 밧줄을 들고 있을까요? 바로 측정을 위해서였습니다. 이집트는 나일강의 잦은 범람으로 땅의 경계가 흐려지는 경우가 많았습니다. 관리들은 땅을 정확하게 측량해 다시 사람들에게 나누어줘야만 했습니다. 사람들에게 공평하게 나누어주기 위해서는 측정한 양을 사람의 수로 나누어야 합니다. 정수를 정수로 나누는 새로운 수 체계가 필요하게 된 것입니다. 그래서 생겨난 수가 바로 '유리수'입니다.

유리수는 $\dfrac{(정수)}{(0이\ 아닌\ 정수)}$ 인 꼴로 나타낼 수 있는 수입니다. 따라서 유리수는 $\dfrac{2}{3}$와 같이 분수 형태로 등장합니다. 그렇다면 2는 유리수일까요? 아닐까요? 2는 $\dfrac{4}{2}$와 같이 나타낼 수 있기 때문에 유리수가 됩니다.

한 가지 더! 유리수(有理數) rational number

두 정수의 비 $\dfrac{b}{a}$ $(a \neq 0)$인 유리수의 한자 뜻을 풀이하면 '이성이 있는 수'입니다. 이는 영어를 번역하는 과정에서 rational을 비(ratio)의 형용사가 아닌 이성(rationality)의 형용사로 오해하여 비(比) 대신 이성(理性)과 관련시켜 잘못 번역했기 때문입니다. 만약 비(ratio)로 번역했다면 유비수(有比數)와 같이 '비를 나타내는 수'라는 뜻을 가진 용어가 되어 유리수보다 더 이해하기 쉬웠을 것입니다.

원주율 π

아르키메데스의 수

π는 원이나 구에서 찾을 수 있는 특별한 값입니다. 원은 한 평면 위의 원의 중심에서 일정한 거리에 있는 점들의 집합입니다. 따라서 원은 반지름에 따라 그 크기는 다를 수 있지만 모양은 모두 똑같습니다. 그래서 원의 둘레(원주)와 지름의 비율인 원주율은 원마다 같은 값을 가집니다.

원에 관심이 많았던 수학자 아르키메데스는 원의 둘레의 길이를 측정하기가 어려워 원에 내접하는 다각형과 외접하는 다각형의 둘레를 이용해 원주율의 상한선과 하한선을 찾아내려고 했습니다.

최종적으로 π가 $\frac{100}{71}$과 $\frac{22}{7}$ 사이에 있다는 것을 알게 되었죠. 이 결과를 소수 둘째 자리까지 구하면 3.14로 우리가 알고 있는 값의 둘째 자리까지 정확하게 일치해 π를 '아르키메데스의 수'라고도 부릅니다.

원주율은 다양한 상황에서 쓰이는 중요한 수이기 때문에 몇몇 수학자들과 컴퓨터 공학자들은 많은 시간과 노력을 들여 더욱 정확한 원주율을 계산하고 싶어 합니다. 실제로 독일의 수학자 '루돌프'는 거의 평생을 바쳐서 소수점 아래 35자리까지의 원주율을 계산했고 컴퓨터를 이용해 600시간을 들여 계산한 π의 소수의 자릿수가 5조 개가 넘었다고 합니다. π가 3.1415926…임을 기념하기 위해 수학자들은 3월 14일을 '파이 데이'라고 이름 붙이고 이 날을 기념해 π의 값 외우기나 불규칙한 π의 값에서 자신의 생년월일 찾기, 원과 관련된 퀴즈 풀기 등의 행사를 하기도 합니다.

한 가지 더! 파이 데이 유명 행사

파이 데이에는 π가 원이나 구에서 찾을 수 있는 특별한 값이므로 원과 관련된 놀이기 구의 길이·넓이·부피 구하기 등의 퀴즈 대회를 합니다. 특히 미국의 'π-Club'이라는 모임에서는 π가 3.1415926…이므로 3월 14일 오후 1시 59분 26초에 모여 π모양의 파이를 먹으며 이 날을 축하한다고 해요. 게다가 2005년에 컴퓨터로 얻은 π의 값이 소수 1,241,100,000,000자리로 일반적인 문자 사이즈로 A4 용지에 적으면 10억 장의 종이가 필요할 정도로 엄청나게 긴 숫자여서 π의 소수점 아래의 숫자들을 적어놓고 생일을 찾는 게임도 합니다.

유한소수

소수점 아래의 숫자를 셀 수 있는 소수

스테빈에 의해 십진 기수법을 이용한 소수가 발명되어 소수점 아래의 숫자는 소수 첫째 자리$\left(\frac{1}{10}\right)$, 소수 둘째 자리$\left(\frac{1}{100}\right)$, 소수 셋째 자리$\left(\frac{1}{1000}\right)$, …등으로 나타낼 수 있습니다. 그래서 분수로 표현된 '$\frac{1}{4}$'이나 '1을 4로 나눈 값'은 0.25로 나타낼 수 있습니다. 0.25와 같이 소수점 아래의 숫자가 몇 개인지 셀 수 있는 소수를 '유한소수'라고 합니다. 유(有 있을 유), 한(限 한정할 한)이라는 한자 뜻과 같이 소수 부분이 한정되어 있습니다.

유리수 $\frac{1}{4}$을 십진 기수법에 의한 소수 표현으로 바꾸어볼까요?

분모의 4를 10의 거듭제곱으로 바꾸기 위해 분모와 분자에 똑같이 25를 곱하면 $\frac{1}{4} = \frac{1 \times 25}{4 \times 25} = \frac{25}{100}$가 됩니다. 분수의 분모를 10, 100, 1000, …과 같은 10의 거듭제곱으로 바꾸면 소수로 나타내는 것이 매우 간단해집니다. $\frac{25}{100}$로 나타내어진 분수는 쉽게 0.25로 나타낼 수 있기 때문입니다.

이렇게 분모를 10의 거듭제곱으로 바꿀 수 있는 분수는 유한소수로 표현됩니다. 그리고 분모가 10의 거듭제곱으로 표현되는 수는 10의 약수인 2나 5만을 소인수로 갖습니다. 따라서 주어진 분수가 기약분수일 때 분모의 소인수가 2나 5뿐이면 그 분수는 유한소수로 나타낼 수 있습니다.

인간의 상상 이상, 무한

커다란 두 거울 사이에 서 있어본 적이 있나요? 정면 거울에 비친 내 모습이 뒷편 거울에 비치고 그 모습이 다시 정면 거울에 비치는 것이 반복됩니다. 이러한 거울을 무한거울이라고 합니다. 무한이란 끝이 없음을 의미합니다. 상상하는 게 쉽지 않죠? 2개의 사탕, 1억 2천 명의 인구수는 금방 이해할 수 있지만 자연수 1, 2, 3,…과 같이 무한한 수가 있다고 하면 그 끝은 실감이 잘 나지 않습니다.

그리스 신화, 트로이 전쟁의 영웅 아킬레스는 발이 빠른 영웅으로 널리 알려져 있습니다. 그런 아킬레스가 느리기로 유명한 거북이와 달리기 시합을 하면 어떨까요? 거북이가 조금이라도 앞에서 출발하면 제 아무리 빠른 아킬레스라도 결코 따라잡을 수 없다고 하는데 과연 사실일까요?

거북이가 무척 느리니까 인심 써서 아킬레스보다 1000m쯤 앞에서 출발한다고 가정해봅시다. 아킬레스가 거북이가 출발한 위치까지 오면, 그동안 거북이는 1m 앞으로 나아가 있습니다. 이 1m를 아킬레스가 따라잡으면 또 거북이는 $\frac{1}{1000}$m 앞으로 나아가 있습니다. 아킬레스가 따라잡으려고 해도, 아주 작은 거리라도 거북이가 앞으로 나아가므로 아킬레스는 영원히 거북이를 따라잡을 수 없게 됩니다.

하지만 실제로 달려보면 어떨까요? 결과는 전혀 그렇지 않습니다. 이러한 역설에 빠지게 되는 것은 작은 수를 무한히 더하면 무한이 되지 않겠냐는 인간 감각의 오류 때문입니다. 이런 이유로 인간의 상상을 뛰어넘는 무한이라는 세계는 수학적 논리를 기반으로 생각해야만 합니다.

무한소수

소수점 아래의 숫자를 셀 수 없는 소수

0과 1 사이의 유리수를 빠짐없이 모두 찾을 수 있을까요? 분모를 기준으로 $\frac{1}{2}$, $\frac{1}{3}$, $\frac{2}{3}$, $\frac{1}{4}$, $\frac{2}{4}$, $\frac{3}{4}$, $\frac{1}{5}$, $\frac{2}{5}$, …와 같이 나열하면 찾을 수 있습니다. 이렇게 분수로 나타내어진 유리수를 소수로 나타내면 2가지 형태가 나옵니다. 하나는 $\frac{1}{2}$ =0.5와 같이 소수점 아래 부분이 유한한 것과 나머지 하나는 $\frac{1}{3}$ =0.3333…과 같이 소수점 아래 부분이 무한한 것입니다. 이때 0.3333…과 같이 소수점 아래의 숫자가 무한히 계속되는 수를 '무한소수'라고 합니다.

소수점 아래의 무한한 부분을 보면 무한소수마다 특징이 있습니다. $\frac{1}{3}$ 을 소수로 고친 0.3333…과 같이 소수점 이하의 숫자의 배열을 보면 3이 반복되어 나타나죠? 이와 같이 소수점 아래의 어떤 자리에서부터 일정한 숫자의 배열이 한없이 되풀이 되는 소수를 '순환소수'라고 합니다.

하지만 되풀이 되지 않고 불규칙적일 수도 있습니다. 대표적으로 원주율로 잘 알려진 π의 값을 실제로 구해보면 π=3.141592653…입니다. 원주율 π나 0.10100100010000…과 같이 숫자의 배열에서 반복되는 구간을 하나로 정할 수 없는 불규칙적인 수는 순환소수가 아닌 무한소수라고 합니다.

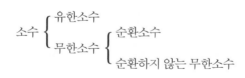

$$
\text{소수}
\begin{cases}
\text{유한소수} \\
\text{무한소수}
\begin{cases}
\text{순환소수} \\
\text{순환하지 않는 무한소수}
\end{cases}
\end{cases}
$$

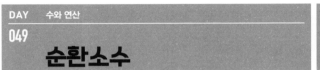

도돌이표가 붙은 소수

유리수 중에는 $\frac{1}{3}=0.3333\cdots$, $\frac{4}{7}=0.571428571428\cdots$과 같은 소수로 나타나는 것도 있지만 $\frac{1}{6}=0.1666\cdots$과 같이 소수점 아래에 순환되지 않는 부분이 있는 소수도 있습니다. 세 수에서 소수점 이하의 숫자의 배열을 살펴보면 3이나 571428 또는 6이 반복되어 나타납니다. 마치 도돌이표가 붙은 것처럼 말이죠.

이와 같이 소수점 아래의 어떤 자리에서부터 일정한 숫자의 배열이 한없이 되풀이되는 소수를 '순환소수'라고 하고, 이때 한없이 되풀이되는 최소한의 부분을 '순환마디'라고 합니다.

순환마디를 알고 점을 찍으면 숫자를 반복해서 쓰는 불편함을 줄일 수 있습니다. 점을 찍을 때는 순환마디의 양 끝의 숫자 위에 점을 콕 찍습니다. $0.3333\cdots$은 순환마디가 3이므로 $0.\dot{3}$이라고 나타냅니다. $0.571428571428\cdots$은 순환마디가 571428이므로 $0.\dot{5}7142\dot{8}$로 나타냅니다.

$0.1666\cdots$은 소수 둘째 자리부터 6이 반복되므로 $0.1\dot{6}$이라고 적습니다. $0.33333\cdots$을 $0.\dot{3}\dot{3}$과 같이 순환마디를 두 번 적거나 $1.212121\cdots$을 $\dot{1}.\dot{2}$와 같이 잘못 나타낼 수 있으므로 소수점 아래의 순환마디는 단 한 번만 적도록 주의해야 합니다. 이때 순환소수는 모두 분수로 나타낼 수 있으므로 유리수입니다.

유한소수와 순환소수는 모두 유리수입니다. 이때 유리수와 소수의 관계를 나타내면 다음과 같습니다.

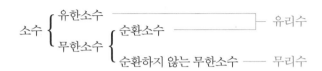

0.999…와 1

0.999…와 1은 같은 값 다른 표현

0.999…는 1보다 작을까요? 무한과 관련된 문제들은 우리를 종종 혼란스럽게 만듭니다. 0.9는 1보다 작고 0.99도 1보다 작습니다. 마찬가지로 0.999와 0.9999도 1보다 작습니다. 이렇게 소수점 아래 9가 유한하게 이어지는 경우 0.999…9는 1보다 작습니다. 그렇기 때문에 0.999…와 1의 크기를 비교하면 0.999…가 작을 것만 같습니다. 과연 그럴까요?

$$0.9 < 1$$
$$0.99 < 1$$
$$0.999 < 1$$
$$\vdots$$
$$0.99999… < 1\ ?$$

하지만 놀랍게도 무한소수인 0.999…와 자연수인 1은 그 크기가 서로 같은 수입니다. 간단한 연산으로 이를 확인할 수 있습니다.

$\frac{1}{3}$을 소수로 나타내면 0.333…이죠? 0.999…는 0.333…에 3을 곱한 것과 같습니다.

$$0.333… \times 3 = 0.999…$$

이제 이 식에서 0.333…을 분수 $\frac{1}{3}$로 바꾸어봅시다.

$$\frac{1}{3} \times 3 = 0.9999…$$
$$1 = 0.9999…$$

이제 0.999…의 값이 1과 같다는 것을 믿을 수 있겠죠?

무리수

알로고스, 침묵의 수

그리스의 '피타고라스 학파'는 유명한 수학자 피타고라스를 중심으로 수학, 과학, 철학에 대해 연구하는 모임입니다. 이들은 '만물의 근원은 수'이며 '모든 수는 정수 또는 정수의 비인 분수로 표현할 수 있다'고 생각했습니다. 이들에게 배움이란 신앙과 같아서 배운 내용에 함부로 반대하거나 배운 내용을 외부로 발설하는 것이 금지되어 있었습니다.

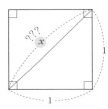

그리스는 공간 도형 등을 연구하는 기하학도 발달되어 있어서 유리수를 기하학적으로 해석하기도 했습니다. 피타고라스 학파였던 히파수스도 도형에서 각 선분의 길이의 비를 연구하던 중이었습니다. 한 변의 길이가 1인 정사각형을 그리고 대각선을 그은 후, 정사각형 한 변의 길이와 대각선의 길이의 비(분수)로 나타내려고 하는데 도저히 할 수 없었습니다. 정수의 비로 나타낼 수 없는, 순환하지 않는 무한소수인 무리수를 최초로 발견한 것입니다.

히파수스는 곧바로 이 사실을 피타고라스 학파에 알렸고 다른 사람들에게도 이 사실을 널리 알려야 한다고 주장했습니다. 학파에서 배운 내용과 다른 의견을 결코 인정하지 않았던 학파 사람들은 이를 반대했고 절대 외부에 알리지 말고 침묵하라고 했지요. 하지만 히파수스는 결국 이 사실을 외부에 알리고야 말았고 학파의 규칙을 어긴 탓에 동료들에 의해 죽임을 당하고 말았다고 전해집니다.

무려 기원전 6세기에 무리수 $\sqrt{2}$의 존재를 최초로 발견한 히파수스! 히파수스가 발견한 수 외에도 무리수로서 수학에서 중요한 수는 원주율 π나 오일러 수 e, 황금비가 있습니다.

교환법칙

거꾸로 연산해도 결과가 같아

'조삼모사'라는 고사성어를 아시나요? 원숭이에게 아침에는 3개, 저녁에는 4개의 도토리를 준다고 했더니 원숭이가 화를 내서, 그러면 아침에는 4개, 저녁에는 3개의 도토리를 준다고 했더니 좋아했다는 뜻입니다. 이는 눈앞에 보이는 차이만 알고 결과가 같은 것을 모르는 어리석음을 비유하는 말입니다. 전체 도토리의 수를 생각해보면 굳이 더 좋아할 이유가 있을까요?

원숭이들은 '아침 3개+저녁 4개'와 '아침 4개+저녁 3개'는 다르다고 생각했어요. 하지만 도토리의 수를 보면 3+4는 '3에서 4만큼 더' 세는 것이고 4+3은 '4에서 3만큼 더' 세는 것이므로 두 경우 모두 7이 됩니다. 하루 동안 가지게 되는 도토리의 양은 같으므로 3+4=4+3이 되는 것입니다. 이렇게 연산의 순서를 바꾸어도 결과가 같을 때 '교환법칙이 성립한다'라고 합니다. 따라서 덧셈의 경우에는 교환법칙이 성립합니다.

구구단을 외우고 있으면 5×7과 7×5의 결과가 같다는 것을 알 수 있죠? 구구단을 모른다고 해도 5개씩 들어 있는 사탕 7봉지의 전체 사탕 개수나 7개씩 들어 있는 사탕 5봉지의 전체 사탕 개수가 35개로 서로 같으므로 곱셈의 경우에도 교환법칙이 성립함을 알 수 있습니다.

그렇다면 뺄셈과 나눗셈의 경우는 어떨까요? $2-3=-1$과 $3-2=1$은 다르고 $2 \div 3 = \frac{2}{3}$와 $3 \div 2 = \frac{3}{2}$은 다릅니다. 이처럼 뺄셈과 나눗셈은 연산의 순서를 바꾸면 결과가 같지 않으므로 뺄셈과 나눗셈은 교환법칙이 성립하지 않습니다.

결합법칙

이렇게 묶으나 저렇게 묶으나

예쁜 병에 사탕을 가득 넣고 선물용 리본을 묶는 것과 병에 리본을 먼저 묶고 사탕을 넣어 포장하는 것! 이 둘은 결과가 같은 걸까요?

마찬가지로 3개 이상의 수를 가지고 계산을 한다면 그 순서는 어떻게 해야 할까요? 연산이란 두 수끼리 하는 것이므로 여러 개의 수를 연산해야 한다면 순서를 정해서 차례대로 해나가야 합니다. 이 순서에 대한 규칙이 바로 '결합법칙'입니다. 그리고 그 순서는 괄호를 이용해 표현합니다.

먼저, 덧셈의 경우는 어느 두 수를 먼저 더하든 그 결과가 같습니다.

덧셈 10+5+3에서 (10+5)+3과 같이 나타내고 앞의 두 수를 먼저 계산하면 15+3=18이 됩니다.

그렇다면 10+(5+3)과 같이 뒤의 두 수를 먼저 더하면 어떻게 될까요? 그 결과가 달라질까요? 아닙니다. 10+8=18이 되니까 덧셈의 순서를 바꾸어도 그 결과가 같습니다. 이럴 때 덧셈은 '결합법칙이 성립한다'고 합니다.

곱셈은 어떨까요? 가로, 세로, 높이가 각각 2, 3, 6인 직육면체 상자의 부피는 가로의 길이와 세로의 길이와 높이를 곱해서 구합니다. 이때 가로와 세로의 길이를 먼저 곱해 $(2 \times 3) \times 6$과 같이 구하든지 세로의 길이와 높이를 먼저 곱해 $2 \times (3 \times 6)$으로 구하든지 결과는 36으로 똑같기 때문에 곱셈도 결합법칙이 성립합니다.

하지만 다음과 같은 예를 통해 알 수 있듯이 모든 연산에서 결합법칙이 성립하는 것은 아닙니다.

$(10-5)-3=2$ vs. $10-(5-3)=8$ 　　 $(48 \div 6) \div 2=4$ vs. $48 \div (6 \div 2)=16$

즉 뺄셈과 나눗셈은 결합법칙이 성립하지 않습니다.

분배법칙

통째로 구하거나 쪼갠 후 더하거나

비행기 티켓의 절취선을 따라 찢기 전에 세로의 길이가 5이고 가로의 길이가 7+3이라고 하면 이 티켓의 전체 넓이는 어떻게 구할까요? 티켓이 직사각형 모양이므로 세로의 길이와 가로의 전체 길이와의 곱인 $5 \times (7+3) = 5 \times 10 = 50$으로 구할 수 있습니다.

하지만, 절취선을 이미 찢어버린 상황이라면 절취선을 기준으로 두 부분으로 나누어서 $(5 \times 7) + (5 \times 3) = 35 + 15 = 50$으로도 구할 수 있습니다.

(티켓의 전체 넓이)	=	(두 부분으로 나눈 티켓의 넓이의 합)
$5 \times (7+3)$	=	$5 \times 7 + 5 \times 3$

티켓의 세로의 길이를 가로의 길이인 두 수의 합에 곱한 것이, 세로의 길이를 가로의 길이 7과 3에 각각 곱하여 더한 것과 같죠? 곱셈과 덧셈이라는 복합적인 연산을 해야할 때 이처럼 곱셈을 덧셈에 분배할 수 있습니다. 이렇게 두 연산이 있을 때 한 연산을 다른 연산에 분배해 계산하는 것을 '분배법칙'이라고 합니다.

분배법칙도 모든 연산에서 성립하진 않습니다. 예를 들어볼까요?

$$5 + (7 \times 3) = 5 + 21 = 26 \ \text{vs.} \ (5+7) \times (5+3) = 12 \times 8 = 96$$

즉 $5 + (7 \times 3) \neq (5+7) \times (5+3)$과 같이 덧셈을 곱셈에 대해 분배하는 것은 불가능합니다.

괄호에도 위아래가 있다구

5+{3×(2+3)-1}÷2와 같이 복잡하게 얽힌 실타래 같은 식은 어떻게 계산해야 할까요? 괄호에다가 여러 가지 연산까지 복잡하게 섞여 있을 땐 순서를 정하지 않고는 엉망진창이 되어버릴 게 뻔합니다.

물론 사칙연산에서는 곱셈과 나눗셈이 항상 먼저입니다. 하지만 이러한 규칙을 깨뜨릴 만큼 강력한 무기는 바로 '괄호'입니다. 그 어떤 연산이든 무조건 괄호 안부터 계산해야 한다는 대왕 규칙이 있거든요.

그런데 수학의 괄호에는 위아래가 있는 3종 세트가 있습니다. 소괄호 ( ), 중괄호 { }, 대괄호 〔 〕 이렇게 3가지이지요. 식을 세우거나 계산할 때 다른 것보다 가장 먼저 해야 하는 계산은 소괄호 ( )로 묶어서 표시합니다. 소괄호로 묶은 것보다 나중에 계산해도 되지만 다른 계산보다는 먼저 해야 하는 것은 중괄호 { }를 사용해요. 소괄호 ( )와 중괄호 { }로 묶은 것보다 나중에 계산해도 되지만 다른 계산보다는 먼저 해야 하는 것은 대괄호 〔 〕를 사용합니다.

이제 5+{3×(2+3)-1}÷2를 계산해볼까요?

가장 먼저 소괄호 안의 2+3부터 계산하고 그 이후 중괄호 안을 계산하면

5+{3×(2+3)-1}÷2=5+{3×5-1}÷2=5+{15-1}÷2=5+14÷2=5+7=12

입니다.

하지만 식을 쓸 때 소괄호 없이 중괄호를 쓰지는 않기 때문에 위와 같은 순서로 계산은 하지만 실제로 나타낼 때는 괄호의 수준을 낮추어가며 표기합니다.

즉 5+{3×(2+3)-1}÷2=5+(3×5-1)÷2=5+14÷2=5+7=12가 되지요.

복잡한 식을 계산할 때 괄호는 소괄호 → 중괄호 → 대괄호 순으로 풀고, 괄호 안의 연산은 곱셈 & 나눗셈 → 덧셈 & 뺄셈 순으로 한다는 걸 기억하세요.

수의 대소관계

오른쪽으로 갈수록 더 큰 수

수직선에서 0을 기준으로 오른쪽의 수는 양수, 왼쪽의 수는 음수입니다. 그럼 두 수를 수직선에 표시했을 때 어떤 수가 더 클까요? 수의 세계에서는 양수는 음수보다 크고, 양수끼리는 절댓값이 클수록 크고, 음수끼리는 절댓값이 작을수록 큽니다. 이 수들을 수직선에서 나타내어보면 더 큰 수가 항상 수직선에서 더 오른쪽에 있다는 사실을 알 수 있습니다. 즉 수직선에 나타냈을 때 오른쪽에 있는 수가 왼쪽에 있는 수보다 더 큰 수입니다.

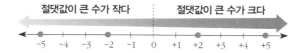

수직선에는 유리수도 나타낼 수 있지만 무리수도 나타낼 수 있습니다. 수직선에 나타내어보면 무리수의 대소관계도 쉽게 판단할 수 있어요. $\sqrt{2}$를 수직선에 나타내듯이 $\sqrt{2}-1$과 $1-\sqrt{2}$도 수직선에 나타내어보면 0의 오른쪽에 $\sqrt{2}-1$이, 0의 왼쪽에 $1-\sqrt{2}$가 대응되므로 둘 중에서 보다 더 오른쪽에 있는 $\sqrt{2}-1$이 $1-\sqrt{2}$보다 큰 수입니다.

그런데 수직선에 나타내지 않고 수의 대소관계를 알 수는 없을까요? 물론 기막힌 방법이 더 있습니다. 두 수를 빼서 나온 결과로 판단하는 방법입니다.

5와 7을 예로 들어봅시다. 7은 5보다 큽니다. (큰 수 7)−(작은 수 5)를 계산하면 2라는 양수가 나옵니다. 반대로 (작은 수 5)−(큰 수 7)를 계산하면 음수 −2가 나옵니다. 즉 두 수의 뺄셈 결과가 양수이면 앞의 수가 더 크고, 음수이면 앞의 수가 더 작은 수가 됩니다.

뺀 결과가 0일 수도 있다구요? 맞습니다. 0이 나왔다는 건 두 수의 크기가 같다는 뜻이겠죠?

이렇듯 두 수의 대소관계는 수직선에 나타내거나 두 수의 뺄셈을 해보면 알 수 있습니다.

등식

무엇이 무엇이 똑같은가

몸무게가 각각 43kg, 30kg인 나와 동생이 시소 왼쪽에 같이 타고 형이 오른쪽에 탔을 때 시소가 균형을 이룬다면 형의 몸무게가 얼마인지 알 수 있을까요? 시소 양쪽의 무게가 같으므로 형의 몸무게는 43+30＝73kg일 것입니다.

시소 왼쪽과 오른쪽의 무게가 같은 것처럼, 등식이란 무언가 다른 2개가 서로 같음을 등호 '＝'를 이용하여 수학적으로 표현한 것입니다. 그래서 수의 계산식 인 43+30＝73도 등식이지만 문자가 들어간 식인 $2x+3＝5$도 등식입니다.

아인슈타인하면 떠오르는 상대성 이론에서 에너지 E는 무게 m과 속력 c를 이 용해 $E＝mc^2$과 같이 나타냅니다. 이 식은 에너지가 무게 및 속력과 어떤 관계인 지 나타내는 등식입니다.

등식에서 등호를 기준으로 왼쪽 부분을 '좌변', 오른쪽 부분을 '우변'이라고 하 고, 좌변과 우변을 통틀어 '양변'이라고 합니다. 나와 동생, 형이 균형을 이루며 시소를 타고 있을 때 이 시소의 양쪽에 똑같은 무게의 강아지를 안고 타도 여전 히 균형을 이루겠죠?

같은 무게의 강아지를 안고 타도 여전히 균형을 이루는 것처럼 등식은 양변에 같은 수를 더해도 등식이 되는 것에는 변함이 없습니다. 등식의 이러한 성질은 구하고자 하는 것을 미지수 x로 놓은 등식인 방정식의 해를 쉽게 구할 수 있게 해주기도 합니다. 예를 들어 등식 $x-3＝5$의 양변에 똑같이 3을 더하면

$$x-3+3＝5+3$$

$x＝8$이 되어 미지수 x가 8이라는 것을 알 수 있게 됩니다.

음수 빼기

음수를 빼는 것은 곧 양수를 더하는 것

친구와 게임을 하면서 바둑돌로 점수를 계산하려고 합니다. 흰 돌은 +1, 검은 돌은 −1로 정하고 이긴 사람은 흰 돌, 진 사람은 검은 돌을 가져갑니다. 몇 번의 게임이 진행된 후에 내가 가진 바둑돌을 보니 흰 돌이 4개이고 검은 돌이 5개라면 나는 몇 점을 얻은 걸까요? + 바둑돌보다 − 바둑돌이 한 개 더 많으므로 결국 최종 점수는 −1점입니다.

이번 게임에서는 내가 이겼는데 가져가야 할 흰 돌이 없다면 흰 돌을 가져가지 않고 나의 점수를 1점 올릴 수 있는 방법은 무엇일까요? 바로 가지고 있던 검은 돌 하나를 빼는 것입니다. 즉 + 바둑돌을 하나 추가 하는 것이 − 바둑돌 하나를 빼는 것과 같은 것이죠. 이렇게 바둑돌을 이용하여 정수의 덧셈과 뺄셈을 하는 것을 '셈돌모델'이라고 합니다.

셈돌모델은 +돌 하나와 −돌 하나의 합이 0이 되는 것을 이용해 같은 수만큼 흰 돌과 검은 돌을 같이 넣거나 빼며 계산 결과를 얻어냅니다. 예를 들어 $(+3)-(-4)$의 계산이란 흰 돌 3개 가지고 있는데 여기서 검은 돌 4개를 빼라는 것입니다. 흰 돌만 있고 빼야 할 검은 돌 4개가 없으므로 일단 흰 돌과 검은 돌을 각각 4개씩 넣습니다. 이때 흰 돌과 검은 돌의 개수를 맞추어 넣어야 원래의 식의 값에 아무런 영향을 주지 않습니다. 이제는 검은 돌 4개를 빼는 미션을 수행할 수 있게 됩니다. 남아 있는 돌만 세면 되겠죠? 원래 처음에 가지고 있던 흰 돌 3개와 검은 돌 4개 때문에 짝지어 들어갔던 흰 돌 4개가 있으니 계산의 결과는 7이 됩니다.

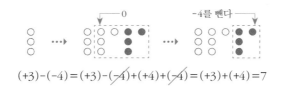

$$(+3)-(-4)=(+3)-(\cancel{-4})+(+4)+(\cancel{-4})=(+3)+(+4)=7$$

따라서 음수를 빼는 것은 절댓값이 같은 양수를 더하는 것과 같습니다.

곱셈의 결과

아닌 게 아닌 건, 그렇다는 것

곱셈은 덧셈의 반복적인 계산을 쉽게 할 수 있는 연산입니다. $(+3) \times (+2)$는 0에서 출발해 +3을 두 번 더하는 것이므로 $0+(+3)+(+3)=+6$입니다. 마찬가지로 $(-3) \times (+2)$는 0에서 출발해 -3을 두 번 더하는 것이므로 $(-3) \times (+2)=0+(-3)+(-3)=-6$입니다.

$(+3) \times (-2)$는 +3을 두 번 빼는 거라고 생각하면 됩니다. 덧셈과 마찬가지로 0부터 시작해 세어나갑니다. 이때 뺄셈은 덧셈의 역연산이므로 +3을 거꾸로 세어나갑니다. -1, -2, -3까지 한 번, -4, -5, -6까지 두 번 세어 -6이 됩니다. 즉 $0-(+3)-(+3)=-6$입니다.

이제 $(-3) \times (-2)$를 생각해봅시다. 이 계산은 -3을 두 번 빼는 것이죠? 따라서 0에서 -3만큼 거꾸로 세어나가는 것을 두 번 합니다. -3만큼을 거꾸로 세어나가면 결국 +1, +2, +3이 되죠? '부정의 부정은 강한 긍정이다'라는 표현처럼 음수를 거꾸로 세었더니 양수가 되었습니다. 이것은 음수를 빼는 것은 절댓값이 같은 양수를 더하는 것과 같기 때문입니다. 즉 $0-(-3)-(-3)=0+(+3)+(+3)=+6$입니다.

지금까지 계산을 살펴보면 $(-3) \times (+2)$와 $(+3) \times (-2)$와 같이 서로 다른 두 부호를 곱할 때만 음수가 나오는 것을 알 수 있습니다.

$$(양수) \times (양수) = (양수)$$
$$(양수) \times (음수) = (음수)$$
$$(음수) \times (양수) = (음수)$$
$$(음수) \times (음수) = (양수)$$

수직선

실수만이 완벽히 채울 수 있는 직선

수직선은 직선에 일정한 간격으로 눈금을 표시하고 수를 대응시킨 것입니다. 직선 위에 기준이 되는 원점 O를 잡고, 좌우에 일정한 간격으로 눈금을 표시하고 오른쪽에는 양의 정수를, 왼쪽에는 음의 정수를 차례로 표시합니다. 수직선의 수는 오른쪽으로 갈수록 커지고 왼쪽으로 갈수록 작아지므로 대소 관계를 파악하기에 유용하고 연산을 배울 때도 안성맞춤입니다. 0보다 큰 수를 더할 때는 그 크기만큼 오른쪽으로 이동하고, 0보다 큰 수를 뺄 때는 그 크기만큼 왼쪽으로 이동합니다. 3에서 5를 뺀다고 하면 수직선의 3의 위치에서 왼쪽으로 5만큼 이동하면 -2에 위치합니다. 즉 3-5의 값이 -2가 됩니다.

수직선에는 정수뿐만이 아니라 두 정수의 비를 나타내는 유리수도 표시할 수 있습니다. 유리수인 $\frac{1}{3}$을 수직선에 표시하려면 0과 1 사이를 3등분한 후 한 칸만 이동해 나타냅니다. 이렇게 유리수도 수직선 상의 한 점으로 대응시킬 수 있습니다.

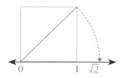

유리수만으로 수직선을 완전히 채울 수 있을까요? 아닙니다. 히파수스가 발견했던 한 변의 길이가 1인 정사각형의 대각선의 길이 $\sqrt{2}$와 같은 무리수도 수직선 위에 한 점으로 대응시킬 수 있습니다.

유리수와 무리수를 모두 통틀어 실수라고 하는데 수직선은 실수를 나타내어야 비로소 완벽히 채울 수 있습니다.

DAY 수와 연산

061

절댓값

원점에서부터의 거리

정수, 유리수와 같은 실수는 양의 부호 +나 음의 부호 -를 갖고 있습니다. 하지만 수직선의 원점에서부터의 거리를 나타내는 '절댓값'은 항상 부호 없이 쓰입니다.

0을 기준으로 상반된 양을 나타내는 양수와 음수는 서로 다른 값을 가집니다. 예를 들어 +3과 -3은 전혀 다른 값이죠. 그런데 +3과 -3에 기호를 붙여서 같은 값으로 만들 수 있는 방법이 있습니다. 바로 숫자의 양 옆에 기호 '| |'를 붙이는 것입니다.

기호 '| |'는 독일의 수학자 바이어슈트라스가 처음 사용한 것으로 수직선에 놓인 숫자가 0의 오른쪽에 있는 양수인지 왼쪽에 있는 음수인지에 상관없이 순수하게 떨어져 있는 거리만을 나타내도록 고안한 기호입니다. 절댓값 3을 가지는 수는 원점에서 3만큼 떨어졌으므로 오른쪽으로 3만큼 떨어져 있어도 되고 왼쪽으로 3만큼 떨어져 있어도 됩니다. 즉 |+3|=3, |-3|=3이므로 0인 아닌 절댓값을 가지는 수는 항상 2개가 존재합니다.

그렇다면 0의 절댓값은 얼마일까요? 모두가 쉽게 예상하듯이 0입니다. 수를 수직선에 놓고 보면 원점에서 멀리 떨어질수록 절댓값이 커지는 것을 알 수 있습니다.

한편 양수는 오른쪽으로 갈수록 커지므로 절댓값이 큰 수가 크기도 더 크다고 할 수 있습니다. 음수는 왼쪽으로 갈수록 오히려 작아지므로 절댓값이 클수록 크기는 더 작은 수입니다.

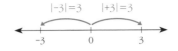

제곱근은 제곱의 역연산

제곱은 같은 수를 두 번 곱한 것입니다. 같은 수를 두 번 곱해 특정한 값이 되었을 때 거꾸로 두 번 곱해진 최초의 수를 구할 수 있습니다. 이 수를 바로 '제곱근'이라고 합니다. 예를 들어 2를 두 번 곱하면 4가 되므로 2는 4의 제곱근이 됩니다.

0인 아닌 수의 절댓값이 양수와 음수 2개가 존재하듯이 0이 아닌 양수의 제곱근을 구하면 양의 제곱근과 음의 제곱근 2개가 존재합니다. 예를 들어 2를 제곱해서 4가 되기도 하지만 −2를 제곱해서도 4가 되니 4의 제곱근은 2와 −2, 2개가됩니다. 제곱근은 수를 제곱하기 전으로 되돌리므로 제곱과 제곱근은 역연산의 관계입니다.

제곱근을 나타낼 때는 제곱한 수에 기호 $\sqrt{}$ (근호)를 사용합니다. 4의 제곱근을근호를 사용하여 나타내면 4의 양의 제곱근은 $\sqrt{4}$, 음의 제곱근은 $-\sqrt{4}$로 나타냅니다. 즉 $\sqrt{4}=2$, $-\sqrt{4}=-2$입니다.

제곱, 제곱근과 마찬가지로 세제곱, 세제곱근도 구할 수 있습니다. 세제곱은 수를 세 번 곱했다는 것을 지수 3을 이용하여 2^3과 같이 나타내고 세제곱근은 근호 앞에 작게 3을 써서 $\sqrt[3]{2}$과 같이 나타냅니다. 제곱이 항상 양수가 되는 것과 달리세제곱수는 $(-2)\times(-2)\times(-2)=-8$과 같이 음수가 나올 수도 있습니다. 세제곱의 역연산이 세제곱근이므로 −8의 세제곱근인 $\sqrt[3]{-8}$은 −2입니다.

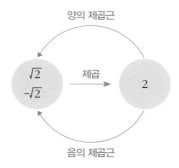

수직선에 $\sqrt{2}$ 나타내기

정사각형의 대각선을 수직선에 끌어내리기

근호로 나타낸 수는 모두 유리수일까요? 유리수의 제곱으로 2, 3, 5, 6, 7,…등을 얻을 수 없기 때문에 $\sqrt{2}$, $\sqrt{3}$, $\sqrt{5}$, $\sqrt{6}$, $\sqrt{7}$,…과 같은 수는 유리수가 아닙니다. 한 변의 길이가 1인 정사각형에 그린 대각선의 길이와 같이 근호 안의 수가 유리수의 제곱이 아닌 수는 무리수입니다.

그렇다면 이러한 무리수를 수직선 위에 나타낼 수 있을까요?

우선 수직선에 넓이가 4인 정사각형을 그리고 이 정사각형의 각 변의 중점을 이어 정사각형을 그려봅시다. 한 변의 길이가 2인 정사각형의 넓이는 $2^2 = 4$이므로 중점을 이어 만든 정사각형의 넓이는 딱 절반인 2가 됩니다.

넓이가 2인 정사각형의 한 변의 길이는 얼마일까요? 정사각형의 넓이는 한 변의 길이를 제곱해 구하므로 이 정사각형의 한 변의 길이는 2의 양의 제곱근인 $\sqrt{2}$가 됩니다.

비록 수직선에 찰싹 붙어 있진 않지만 어쨌든 $\sqrt{2}$라는 길이가 눈에 보이는 상태가 되었습니다. 이제 집에 하나쯤 있을 법한 컴퍼스를 이용해 수직선 위에 이 길이를 그대로 옮겨봅시다. 바로 이러한 방법으로 무리수 $\sqrt{2}$를 수직선 위의 한 점에 대응시킬 수 있습니다. 원점부터 이 점까지의 거리가 바로 $\sqrt{2}$가 됩니다.

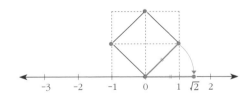

제곱근의 성질

제곱과 제곱근이 만나면 도로 제자리

9의 제곱근은 3과 −3으로 2개 존재합니다. 9의 제곱근을 나타낼 때는 근호 $\sqrt{}$ 를 사용해 나타낼 수 있으므로 9의 양의 제곱근은 $\sqrt{9}$, 음의 제곱근은 $-\sqrt{9}$로 나타낼 수 있습니다. 0이 아닌 양수의 제곱근은 양의 제곱근과 음의 제곱근 단 2개만 존재하므로 양의 제곱근끼리 같은 값이고 음의 제곱근끼리 같은 값입니다. 따라서 $3=\sqrt{9}$, $-3=-\sqrt{9}$입니다.

근호 안의 수가 9와 같은 제곱수이면, $\sqrt{9}=\sqrt{3^2}=3$, $-\sqrt{9}=-\sqrt{3^2}=-3$과 같이 근호를 사용하지 않고 나타낼 수 있습니다. 제곱한 다음 다시 역연산인 제곱근을 구하는 것이니 도로 제자리인 3이 되는 것입니다. 모자를 썼다가 벗으면 원래 모자를 쓰기 전처럼 도로 맨머리가 되는 거라고 생각하면 쉽습니다.

그렇다면 $\sqrt{3}$과 $-\sqrt{3}$을 생각해봅시다. 이 두 수는 3의 제곱근이죠? 제곱의 역연산이 제곱근이므로 제곱근을 제곱하면 도로 제자리인 근호 안의 수가 될 테니 $(\sqrt{3})^2=3$, $(-\sqrt{3})^2=3$이 됩니다.

$\sqrt{3^2}=3$, $-\sqrt{3^2}=-3$과 $(\sqrt{3})^2=3$, $(-\sqrt{3})^2=3$과 같이 근호와 제곱이 같이 있을 때 근호와 제곱을 사용하지 않고 나타낼 수 있는 것이 바로 '제곱근의 성질'입니다. 실수를 제곱하면 항상 0 이상의 수가 되므로 제곱근의 성질을 이용해 식을 계산할 때 유의할 점은 근호 안의 수는 항상 0 이상의 수이어야 한다는 것입니다.

제곱근의 대소관계

제곱해서 크면 제곱하기 전도 크다

넓이가 각각 2와 6인 두 정사각형 스카프가 있습니다. 두 스카프의 넓이를 비교하면 2<6입니다. 정사각형인 스카프의 넓이는 한 변의 길이를 제곱해 구하므로 스카프의 한 변의 길이는 넓이의 양의 제곱근이죠? 넓이가 2인 정사각형의 한 변의 길이는 $\sqrt{2}$이고 넓이가 6인 정사각형의 한 변의 길이는 $\sqrt{6}$입니다.

이번에는 두 스카프의 한 변의 길이를 비교해봅시다. 우선 $\sqrt{2}$와 $\sqrt{6}$의 크기를 알아볼까요? 넓이가 큰 정사각형의 한 변의 길이가 넓이가 작은 정사각형의 한 변의 길이보다 깁니다. 따라서 제곱근 2개의 대소를 비교하면 $\sqrt{2}<\sqrt{6}$입니다.

거꾸로 생각해도 마찬가지겠죠? 정사각형의 한 변의 길이가 길수록 그 넓이도 커지니까 $\sqrt{2}<\sqrt{6}$라서 2<6 이라고 생각해도 됩니다.

그렇다면 근호 $\sqrt{}$가 있는 수와 없는 수는 어떻게 대소관계를 알 수 있을까요? 예를 들어 2와 $\sqrt{3}$을 비교해봅시다. 근호가 없는 수 2는 $2=\sqrt{2^2}=\sqrt{4}$와 같으므로 2와 $\sqrt{3}$의 크기 비교는 $\sqrt{4}$와 $\sqrt{3}$으로 바꾸어 생각해서 크기를 비교할 수 있습니다. 그렇기 때문에 $4>3$이므로 $\sqrt{4}>\sqrt{3}$이 되고 $2>\sqrt{3}$인 것을 알 수 있습니다.

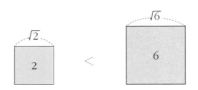

제곱근표

계산기의 대용품

계산기에 숫자 2를 누르고 근호 $\sqrt{}$ 표시를 누르면 화면에 어떤 값이 나올까요? 순환하지 않는 무한소수로 나타내어지는 $\sqrt{2}$ 의 모든 값은 아니지만 계산기가 나타낼 수 있는 소수 자리까지의 값이 나옵니다. 즉 $\sqrt{2}$ 의 어림값을 알 수 있습니다.

계산기 외에 제곱근의 값을 알 수 있는 또 다른 방법은 제곱근표를 이용하는 것입니다. 제곱근표에는 1.00부터 9.99까지의 수가 0.01 간격으로, 10.0부터 99.9 까지의 수가 0.1 간격으로 나타나 있고 그 수의 양의 제곱근의 값이 소수점 아래 넷째 자리에서 반올림해 나타나 있습니다. 이 표를 이용하면 $\sqrt{2}$, $\sqrt{3}$, $\sqrt{5}$, $\sqrt{6}$, …과 같이 유리수의 제곱이 아닌 무리수의 어림값도 알 수 있습니다.

아래 제곱근표를 이용해 $\sqrt{1.26}$ 의 어림값을 구해볼까요? 표에서 1.2의 가로줄 과 6의 세로줄이 만나는 칸에 적혀 있는 수는 1.122이므로 $\sqrt{1.26}$ 을 어림값을 소수로 나타내면 1.122입니다. 실제로 1.122를 제곱하면 1.26에 가까운 수가 얻어집니다.

제곱근표

수	0	1	2	3	4	5	6	7
1.0	1.000	1.005	1.010	1.015	1.020	1.025	1.030	1.034
1.1	1.049	1.054	1.058	1.063	1.068	1.072	1.077	1.082
1.2	1.095	1.100	1.105	1.109	1.114	1.118	1.122	1.127
1.3	1.140	1.145	1.149	1.153	1.158	1.162	1.166	1.170

제곱근표에 있는 제곱근의 값이 모두 어림값인 것은 아닙니다. $\sqrt{9}$ 의 값을 제곱근표에서 구하면 가로줄 9.0과 세로줄 0이 만나는 칸에 적혀 있는 수 3이 나옵니다.

크기를 비교하고 연산을 할 수 있는 수

수직선 위에 다트를 던져 그 점의 수를 읽으면 그 수는 분명 유리수 또는 무리수입니다. 유리수와 무리수를 통틀어 '실수'라고 하므로 수직선 위의 모든 점은 실수로 나타낼 수 있습니다.

　수직선의 오른쪽으로 갈수록 큰 수이고 왼쪽으로 갈수록 작은 수이므로 모든 실수는 크기를 비교할 수 있고 사칙연산도 할 수 있습니다. 우리가 보통 '수'라고 말하는 것은 거의 실수를 뜻합니다.

　실수 가족을 분류해서 적어보면 다음과 같습니다.

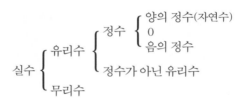

실수 $\begin{cases} \text{유리수} \begin{cases} \text{정수} \begin{cases} \text{양의 정수(자연수)} \\ 0 \\ \text{음의 정수} \end{cases} \\ \text{정수가 아닌 유리수} \end{cases} \\ \text{무리수} \end{cases}$

　유리수와 무리수를 통틀어 실수라고 하므로 유리수 2와 무리수 $\sqrt{5}$의 합인 $2+\sqrt{5}$는 실수가 분명합니다. 그렇다면 $2+\sqrt{5}$는 유리수일까요? 무리수일까요? (유리수)+(무리수)나 (유리수)-(무리수)는 소수로 나타내었을 때 순환소수가 아닌 무한소수가 되므로 무리수입니다.

제곱근의 곱셈과 나눗셈

제곱근을 한꺼번에 뒤집어씌워도 오케이

실수도 유리수와 같이 사칙연산이 가능합니다. 또 실수의 곱셈은 유리수와 마찬
가지로 교환법칙, 결합법칙이 성립해요.

먼저 제곱근의 곱셈을 볼까요? 예를 들어 $\sqrt{2} \times \sqrt{3}$을 제곱해봅시다.

$\sqrt{2} \times \sqrt{3}$을 제곱하면 2×3이 되므로 $\sqrt{2} \times \sqrt{3}$은 2×3의 양의 제곱근입니다. 그
런데 양의 제곱근은 그 수에 근호 $\sqrt{}$를 씌워 나타내므로 2×3의 양의 제곱근은
$\sqrt{2 \times 3}$입니다.

즉 $\sqrt{2} \times \sqrt{3} = \sqrt{2 \times 3}$이 되니 제곱근끼리의 곱셈은 근호 안을 먼저 곱셈한 후 제
곱근을 구해도 마찬가지인 걸 확인할 수 있습니다.

마찬가지로 $\sqrt{\frac{2}{5}}$를 제곱해봅시다. $\left(\sqrt{\frac{2}{5}}\right)^2 = \sqrt{\frac{2}{5}} \times \sqrt{\frac{2}{5}} = \frac{2}{5}$이고 $\frac{2}{5}$의 양의 제곱근은
$\sqrt{\frac{2}{5}}$이므로 $\sqrt{\frac{2}{5}} = \sqrt{\frac{2}{5}}$입니다. 즉 제곱근끼리의 나눗셈은 안을 먼저 나눗셈한 후 제
곱근을 구해도 된다는 뜻입니다.

물론 이것은 모두 제곱근 안에 양수가 있을 때의 이야기입니다. 제곱근 안에
음수가 있으면 어떻게 될까요? 예를 들어 다음 계산을 위에서 알게 된 방법으로
적용한다면 $\sqrt{(-2) \times (-3)} = \sqrt{-2} \times \sqrt{-3}$이 되는데 이것은 아주 이상한 결론을 갖고
옵니다.

지금까지 우리가 알고 있는 모든 수들은 제곱하면 0 이상의 수인데 $\sqrt{-2}$라는 수
는 이를 제곱하면 음수인 -2가 된다는 뜻이니 아주 이상한 이야기가 되는 거죠.
그래서 제곱근이 들어간 수는 항상 근호 안의 수가 음수는 아닌지 살펴보는 것도
중요하답니다.

분모의 무리수를 유리수로!

무리수 $\sqrt{2}$를 제곱하면 유리수일까요? 무리수일까요? $(\sqrt{2})^2=2$이므로 유리수입니다. 이처럼 무리수에 근호 안의 수가 같은 무리수를 곱하면 유리수가 됩니다. '분모의 유리화'는 분모에 근호가 있는 무리수에서 분모와 분자에 0이 아닌 같은 수를 곱해 분모를 유리수로 고치는 것입니다.

$\dfrac{1}{\sqrt{2}}$의 분모와 분자에, $\sqrt{2}$를 유리수로 만들 수 있는 $\sqrt{2}$를 곱하면 분모가 $(\sqrt{2})^2=2$가 되어 분모가 유리수가 됩니다.

$$\frac{1}{\sqrt{2}} = \frac{1 \times \sqrt{2}}{\sqrt{2} \times \sqrt{2}} = \frac{\sqrt{2}}{2}$$

분모의 유리화를 하면 이 수 자체도 유리수로 바뀌는 걸까요? 아닙니다. 분모만 유리수가 될 뿐이지 수 자체는 여전히 무리수입니다.

그런데 왜 분모의 유리화를 하는 걸까요? 우리가 $\sqrt{2}=1.414213\cdots$이라고 알고 있으므로 $\dfrac{\sqrt{2}}{2}$라고 하면 $\sqrt{2} \div 2 = 1.414213\cdots \div 2 = 0.707105\cdots$의 값을 갖는다는 것을 알 수 있죠. 하지만 $\dfrac{1}{\sqrt{2}}$이라고 하면 어림값조차 소수로 구하기 어렵습니다. 그러나 분모를 유리화하면 그 값이 대략 얼마인지 쉽게 예측할 수 있고, 그 값을 수직선에 나타내어 크기를 비교하기도 편리할뿐더러 통분하기도 쉽답니다.

제곱근의 덧셈과 뺄셈

일단 제곱근 안부터 간단히

제곱근의 곱셈에서 $\sqrt{2} \times \sqrt{3} = \sqrt{2 \times 3}$이므로 덧셈도 $\sqrt{2} + \sqrt{3} = \sqrt{2+3}$ 일까요? 이렇게만 된다면 제곱근의 계산은 누워서 떡먹기일 텐데 말이죠. 그런데 아쉽게도 좌변과 우변의 값은 전혀 다릅니다. 제곱근표를 이용해 제곱근의 어림값을 구해 보면 $\sqrt{2} ≒ 1.414$, $\sqrt{3} ≒ 1.732$, $\sqrt{5} ≒ 2.236$이므로 $\sqrt{2} + \sqrt{3}$ 을 더하면 약 3.15이기에 $\sqrt{2+3}$ 인 $\sqrt{5}$의 값보다 큽니다.

소수부분이 순환하지 않고 무한하기 때문에 $\sqrt{2}$, $\sqrt{3}$과 같은 두 수의 합과 차의 소수부분이 순환할지, 유한이 될지 잘 가늠되지 않습니다. 그래서 제곱근의 덧셈과 뺄셈은 근호 안이 같은 수끼리만 덧셈과 뺄셈을 합니다.

넓이가 2인 정사각형 3개를 나란히 이어 붙였을 때 가로의 길이를 구해볼까요? 넓이가 2인 정사각형의 한 변의 길이는 $\sqrt{2}$이므로 $\sqrt{2} + \sqrt{2} + \sqrt{2} = 3\sqrt{2}$라고 나타냅니다. 여기에 정사각형을 2개 더 이어 붙이면 $3\sqrt{2}$에 $2\sqrt{2}$만큼 더 이어 붙이게 되는 것이므로 $5\sqrt{2}$가 됩니다. 즉 제곱근의 덧셈과 뺄셈은 근호 앞의 숫자끼리 더하거나 빼서 나타냅니다. 마치 문자가 있는 식에서 $3a + 2a = 5a$로 계산하는 것과 같습니다.

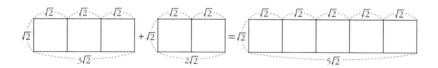

근호 안의 숫자가 다른 $\sqrt{8}$과 $\sqrt{2}$의 덧셈과 뺄셈은 어떻게 할까요? $\sqrt{8}$은 $\sqrt{2} \times \sqrt{2} \times \sqrt{2} = 2 \times \sqrt{2} = 2\sqrt{2}$이므로 $\sqrt{8} - \sqrt{2} = 2\sqrt{2} - \sqrt{2} = \sqrt{2}$가 됩니다.

따라서 제곱근의 덧셈과 뺄셈은 최대한 근호 안을 간단히 하고 분모를 유리화 해 근호 안의 수가 같은 것끼리 계산합니다.

A4 용지의 비밀

자르고 또 잘라도 같은 비율

우리가 흔히 사용하는 A4 용지의 규격 크기는 210mm×297mm입니다. 그런데 왜 좀더 간단한 수치인 200mm×300mm와 같은 크기의 종이를 사용하지 않았을까요?

그것은 경제적 이유 때문입니다. 만약 길이의 비가 2 : 3인 200mm×300mm 규격의 종이를 절반으로 자르면 길이의 비가 3 : 4인 150mm×200mm가 되어 종이를 자르기 전과 가로와 세로의 길이의 비율이 전혀 다른 사각형이 됩니다. 가로와 세로의 길이의 비율이 같도록 만들려면 길이를 다시 재서 잘라야 하는 불편함도 있지만, 무엇보다 잘라낸 종이 자투리가 버려지게 됩니다. 그래서 종이를 절반으로 잘랐을 때 낭비되는 부분 없이 기존의 종이와 동일한 가로와 세로의 비율을 유지하도록 종이를 만들게 된 것입니다.

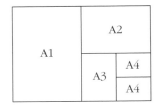

이렇게 절반으로 잘랐을 때 가로와 세로의 길이의 비율이 똑같게 되는 종이의 가로와 세로의 길이는 정확하게 얼마일까요?

큰 종이의 가로의 길이를 1, 세로의 길이를 x라고 하면 두 길이의 비는 $1 : x$가 됩니다. 이 종이를 절반으로 자른 종이를 세로가 길게 되도록 세우면 가로의 길이가 $\frac{x}{2}$이고 세로의 길이가 1이 됩니다. 자르기 전과 자른 후의 가로와 세로의 비가 같도록 하는 x의 값을 구하는 비례식 $1 : x = \frac{x}{2} : 1$에서 $x^2 = 2$가 되고 양수인 x의 값은 $\sqrt{2}$가 됩니다. 즉 이러한 종이의 두 변의 길이의 비는 $1 : \sqrt{2}$예요. 그래서 A4 용지의 가로와 세로의 길이의 비는 대략 1 : 1.414입니다.

독일규격위원회는 가로와 세로의 길이의 비가 $1 : \sqrt{2}$가 되는 A0의 크기를 841mm×1189mm로 하고 종이를 반으로 자를 때마다 A 뒤에 붙이는 수를 1씩 증가시킵니다. A0를 반으로 자르면 A1, A1 종이를 반으로 자르면 A2, A3 종이를 반으로 자르면 우리가 많이 사용하는 A4가 됩니다.

허수단위 i

상상의 수 등장

0과 음수는 오랫동안 수학자들을 괴롭히고 또 좌절시켰습니다. 유명한 철학자 칸트마저도 "더 이상 형이상학적으로 따지지 말고 넘어가자"라고 할 정도였지요. 그런데 철학적으로 이해되지 않는 또 다른 수가 등장하게 됩니다. 바로 상상의 수인 '허수(imaginary number)'입니다.

0의 제곱은 0이고 0이 아닌 실수를 제곱하면 항상 양수가 나오므로 실수의 제곱은 항상 0 이상의 수입니다. 그래서 실수에서는 $x^2 = -1$과 같이 제곱해서 음수가 되는 수는 찾을 수가 없죠. 즉 $x^2 = -1$의 방정식의 해는 실수에 없습니다.

이탈리아의 수학자 카르다노의 책『위대한 기법』에서 더하면 10이 되고 곱하면 40이 되는 2개의 수를 구하려고 $x(10-x) = 40$이라는 방정식을 풀었습니다. 그 결과 $5+\sqrt{-15}$와 $5-\sqrt{-15}$라는 엉뚱한 수가 답으로 나왔고, 이를 두고 오래 고민하던 카르다노는 결국 그냥 평범한 수처럼 취급하기로 합니다. 그랬더니 지금까지 해결하지 못했던 이와 같은 종류의 방정식이 모두 해를 가지게 되었어요.

수학자들은 $\sqrt{-15}$가 아무 의미도 없고 모순적이지만 현실적인 문제를 해결하는 역할을 한다는 것을 받아들여야만 했습니다. 그래서 데카르트는 이 수에 '허수(상상의 수)'라는 이름을 지어주게 됩니다. 이후 오일러가 허수 $\sqrt{-1}$에 i라는 수학 기호를 만들어 주었답니다.

$$i^2 = -1 \ (i = \sqrt{-1})$$

즉 자연수만으로는 $x+3 = 2$의 해인 음수 -1의 값을 구할 수 없어 자연수에서 정수로 수의 체계가 확장되었듯, 제곱해서 음수가 되는 새로운 수의 영역을 개척하게 된 것이지요. 허수단위 i 덕분에 -1의 제곱근은 i와 $-i$ 2개가 됩니다. 허수단위 i의 등장은 실수와 허수가 공존하는 복소수로의 확장으로 이어집니다.

*i*의 특징

실수와는 다른 특징을 가지는 허수

방정식은 이집트 나일강 범람 후 땅의 분배 혹은 아랍 상인의 상업 활동 등과 같은 분야에서 실용적인 문제를 해결하기 위한 도구였어요. 눈에 보이는 실제 문제의 해결을 위한 것이죠. 이러한 실생활 문제 해결을 위해 방정식의 해를 구했는데, 아이러니하게도 현실에 존재하지 않고 인간의 머릿속에나 존재하는 음수나 허수와 같은 상상의 수가 등장하게 되었습니다.

허수는 상상의 수이므로 양수나 음수, 그 어느 쪽에도 속하지 않는 수입니다. 게다가 허수는 크기를 비교할 수도 없어요.

만약 허수가 양수이거나 음수라고 하면 다음과 같이 수학적인 모순이 생기게 됩니다. 먼저 허수가 양수라고 가정하면 $i>0$입니다. 부등식의 양변에 양수를 곱해도 부등호의 방향이 변하지 않으므로 양변에 i를 곱하면 $i \times i>0 \times i$입니다. 그런데 $i \times i=-1$이므로 결국 $-1>0$이라는 이상한 결론에 이릅니다.

그렇다면 허수는 음수일까요? 만약 허수가 음수라고 가정하면 $i<0$이고 이제 부등식의 양변에 음수를 곱하면 부등호 방향이 변하기 때문에 양변에 i를 곱하면 $i \times i>0 \times i$가 됩니다. 어때요? 이번에도 $-1>0$라는 모순이 생기죠?

그래서 허수는 우리가 지금껏 알았던 실수와는 다른 수입니다.

허수 단위 i는 또다른 신묘한 특징이 있어요. $i2=-1$이므로 $i2 \times i2=(-1) \times(-1)$이므로 $i4=1$입니다. 어떤 수 a에 음수 -1을 곱한다고 하면 $-a$가 되는데 이것을 좌표평면에서 보면 원점 O를 중심으로 180° 회전한 것입니다. 그러면 $i4$은 음수 -1을 두 번 곱했으니 180° 회전을 두 번, 즉 360° 회전해 원래의 제자리로 돌아오는 것이라고 생각할 수 있습니다. 이러한 허수의 특징 때문에 좌표평면에서 허수는 0과 음수가 그러했듯이 상상의 수만이 아닌 현실의 수로 점차 받아들여지게 됩니다.

모든 방정식이 해를 갖도록 만드는 수

수학자들을 진땀나게 했던 음수와 0 그리고 허수! 필요에 의해 만들긴 했지만 쉽게 이해하고 받아들이기는 어려웠지요. 그런데 데카르트가 좌표평면을 만든 다음부터는 몇몇 수학자들이 음수를 쉽게 사용하기 시작했어요. 실수와 허수단위 i를 결합해 탄생한 새로운 수를 '복소수'라고 하는데 이 수도 이와 같은 과정을 거치게 됩니다.

복소수는 $a+bi$로 나타내는 수로 a를 '실수부분', b를 '허수부분'이라고 합니다. 물론 여기서 a와 b에는 실수가 들어가야 합니다. 예를 들어 두 실수 2와 −3이 들어간 $2-3i$는 복소수가 됩니다. 그리고 두 실수 2와 0이 들어간 $2+0i=2$도 복소수가 됩니다. 즉 실수까지도 포함하는 새로운 수의 영역입니다.

자라 보고 놀란 가슴 솥뚜껑 보고 놀라는 것처럼 수학자들도 데카르트가 허수라는 이름으로 세상에 내놓은 수를 대하는 순간 이 이름만으로도 0과 음수 때문에 고생한 게 생각나서 지레 겁을 먹었다고 합니다. 조금만 덜 무시무시한 이름을 붙였으면 수학자들이 더 빨리 연구하고 더 빨리 사용해 복소수가 더 많이 발전했을지도 모르죠.

좌표평면과 같이 복소평면이 만들어지면서 상상의 수가 현실로 느껴지게 되었어요. 차츰 사람들은 복소수를 수 체계의 일부로 받아들이게 됩니다.

복소수가 뭐 그리 대단한 거냐고 할지 모르나 수학에서는 지대한 공을 세우게 됩니다. 복소수가 생겨나면서 1차, 2차, 3차 방정식 등 모든 방정식의 해를 구할 수 있게 되었거든요. 모든 방정식은 해가 있다는 것이 대수학의 기본 정리입니다. 모든 방정식의 해가 존재한다는 것은 공학자가 전자회로나 거대한 안테나의 주파수 상태 등을 연구할 때 복소수 해를 구할 수 있다는 것입니다. 이 해는 시스템이 안정적인지 아닌지 알려주는 지표가 됩니다. 상상 속의 수가 현실 세계의 문제를 해결하는 데 도움을 준다니 신기하죠?

복소수의 덧셈과 뺄셈

실수부분끼리 허수부분끼리

16세기 이탈리아의 볼로냐에서 두 수학자 간에 불꽃 튀는 사건이 일어납니다. 3차 방정식의 해법을 수학자 타르탈리아가 처음 완성했는데 이를 카르타노가 가로챘기 때문입니다. 이 시기의 이탈리아는 교수 자리를 두고 매년 경쟁해야 했기에 3차 이상의 고차방정식의 해법에 대해 많은 수학자들이 연구중이었어요. 볼로냐에서 자란 또 다른 수학자 봄벨리는 타르탈리아와 카르타노의 다툼을 알고 3차 방정식과 그 풀이에 관심을 가지게 되었죠.

카르타노는 더하면 10이 되고 곱하면 40이 되는 2개의 수를 구하는 방정식에서 구한 두 해 $5+\sqrt{-15}$와 $5-\sqrt{-15}$의 의미는 이해하지 못했지만 평범한 다른 수처럼 계산하니 모든 것이 맞아떨어졌어요.

$$(5+\sqrt{-15})+(5-\sqrt{-15})=10$$
$$(5+\sqrt{-15})\times(5-\sqrt{-15})=5^2-(\sqrt{-15})^2=25-(-15)=40$$

봄벨리는 카르타노의 발견을 이어받아 복소수도 일반적인 수처럼 사칙연산을 하면 된다고 제안했어요. 실수에서와 마찬가지로 복소수 덧셈이나 뺄셈을 실수부분은 실수부분끼리 허수부분은 허수부분끼리 계산을 하면 된다는 것이죠. 마치 허수단위 i를 문자처럼 생각한 것입니다.

예를 들어 두 복소수 $2-3i$와 $5+7i$의 덧셈과 뺄셈을 해볼까요?

덧셈: $(2-3i)+(5+7i)=(2+5)+(-3+7)i=7+4i$
뺄셈: $(2-3i)-(5+7i)=2-3i-5-7i=(2-5)+(-3-7)=-3-10i$

봄벨리는 비록 엄밀한 증명까지는 못했지만 복소수를 이해하고자 노력하고 최초로 복소수의 연산 방법을 알려준 수학자랍니다.

복소수의 곱셈과 나눗셈

켤레복소수를 이용해 분모를 실수로 변신

한 켤레 운동화의 왼쪽과 오른쪽 신발은 서로 크기는 같지만 좌우대칭으로 모양은 살짝 다릅니다. 복소수도 마치 운동화처럼 '켤레복소수'가 있습니다. $2+3i$, $2-3i$와 같이 허수부분의 부호만 반대인 수가 바로 켤레복소수입니다. $a+bi$의 켤레복소수는 기호로 $\overline{a+bi}$로 나타냅니다.

복소수도 자연수나 정수처럼 사칙연산을 할 수 있죠? 복소수의 곱셈은 2가지만 기억하고 전개하면 됩니다. 첫째, i를 문자처럼 생각하기. 둘째, $i^2=-1$임을 이용하기.

$$(2+i)(1-3i)=2-6i+i-3i^2=5-5i$$

복소수의 켤레끼리 곱해볼까요?

복소수 $a+bi$의 켤레복소수는 $a-bi$이므로 두 수를 곱하면 a^2-b^2이 됩니다. 켤레끼리 곱했더니 실수가 되었죠? 켤레복소수의 이런 성질을 이용하면 복소수의 나눗셈도 거뜬합니다.

복소수의 나눗셈은 분모의 켤레복소수를 분모와 분자에 곱해 분모를 실수로 고쳐서 계산합니다. 켤레복소수를 이용해 복소수인 분모가 실수로 바뀌는 걸 보니 제곱근의 계산에서 다룬 '분모의 유리화'와도 비슷하다는 생각이 듭니다.

예를 들어 복소수 $2+i$를 $3+i$로 나눈다면 $\dfrac{2+i}{3+i}$이므로 분모의 켤레복소수 $3-i$를 분모와 분자에 각각 곱한 후 $a+bi$형태로 정리하면 됩니다.

$$\frac{2+i}{3+i}=\frac{(2+i)(3-i)}{(3+i)(3-i)}=\frac{6-2i+3i-i^2}{9-i^2}=\frac{(6+1)+(-2+3)i}{9+1}=\frac{7}{10}+\frac{1}{10}i$$

짝을 짓는 방법

옛날 옛적에 숫자를 제대로 만들어 쓰기 전, 사람들은 키우던 양 7마리가 저녁이 되어 모두 집으로 잘 돌아왔는지 어떻게 알 수 있었을까요? 옛날 사람들은 양의 수만큼 돌맹이를 가지고 갔다가 들판에서 양들을 먹인 후 집에 돌아왔을 때 돌맹이의 수와 양의 수가 같은지 하나하나 매기며 확인했답니다.

어린 아이들도 같은 방식으로 수를 셉니다. 하나, 둘, 셋,…과 같은 방식으로 수를 셀 수 없는 꼬꼬마 시절에는, 나무에 열린 사과 개수와 나무에 앉은 새 중 어느 것이 더 많은지 알고 싶다면 사과와 새를 하나하나 차례로 짝지어 비교합니다. 짝을 다 지은 후 사과가 남으면 그건 나무에 새보다 사과가 더 많다는 뜻으로 이해하죠.

이렇게 짝을 짓는 방법은 우리 생활 속에도 흔히 활용됩니다.

체육대회 날 우리 반이 다른 반 학생들과 줄다리기를 하려고 해요. 우리 반 학생과 다른 반 학생을 나란히 서게 한 후 맨 앞줄부터 짝을 지어 차례로 앉게 해요. 짝이 없는 사람을 나가게 하고 줄다리기를 시작하면 양쪽 선수의 수가 같아 공정한 시합을 할 수 있습니다.

이렇게 어떤 사물 하나에 다른 사물 하나를 짝 짓는 것을 '일대일대응'이라고 합니다. 줄다리기 시합에서 우리 반 학생과 다른 반 학생이 짝을 지어 경기에 나가게 되니 경기에 참여하는 우리 반 학생의 수와 다른 반 학생의 수가 같게 됩니다. 마찬가지로 일대일대응일 때 어떤 사물의 수와 다른 사물의 수는 짝을 짓게 되므로 그 수가 같습니다.

집합과 원소

기준에 따라 대상을 분명히 정할 수 있는 모임

'보드 게임 동아리 친구들 모이세요~'라고 불러 모은 경우와 '보드 게임 잘하는 친구들 모이세요~'라고 불러 모은 경우는 분명 차이가 있습니다. 앞의 모임은 그 모임에 들어올 자격을 가진 사람을 명확하게 알 수 있어요. 하지만 뒤의 모임은 보드 게임을 잘한다는 기준이 명확하지 않죠. 대회에 나가서 입상한 경력이 있는 사람을 말하는 것인지, 가족 중에서 제일 잘하는 사람도 가도 되는 것인지 애매하지요.

무언가를 분류할 때는 명확한 기준이 있어야 그 대상을 정확하게 정할 수 있어요. 어떤 기준에 따라 대상을 분명히 정할 수 있을 때, 그 대상들의 모임을 '집합'이라고 하고, 집합을 이루는 대상 하나하나를 그 집합의 '원소'라고 해요.

사실 집합이란 개념은 그 단어의 뜻을 잘 모를 때도 이미 사용해 왔던 것입니다. 1부터 시작하여 1만큼 증가하는 원소를 가지는 자연수들의 모임, 자연수와 0과 음의 정수를 원소로 가지는 모임, 100보다 작은 소수의 모임은 모두 집합이 됩니다.

하지만 맛있는 과일의 모임이나 추운 나라의 모임 등은 '맛있다'나 '춥다'의 기준이 명확하지 않으므로 집합이 되지 않아요.

집합을 나타낼 때는 보통 영어 알파벳 대문자인 $A, B, C, \cdots$를 쓰고, 원소를 나타낼 때는 소문자 $a, b, c, \cdots$를 써요. 예를 들어 '6의 약수의 모임'을 대문자를 써서 집합 A라고 하면 집합 A의 원소는 1, 2, 3, 6이에요. 기호로는 $A = \{1, 2, 3, 6\}$으로 나타냅니다.

원소가 집합 A에 속하는지, 속하지 않는지도 기호로 간단히 나타낼 수 있어요. 원소를 나타내는 Element의 머리글자 E를 이용한 기호 $\in$예요. 이 기호는 영국의 수학자 러셀이 다른 수학자가 사용한 기호 ϵ(입실론)을 사용해 책을 출판했는데 출판 과정에서 Element의 머리글자와 비슷하게 인쇄되면서 본의아니게 사용하게 되었어요.

$1 \in A$라고 쓰면 '원소 1은 집합 A에 속한다'를 의미하고 $5 \notin A$라고 쓰면 '원소 5는 집합 A에 속하지 않는다'가 됩니다.

집합의 표현방법

원소를 나열하거나 조건을 제시하거나

집합을 표현하는 방법을 알아볼까요? 10 이하의 짝수의 모임에는 2, 4, 6, 8, 10이 들어가겠죠? 이 집합의 이름을 A라고 하고 원소를 { } 안에 모두 나열해 $A=\{2, 4, 6, 8, 10\}$으로 나타낼 수 있어요. 이렇게 나타내는 방법을 '원소나열법' 이라고 해요. 순서를 꼭 지켜야 하냐고요? 그렇진 않지만 중복해서는 쓰지 않아야 합니다. 즉 괄호 안의 순서를 바꾸어 $A=\{10, 8, 6, 4, 2\}$이라고 써도 되지만 $A=\{2, 4, 4, 6, 8, 10\}$과 같이 중복해서 쓰지 않아요.

'우리 반 학생의 SNS 프로필의 집합'이라고 하면 우리 반 학생 30명 모두의 프로필 이름을 적어야겠죠? 너무 많아서 괄호 안에 일일이 나열하기도 힘들지만 실제로 $B=\{$조꾸러기, 실비, …, 삐돌이$\}$로 적더라도 이 집합이 무엇을 나타내는지, '…'라는 기호를 쓰면 다른 생략된 원소들은 무엇인지 알 수 없어요. 이런 경우에는 원소의 공통된 성질을 기준으로 제시하는 '조건제시법'을 사용하면 됩니다. 우리 반 학생의 SNS 프로필이라는 공통된 성질을 가지고 있으므로

$A=\{x \mid x$는 우리 반 학생의 SNS 프로필$\}$이라고 나타내는 거지요.

2가지 방법 중에서 상황에 따라 편한 것을 택하면 됩니다.

$$A=\{x \mid x\text{는 10이하의 짝수}\}=\{2, 4, 6, 8, 10\}$$
$$B=\{x \mid x\text{는 10보다 큰 짝수}\}=\{12, 14, 16, 18, \cdots\}$$

집합 A와 같이 원소의 개수가 적고 공통인 성질을 금방 파악할 수 있는 경우에는 원소나열법이 편하고 집합 B처럼 원소의 개수가 많거나 공통인 성질을 알기 어려운 경우에는 조건제시법이 좋습니다.

한편, 집합 A와 같이 원소의 개수가 유한개인 집합을 '유한집합'이라고 해요. 그렇다면 집합 B는 무한집합이 되겠죠? 여기서 수학 기호의 매직을 볼 수 있는 또 다른 기회! 바로 집합 A 원소의 개수를 나타내는 $n(A)$예요. 이 기호는 number의 머리글자 n을 따서 만들었어요. 집합 A의 원소는 5개이므로 $n(A)=5$ 라고 나타내면 됩니다.

원소의 개수가 0개인 집합도 있겠지요? 이런 경우에는 괄호 안을 비우고 { }로 나타내고 '공집합'이라고 불러요. 프랑스 수학자 베일이 기호 ø를 만들어서 공집합은 { } 또는 ø로 나타낼 수 있습니다.

벤다이어그램

그림으로 나타낸 집합

3월 14일 π-데이를 맞아 수학동아리 축제가 한창
이에요. 우리 반 학생들의 참가 희망을 받고 있습
니다. 수학체험활동 그룹과 수학영화감상 그룹 중
에서 선택해 자신의 이름을 적으면 됩니다. 이제
여러분이 선택한 그룹의 동그라미 안에 자신의 이름을 적어주세요.

아차차! 수학 열정이 넘치는 친구들은 2가지 모두 참가하고 싶을 수도 있겠네
요. 물론 두 동그라미에 각각 이름을 적을 수도 있겠지만 알아보기 쉽게 그림을
조금 바꾸겠습니다. 두 그룹이 다 포함되도록 두 원을 서로 겹치게 그려주면 좋
겠죠?

이런~ 안타깝게도 둘 다 참여하지 못한다고요? 그럼 두 원 밖에 이름을 적으
면 됩니다.

참가 프로그램

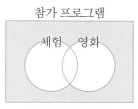

원소나열법과 조건제시법 외에도 이렇게 그림으로 집합을 나타낼 수 있어요.
영국의 수학자 존 벤이 그림을 이용해 다양한 집합의 관계를 한눈에 알아보기 쉽
게 나타내었어요. 그래서 수학자의 이름 벤(Venn)과 그림이나 표를 뜻하는 다이
어그램(diagram)을 합성해 '벤다이어그램'이라고 부른답니다.

집합의 모든 원소를 다른 집합이 원소로 가질 때

아이돌 그룹들은 종종 유닛 그룹으로 활동합니다. 이미 익숙한 기존 그룹의 멤버
이지만 그 멤버들 중 다시 유닛 그룹으로 뭉친 새로운 조합은 또다른 시너지를
만들어 인기를 끕니다. 유닛 그룹의 멤버는 이미 자신들이 속해 있는 아이돌 그
룹의 일부분입니다.

집합에도 유닛 그룹이 존재합니다. 하지만 유닛 그룹이라는 말 대신 '부분집
합'이라고 부르죠. 아이돌 그룹을 집합 U라고 하고 유닛 그룹을 집합 A라고 하면
집합 A의 모든 원소는 모두 집합 U의 원소가 됩니다. 이때 집합 A를 집합 U의 부
분집합이라고 하는 거죠.

Element의 머리글자를 이용해 집합과 원소의 관계를 나타내는 기호 $\in$를 사
용했듯이 집합과 집합 사이의 관계를 나타내는 기호도 필요하겠죠?

포함한다는 뜻을 가진 contain의 머리글자 C를 따서 기호 $\subset$를 만들었어요.

$$\subset : 포함한다 \qquad \not\subset : 포함하지 않는다$$

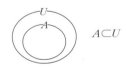

$$A \subset U$$

그렇다면 집합 A의 부분집합은 모두 몇 개나 만들 수 있을까요? 원소의 수가
작은 것부터 살펴봅시다. 공집합은 원소가 하나도 없으므로 공집합의 부분집합
은 자기 자신 한 개예요. 원소가 한 개인 집합 $A = \{1\}$의 부분집합은 $\varnothing$과 $\{1\}$인 2개
입니다.

그러면 원소가 2개인 $B = \{1, 2\}$의 부분집합은 $\varnothing$, $\{1\}$, $\{2\}$, $\{1, 2\}$로 4개가 돼요. 자
세히 살펴보면 모든 집합은 자기 자신의 부분집합이고 공집합도 모든 집합의 부
분집합이에요. 이때 자기 자신을 제외한 나머지 부분집합을 '진부분집합'이라고
해요. 즉 B의 진부분집합은 $\{1, 2\}$를 제외한 $\varnothing$, $\{1\}$, $\{2\}$가 됩니다.

합집합과 교집합

집합의 원소 다 모으기, 집합의 공통 원소만 구하기

토핑을 고를 수 있는 떡볶이집에 왔어요. 전체 토핑부터 볼까요? 전체집합이라는 뜻의 Universal set의 첫 글자를 따서 전체 토핑의 집합을 U라고 합시다.

$$U=\{\ 라면,\ 쫄면,\ 소시지,\ 순대,\ 어묵,\ 달걀,\ 김말이,\ 오징어\ \}$$

매운 소스 테이블이 선택한 토핑을 집합 A에 넣었어요.

$$A=\{\ 라면,\ 순대,\ 소시지,\ 달걀,\ 오징어\ \}$$

크림 소스 테이블이 선택한 토핑은 집합 B에 넣었어요.

$$B=\{\ 라면,\ 어묵,\ 달걀,\ 김말이\ \}$$

A의 토핑이 더 많군요! 정보를 보다 쉽게 알아보기 위해 벤다이어그램으로 나타낼게요.

두 테이블이 선택한 토핑을 모두 모으고 싶다면? 집합 A와 B의 원소를 모두 합하면 돼요. 수의 연산에서 '+' 기호가 있는 것처럼 집합의 연산에도 기호 ∪가 있어요. 깊은 바구니 안에 모든 것을 다 담을 수 있을 것 같죠? 이 집합과 저 집합의 모든 원소를 모아 놓은 것을 '합집합'이라고 하고, 기호로 $A \cup B$라고 해요.

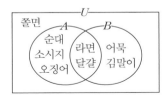

$$A \cup B=\{\ 라면,\ 달걀,\ 순대,\ 소시지,\ 오징어,\ 어묵,\ 김말이\ \}$$

이번에는 두 테이블이 동시에 선택한 토핑만 모으고 싶다면? 두 집합에 모두 들어가는 원소, 즉 이 집합에도 속하고 저 집합에도 속하는 모든 원소를 모아 놓은 것은 '교집합'이라고 하고 $A \cap B$라고 해요. 벤다이어그램에서 보면 두 집합이 겹친 곳이죠?

$$A \cap B=\{\ 라면,\ 달걀\ \}$$

만약, 두 집합의 공통된 원소가 하나도 없다면 $A \cap B=\varnothing$로 나타내고, 두 집합 A와 B는 '서로소'라고 해요.

합집합의 원소의 개수

중복된 부분은 빼서 구하기

내가 모은 떡볶이집 쿠폰 6개와 친구가 모은
쿠폰 4개를 가지고 가면 10개 쿠폰에 해당하는
토핑이 무료래요. 쿠폰 개수는 6+4=10과 같이
단순히 덧셈을 하면 됩니다. 그렇다면 합집합
의 원소의 개수도 쿠폰을 더하는 것처럼 각 집
합의 원소의 개수를 더해서 구하면 될까요?

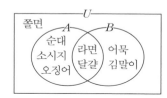

A테이블과 B테이블에서 주문한 떡볶이 토핑을 나타낸 벤다이어그램에서 확
인해봅시다. 만약 쿠폰 개수처럼 단순히 덧셈해도 된다면 $n(A)+n(B)=n(A\cup B)$
일지도 모릅니다.

먼저 $n(A)+n(B)$를 구해보면 $n(A)+n(B)=5+4=9$입니다.

이제 합집합의 원소의 개수를 구해보면

$A\cup B=\{$라면, 달걀, 순대, 소시지, 오징어, 어묵, 김말이$\}$이므로 $n(A\cup B)=7$입
니다.

$n(A)+n(B)$와 $n(A\cup B)$의 값이 다르죠? 원인은 중복되는 원소에 있어요.

중복되는 원소의 집합인 교집합은 $A\cap B=\{$라면, 달걀$\}$이에요. 중복되어 더해
진 것이니 교집합의 원소 개수만큼 한 번만 빼주면 값이 같아지게 됩니다.

$$n(A)+n(B)-n(A\cap B)=n(A\cup B)$$

이제 합집합의 원소를 구하려면 $n(A\cup B)=n(A)+n(B)-n(A\cap B)$를 이용하
면 됩니다. 물론 특별히 두 집합 A, B가 서로소인 경우엔 $A\cap B=\varnothing$이므로 당연히
$n(A\cup B)=n(A)+n(B)$가 돼요.

합집합을 조건제시법으로 나타내려면 '또는'이 필요해요. 수학에서의 '또는'
은 국어에서와는 달리 '둘 중 하나이거나 둘 다'라는 뜻이에요. 그래서 합집합을
다음과 같이 조건제시법으로 나타낼 수 있어요.

$$A\cup B=\{x\,|\,x\in A \text{ 또는 } x\in B\}$$

마찬가지로 교집합도 조건제시법으로 나타낼 수 있어요. 교집합은 원소 x가
A에도 속하고 그리고 집합 B에도 속하므로 '그리고'를 사용해서 나타내요.

$$A\cap B=\{x\,|\,x\in A \text{ 그리고 } x\in B\}$$

차집합과 여집합

상대에겐 없고 나에게만 있는

또다른 토핑의 세계로 들어가볼까요? 여름철 가슴 속까지 시원해지는 빙수도 토핑에 따라 망고빙수, 딸기빙수 등 종류가 다양해집니다.

빙수 A의 토핑 중 {망고, 젤리, 과자}는 빙수 B에는 없고 빙수 A에만 있는 토핑의 집합입니다. 두 집합 사이에 차이가 생겼죠? 집합 A에만 들어가고 B에는 들어가지 않는 원소들의 모임을 차집합 $A-B$라고 하고 조건제시법으로는 다음과 같이 나타냅니다.

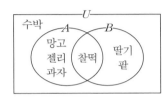

$$A-B=\{x \mid x \in A \text{ 그리고 } x \notin B\}$$

반대로 빙수 B에만 들어가는 토핑도 있죠? 바로 {딸기, 팥}이에요. 이 모임은 차집합 $B-A$로 구분해 나타냅니다.

두 집합 A, B가 있을 때 차집합은 어느 집합에만 포함되느냐에 따라 다르다는 것을 주의해야 해요!

빙수 A를 선택하면 그 빙수 가게에서 제공하는 토핑 중에서 아예 못 먹는 토핑이 생기죠? 이것은 전체 토핑에서 빙수 A의 토핑을

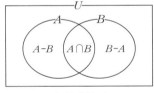

$$A-B \neq B-A$$

제외하고 남은 {수박, 딸기, 팥}으로 이 집합을 '여집합'이라고 해요. 여집합은 영어로 Complementary Set이라고 해서 집합 A의 여집합은 A^C으로 나타내요. Complementary가 '보완한다'는 뜻을 가지고 있으니 집합 A^C이 집합 A를 보완해서 전체집합 U를 완성시킨다고 생각하면 됩니다. A^C을 조건제시법으로 나타내면 다음과 같아요.

$$A^C=\{x \mid x \in U \text{ 그리고 } x \notin A\}$$

제시된 조건을 보니 원소 x가 U에는 들어가고 A에는 들어가지 않아서 차집합으로 나타낼 수도 있겠죠? 그래서 A^C은 $U-A$가 돼요.

여집합을 차집합으로 변신시켰네요! 집합도 상황에 따라 생각하기 쉬운 집합으로 변신시켜 문제를 풀어나갑니다.

합집합과 교집합, 여집합의 관계에 대한 법칙

A의 여집합이 $A^C = U - A$라는 것을 이용해 $(A \cup B)^C$도 차집합으로 변신시켜볼 수 있을까요? A가 들어간 자리에 $A \cup B$만 넣으면 되니 $(A \cup B)^C = U - (A \cup B)$입니다.

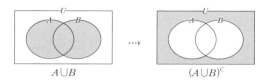

$A \cup B$ $\quad\quad\quad\quad$ $(A \cup B)^C$

그런데 이 집합은 A^C과 B^C과는 어떤 관계가 있을까요?

벤다이어그램을 그려서 관찰해보면 이 두 집합의 공통 부분임을 확인할 수 있어요.

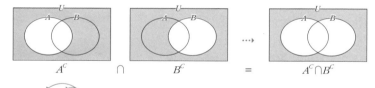

A^C $\quad\quad\quad\cap\quad\quad\quad$ B^C $\quad\quad\quad=\quad\quad\quad$ $A^C \cap B^C$

따라서 $(A \cup B)^C = A^C \cap B^C$이라는 결론을 맺어줄 수 있습니다.

한편, 같은 방식으로 생각해보면 $(A \cap B)^C$도 역시 $U - (A \cap B)$이고 이를 벤다이어그램으로 확인해보면 $A^C \cup B^C$이 되는 걸 알 수 있습니다.

$$(A \cup B)^C = A^C \cap B^C$$

이 사실을 발견한 사람은 영국의 수학자 드모르간(Augustus De Morgan)이에요. 그래서 이 법칙을 '드모르간의 법칙'이라고 해요. 이 법칙을 통해 합집합과 교집합, 여집합의 관계를 더 많이 알게 되었습니다. 집합도 연산의 세계를 맞이하게 되면서 수학의 논리학이 한 단계 더 발전하게 되었답니다.

명제

참, 거짓을 판별할 수 있는 문장이나 식

'라면은 맛있다'는 참일까요? 맛 평가는 사람에 따라 다르니 이것의 참, 거짓을 판별할 수가 없지요. 하지만 $(x+1)^2 = x^2+2x+1$과 같은 항등식은 x에 어떤 수를 대입하더라도 참이므로 항상 참이라는 판별이 가능합니다.

수학은 논리적인 학문이어서 명백하게 구분되는 것에 관심이 많아요. 그래서 참, 거짓을 판별할 수 있는 문장이나 식을 '명제'라고 하고 대상을 논리적으로 분석하는 데 활용합니다.

'꼬부랑국수는 라면의 북한말이다'는 참, '라면은 2001년에 최초로 탄생한 음식이다'는 거짓이므로 둘 다 명제이지만 '라면은 맛있다'는 명제가 아닙니다.

그렇다면 '$x+2=3$'은 어떨까요? $x=1$이면 참이고 $x=2$이면 거짓이 되니 참, 거짓을 판별할 수 없습니다. 따라서 식 $x+2=3$ 자체는 명제가 아니에요.

이렇게 문자의 값에 따라 참, 거짓이 결정되는 문장이나 식은 '조건'이라고 합니다. 이때 조건이 참이 되게 하는 모든 원소의 집합을 '진리집합'이라고 해요. '$x+2=3$'의 진리집합은 {1}이 되는 거죠.

명제에는 특정한 형식과 구조가 있습니다.

$$5는 3의 배수이다. \rightarrow 5이면 3의 배수이다.$$

$$x=1이면 x^2=1이다. \rightarrow x=1이면 x^2=1이다.$$

'~ 이면 ~ 이다'라는 구조인데 이때 '~'에 해당하는 것은 조건으로서 '~ 이면'의 앞부분을 '가정', 뒷부분을 '결론'이라고 해요.

5이면	3의 배수이다
가정	**결론**

진리집합으로 명제의 참, 거짓 판별하기

'강아지는 동물이다'와 '직사각형이면 정사각형이다'는 참, 거짓을 판별할 수 있으므로 명제입니다. 명제와 집합의 관계는 어떨까요?

우선 명제를 가정과 결론으로 나누어봅시다.

명제	가정	결론
강아지는 동물이다.	강아지다.	동물이다.
직사각형이면 정사각형이다.	직사각형이다.	정사각형이다.

가정의 진리집합을 P, 결론의 진리집합을 Q라고 하고 집합의 원소를 각각 구해봅시다. 첫 번째 명제를 먼저 보겠습니다.

두 집합 P, Q의 원소들을 잘 살펴보면 P의 모든 원소가 Q에 포함되므로 $P \subset Q$가 됩니다. 즉 P는 Q의 부분집합이에요. 이렇게 명제가 참이면 가정에 해당하는 조건을 만족하는 집합은 결론에 해당하는 조건을 만족하는 집합에 포함됩니다.

그러면 두 번째 명제도 살펴볼까요?

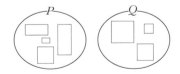

직사각형 중에는 정사각형도 있고 정사각형이 아닌 직사각형도 있으므로 $P \not\subset Q$입니다. 즉 P는 Q의 부분집합이 아니에요. 이렇게 명제가 거짓이면 가정의 진리집합은 결론의 진리집합에 포함되지 않아요.

명제가 참인지 거짓인지 판별하기 어려울 때 집합의 개념이 큰 도움이 됩니다.

'모든'이나 '어떤'

단 하나의 예를 찾는 것이 판별의 팁

'핸드폰을 가진 모든 학생은 게임 앱을 가지고 있다'라는 명제는 참일까요? 거짓일까요? 핸드폰을 가진 학생 중 단 한 명이라도 게임 앱이 없으면 이 문장은 거짓이 됩니다. 그래서 '모든'이 들어간 명제의 참, 거짓을 판별할 때는 단 하나의 반례를 찾는 것이 중요합니다.

'반례'라는 말을 처음 들어보나요? '모든 x에 대하여 p이다'라는 명제에서 조건 p를 거짓이 되게 하는 원소 x를 '반례'라고 해요.

그런데 이 명제에서 '모든'이라는 단어를 '어떤'으로 바꾸면 어떻게 될까요? '핸드폰을 가진 어떤 학생은 게임 앱을 가지고 있다'에서 어떤 학생이라고 했으니 이번에는 게임 앱을 가지고 있는 학생이 단 한 명이라도 있으면 참이 됩니다. 친구 중 핸드폰에 게임 앱이 있는 친구가 분명 있죠? 그래서 이 명제는 참이에요. 즉 '어떤'을 포함한 명제는 조건을 만족시키는 x의 값이 단 하나라도 존재하면 참이 됩니다.

연습을 한번 해볼까요? '모든 강아지와 고양이는 상극이다'라는 명제는 찰떡궁합을 자랑하는 사이좋은 강아지와 고양이가 한쌍 정도는 반드시 있을 테니 참이라고 단정할 수 없습니다.

'모든 이등변삼각형은 두 밑각의 크기가 같다'는 어떨까요? 이등변삼각형 중에 두 밑각의 크기가 같지 않은 것은 없으니 참인 명제입니다.

마지막으로 '어떤 수의 제곱은 음수이다'는 어떤 명제일까요? '어떤'이 들어간 경우 만족하는 것 하나만 찾으면 되니 허수단위 i를 제곱한 $i^2=-1$이 있으므로 참이에요.

명제에는 '부정'이라는 것이 있어요. 어떤 조건을 부정하는 것으로 '…이다'를 부정하면 '…이 아니다'가 됩니다. 명제나 조건을 p라고 하면 부정은 기호로 '$\sim p$'라고 나타내요. 부정을 이용하면 '모든'과 '어떤' 사이의 관계도 알 수 있어요. 명제 '모든 x에 대하여 p이다'의 부정은 'p가 아닌 x가 있다'예요. 즉 '어떤 x에 대하여 $\sim p$이다'가 돼요. 마찬가지로 '어떤'의 부정도 '모든'이 됩니다.

핸드폰을 가진 모든 학생은
게임 앱을 가지고 있다 (거짓)

부정
부정

핸드폰을 가진 어떤 학생은
게임 앱을 가지고 있지 않다 (참)

가정과 결론 바꾸거나 가정과 결론 부정하여 바꾸기

이번 시험에 수학 성적이 많이 올라 기분이 좋은 해찬이! 엄마에게 칭찬도 받고 용돈도 듬뿍 받았어요. 그러고는 '성적이 오르면 용돈도 오른다'라는 생각을 했죠. 그럼 반대로 '용돈이 오르면 성적도 오른다'는 맞는 걸까요? 엄마에게 이 논리를 내세워 용돈을 먼저 받아내면 어떨까요?

이런 생각의 변주처럼 명제도 부정을 더하고 위치를 바꾸면 또다른 명제들을 만들어 생각해볼 수 있어요. 명제를 하나 가져와봅시다.

"사람은 동물이다"라는 문장은 명제입니다. 그런데 가정과 결론을 바꾸어보면? '동물이면 사람이다'가 됩니다. 이렇게 가정과 결론을 바꾸어 만든 명제를 '역'이라고 해요.

이번에는 가정과 결론을 부정하여 위치를 바꾸어볼까요?

'동물이 아니면 사람이 아니다'

이렇게 가정과 결론을 부정한 후 위치를 바꾸어 만든 명제를 '대우'라고 해요.

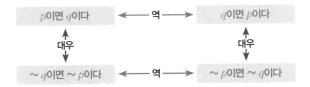

전체집합 U에서 조건 p의 진리집합을 P라고 하면 $\sim p$의 진리집합은 P^c가 되겠죠?

명제 'p이면 q이다'가 참이면 두 조건의 진리집합 P, Q는 $P \subset Q$인 관계가 있습니다. 벤다이어그램을 보면 쉽게 알 수 있듯이 이 명제의 대우인 '$\sim q$이면 $\sim p$이다'의 두 조건의 진리집합 Q^c, P^c도 $Q^c \subset P^c$인 관계가 있으므로 참이 됩니다.

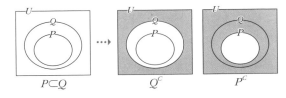

즉 원래의 명제와 대우는 참과 거짓이 항상 동일해요.

필요조건과 충분조건

꼭 필요하거나 그것만으로 충분하거나

드림중학교 방송부원을 뽑는 공고가 붙었어요.

---

1. **지원 자격** : 드림중학교 1, 2학년 학생 중 미디어에 관심 있으면 누구나 환영
2. **선발 인원** : 10명
3. **지원 방법** : 서류 면접 통과 후 2차 면접 평가
   * 성실함, 열정, 협동심을 가진 사람이라면 충분히 지원 가능합니다.

  방송부원이 되기 위해 꼭 필요한 것은 드림중학교 1, 2학년 학생이어야 한다는 거예요. 드림중학교 1, 2학년 학생이 아니면 방송부원 지원을 못 하므로 꼭 필요한 조건이에요. 명제에서 '필요하다'의 의미는 P를 하기 위해 Q가 꼭 있어야 하는 거예요.

  성실함, 열정, 협동심 등을 가진 학생이 방송부원에 지원하면 좋겠죠? 즉 방송부원이 되기 위해 다른 건 좀 모자라더라도 열정 하나만이라도 충만하면 지원할 수 있어요. 다른 것들이 더 있어도 상관은 없지만, 열정 하나만으로도 충분하단 뜻이죠. 이처럼 명제에서 '충분하다'의 의미는 P를 하는 데 있어 최소한 Q만 있어도 된다는 것입니다.

  두 조건 p, q가 있을 때 'p이면 q이다'가 참인 명제이면 두 조건 p, q의 진리집합 P, Q에 대해 $P \subset Q$이죠? 이때 p는 충분조건, q는 필요조건이 됩니다.

  예를 들어 부산에 사는 것은 대한민국에 살기 위한 충분조건이고, 포유류인 것은 토끼이기 위한 필요조건이에요.

  '$x=1$이면 $x-1=0$이다'와 같이 두 조건 p, q의 진리집합 P, Q가 1로 서로 같죠? 이와 같이 필요조건이자 충분조건일 때 p는 q이기 위한 '필요충분조건'이라고 해요.

정의, 증명, 정리

수학에서 사용하는 용어와 참인 명제

게임을 하려고 모인 친구들에게 "원 모양으로 둥글게 둘러앉자"라고 하면 친구들은 과연 머릿속에 어떤 모양을 상상할까요?

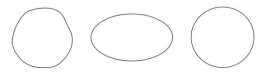

　원이란 둥글기만 하면 되니 그 어떤 모양을 선택하여 앉더라도 게임을 하는 데는 아무 지장이 없을 겁니다. 하지만 만약 원 모양의 자동차 바퀴를 만들어야 한다고 할 때, 둥글게 생긴 아무 것의 모양을 따서 만든다면 바퀴가 굴러가지 않겠죠?
　이러한 문제가 생기지 않도록 수학에서 사용하는 용어는 그 뜻을 명확하게 한 가지로 정해 놓아요. 이것을 '정의'라고 합니다. 예를 들어 원의 정의는 '평면 위의 일정한 점에서 같은 거리에 있는 점들의 집합'이에요.
　'두 홀수의 합은 짝수이다'라는 명제가 참임을 알려면 어떻게 하면 될까요? 세상의 모든 홀수의 합을 일일이 계산하며 모조리 확인할 수 있을까요? 며칠 밤을 새우며 하나하나 확인해본다 하더라도 확신을 갖고 말하기 어렵습니다.
　이런 경우 일일이 모든 경우를 확인하지 않고 논리적으로 따져 봄으로써 참인지 확인하는데 이것을 '증명'이라고 합니다. 증명은 우리가 알고 있는 사실과 가정을 재료로 삼아 확인하고자 하는 결론이 참임을 논리적으로 밝혀요. 이렇게 밝힌 참인 명제를 '정리'라고 합니다. 그리고 이 정리는 다른 명제를 증명하는 데 다시 재료로 사용되기도 해요.
　어떤 명제가 거짓임을 밝히는 데도 증명을 해야만 할까요?
　명제 'x가 3의 배수이면 x는 6의 배수이다'에서 거짓이 되는 예, 즉 반례 하나만 있어도 이 명제는 거짓이에요. $x=9$이면 3의 배수이지만 6의 배수는 아니므로 이 명제는 거짓이 되는 거죠.
　이렇게 명제가 참인지 거짓인지 밝히는 과정으로는 '증명'과 '반례 들기'가 있답니다.

직접증명법과 간접증명법

대우를 이용한 증명법

'친구의 생일에 무엇을 선물할까'라는 고민을 할 때에는 친구가 좋아하는 것이 무엇인지 생각하지만 제외해야 하는 아이템도 떠올리게 돼요. 논리적 사고는 이처럼 생활 속에서 물건을 선택할 때, 여행지를 고를 때도 활용되지만 수학에서 명제를 증명할 때도 사용된답니다.

'$(a+b)^2$은 $a^2+2ab+b^2$이야'라는 명제를 증명하려 할 때 직접 식을 전개해 보여주면 간단합니다. 이러한 방법은 '직접증명법'이에요.

$$(a+b)^2 = (a+b)(a+b) = a^2+ab+ba+b^2 = a^2+2ab+b^2$$

하지만 대부분은 직접 보여줄 수 없는 경우입니다. 이럴 때 사용하는 방법이 말이나 수식을 풀어서 증명하는 '간접증명법'이에요.

간접증명법의 한 방법으로 명제가 참이라는 것을 직접 증명하는 대신, 간접적으로 이 명제의 대우가 참이라는 것을 이용하는 방법이 있어요. 명제가 참이면 대우도 참이기 때문입니다.

예를 들어 자연수 n에 대하여 'n^2이 홀수이면 n도 홀수이다'라는 명제를 증명하려고 해요. 이때 이 명제 대신 이 명제의 대우 'n이 짝수이면 n^2도 짝수이다'를 증명하는 거죠. 증명할 때는 기존의 아는 재료들을 이용해야 하므로 짝수는 모두 2의 배수라는 사실을 이용해 2×(자연수)로 나타냅니다.

〈증명〉 n이 짝수이면 $n=2k$(k는 자연수)로 나타낼 수 있고,

$$n^2 = (2k)^2 = 4k^2 = 2(2k^2)$$
$$n^2 = 2 \times \square$$

n^2도 $2k^2$이라는 자연수에 2를 곱한 수이므로 결국은 2의 배수인 짝수입니다. n이 짝수이면 n^2도 짝수라는 대우가 참임을 증명했어요. 따라서 주어진 명제도 참입니다.

즉 'p이면 q이다'의 증명은 'q가 아니면 p가 아니다'라는 대우 명제를 이용해서 증명할 수 있어요.

귀류법

결론을 부정해 증명하는 방법

세상 최고의 달리기 선수인 아킬레스일지라도 앞서 출발한 느림보 거북이는 절대 따라잡을 수 없다는 유명한 역설을 던져 무한의 개념에 도전장을 던진 그리스 수학자가 있었습니다. 바로 제논입니다. 수학자 제논은 자신의 주장을 내세우거나 진리에 접근할 때 어떤 명제의 반대가 거짓임을 보여서 원래의 주장이 참임을 보였어요.

제논의 방법으로 '$\sqrt{2}$는 유리수가 아니다'라는 명제를 증명하려고 할 때, 이미 알고 있는 사실인 "유리수는 $\dfrac{(정수)}{(0이\ 아닌\ 정수)}$로 나타낼 수 있다."를 이용합니다.

우선 '$\sqrt{2}$는 유리수가 아니다'의 결론을 부정해 '$\sqrt{2}$가 유리수이다'라고 가정해 봅시다.

유리수는 분수로 나타낼 수 있으므로 $\sqrt{2}=\dfrac{n}{m}$(m, n은 서로소인 자연수)라고 하고, 식의 양변을 제곱해요.

$2=\dfrac{n^2}{m^2}$이므로 $n^2=2m^2$이 됩니다.

n^2은 2의 배수, 곧 짝수네요. 홀수는 제곱하면 홀수가 되니 제곱해서 짝수라는 말은 n도 짝수라는 의미입니다.

식을 $\dfrac{1}{2}n^2=m^2$이라고 바꾸어보면 짝수의 절반도 짝수일 테니 결국 m도 짝수가 돼요.

그럼 어떻게 되는 거죠? 애초에 m, n이 서로소라고 설정했었는데 둘 다 짝수이면 서로소가 아니기 때문에 모순이 발생합니다. 결론의 부정이 모순이므로 부정하기 전의 원래 명제는 참이 됩니다.

이렇게 어떤 명제를 증명할 때 명제의 결론을 부정해 가정 또는 이미 알려진 사실에 모순됨을 보여서 그 결론이 성립함을 보여주는 증명 방법을 '귀류법'이라고 해요.

PART2에서는 본격적으로 수학의 언어와 관련된 개념을 익힙니다. 수를 다루는 것처럼 수 대신 문자를 사용해 연산도 하는 등 수량의 관계를 명확하고 간결하게 표현하게 됩니다. 양 사이의 관계를 나타내는 방정식과 부등식을 문제 상황에 맞도록 수식화함으로써, 실생활의 여러 가지 문제들을 해결하는 능력을 키우는 데 필요한 개념과 그 절차를 꼭 기억해주세요.

1. 공식은 외우기 전에 반드시 스스로 유도할 수 있도록 한다.
달달 외우는 공식은 결코 오래 가지 못합니다. 뿐만 아니라 응용 문제의 난이도가 올라가면 그 공식을 어디에 활용해야 하는지 스스로 찾을 수 없게 됩니다. 반드시 모든 공식은 스스로 그 공식을 유도할 수 있을 뿐만 아니라 다른 사람에게 그 과정을 설명할 수 있도록 여러 번 반복해 익혀야 합니다. 유도할 수 있게 되었다고 생각된다면, 1주일 후 다시 유도해보는 것도 좋은 방법입니다.

2. 활용 문제는 따로 푸는 어려운 문제가 아니라 개념의 출발점임을 기억한다.
방정식과 부등식의 실생활 활용 문제는 앞에서 배운 계산과는 별도로 나중에 유형별로 따로 공부하는 단원이라고 생각하기 쉽습니다. 하지만 모든 방정식과 부등식의 문제는 실생활의 문제 상황을 해결하기 위해 탄생했다고 볼 수 있습니다. 오히려 활용 문제를 먼저 살펴보고 이러한 문제를 해결하기 위해 지금까지 배운 내용으로 해결이 가능한지 고민해본 후 이 단원의 개념을 공부하기 시작하면 공부의 재미가 배가 될 것입니다.

문자와 식을 정복하고 싶다면 기호를 잘 이해하고 능숙하게 다루는 것이 좋습니다. 같은 연산을 하는데도 수와 문자를 다룰 때 표현 방법이 어떻게 다른지 그 차이를 비교하며 공부하면 좋습니다. 희한하게 생긴 기호가 영 내 손에 붙지 않는다면 이 기호의 탄생 역사를 찾아보는 것도 도움이 됩니다.

PART 2

문자와
식

수학적 사고를 확장시켜주는 도구

고대 그리스 수학책에 '어떤 수를 세 번 곱한 값의 2배에, 어떤 수를 두 번 곱한 5배를 빼고, 3을 더한다'라는 말이 적혀 있어요. 어떤 수를 x라고 하면 이 긴 문장을 $2x^3-5x^2+3$로 간단하게 나타낼 수 있겠죠? 문자를 사용하면 긴 문장을 간결하고 명확하게 나타낼 수 있습니다.

문자를 사용하면 일반화를 할 수 있다는 장점도 있어요. 연속하는 세 자연수의 합이 어떤 수가 나오는지 알고 싶다면 1+2+3=6, 2+3+4=9, 3+4+5=12, 4+5+6=15, …와 같이 일일이 수들을 직접 더해서 가운데 수의 3배가 되는 값이 나오는 것을 찾아내는 방법이 있죠. 하지만 모든 수를 전부 다 점검해본 것이 아니라서 모든 경우에 항상 그렇다고 하기엔 자신이 없습니다. 즉 일반화할 수 없다는 것이죠.

하지만 문자를 사용하면 얘기가 달라집니다. 연속하는 세 자연수를 $n-1$, n, $n+1$이라고 하고, 세 수의 합 $(n-1)+n+(n+1)$을 하면 $3n$이 나오므로 항상 가운데 수의 3배의 값이 나온다는 것을 확신할 수 있습니다. 이처럼 문자를 사용해 일반화를 함으로써 내용과 결과에 대한 수학적 사고를 확장할 수 있게 해줍니다.

문자를 이용해 식을 세울 때 일반적으로 문자 x를 사용합니다. 만약 알파벳 o를 사용한다면 숫자 0과 헷갈릴 수 있겠죠? 그래서 대부분 문자 x를 사용하지만 항상 x만 사용하지는 않아도 됩니다. 시간(time)은 t, 속력(velocity)은 v라고 하는 것처럼 보통 문자에 의미를 담을 필요가 있을 때는 용도에 따라 다른 문자를 사용하기도 합니다.

연산기호의 생략

식은 간결하고 명확하게

숫자를 사용하던 수학이 문자를 사용하게 되면서 수량 관계를 일반화할 수 있게 되었죠? 문자를 사용한 식은 양 사이의 관계를 나타낼 수도 있고 구체적으로 제시할 수 없는 수학적 대상을 표현하기도 합니다. 그래서 이러한 상황을 문자와 기호로 나타낼 때 최대한 간결하고 명확하게 표현하기 위해 연산기호를 생략해서 나타냅니다.

가로의 길이가 2이고 세로의 길이가 a인 직사각형의 넓이는 $2 \times a$죠? 이때 곱셈기호는 생략해서 $2a$로 나타낼 수 있습니다. 곱셈 기호를 생략할 때는 몇 가지 규칙이 있어요. 가로의 길이, 세로의 길이, 높이가 각각 $2, a, a$인 직육면체의 부피 $2 \times a \times a$는 $2a^2$으로 나타내는 것과 같이 숫자와 문자가 같이 있을 때는 항상 숫자를 먼저 써야 하고, 같은 문자는 거듭제곱을 사용해 나타냅니다.

또한 문자와 문자의 곱셈에서는 서로 다른 문자 사이에도 곱셈 기호를 생략해 쓸 수 있어요. 이때 문자는 알파벳 순서대로 쓰는 게 좋고, 숫자의 곱 $(-2) \times 1 = -2$와 같이 문자에 1이 곱해져 있는 경우도 1을 생략해서 나타낼 수 있습니다.

나눗셈은 곱셈의 역연산으로서 나눗셈 기호를 생략하고 $a \div b = \dfrac{a}{b}$와 같이 분수로 나타냅니다.

한 가지 데! 미지수 x의 탄생

우리가 흔히 미지수라고 하면 영문자 알파벳 x를 사용합니다. 미지수 x는 누가 처음 사용한 것일까요? 정확히 알 수는 없지만 미지수를 뜻하는 아랍어 al—shalan을 스페인 학자의 음역과정에서 사용하게 되었다는 주장이 있습니다. 스페인어에는 sh에 해당하는 문자가 없어 고대 그리스어인 chi(X)로 번역하였습니다. 이후 라틴어로 번역하면서 X로 대체되었다는 것입니다. Christmas(크리스마스)를 'X—mas'라고 하는 것과 같은 방법입니다. 미지수 x의 탄생에 얽힌 또 다른 주장은 인쇄사의 문제 때문에 x를 사용하게 되었다는 것입니다. 다른 문자보다 x활자가 인쇄소에 많이 남아 있었습니다. 그래서 인쇄 기술자가 데카르트의 허락을 받아 미지수를 x활자를 사용하여 조판하면서 x가 주로 사용되었다는 것입니다.

대입

문자 대신 수나 식 투입하기

대입(代入)을 한자 그대로 풀이하면 '기존에 있던 것 대신 들이는 것'입니다. 한자 뜻과 같이 수학에서 대입은 식에서 문자 대신 어떤 숫자나 다른 식을 넣는 것입니다. 한 권에 200원 하는 공책을 x권 구입했을 때 가격은 $200x$(원)입니다. 공책을 10권 구입한 가격을 구하려고 하면 x 대신 10으로 바꾸고 생략되었던 기호 ×를 써서 200×10을 계산하면 2000원이 됩니다. 대입을 하면 그 식을 계산한 결과를 얻을 수 있습니다.

대입을 할 때는 주의할 점이 있습니다. 예를 들어 x^2-x+5인 식에서 x대신 숫자 2를 대입할 때 이 식의 모든 x를 2로 바꾸어 2^2-2+5와 같이 대입해야 합니다. 그리고 음수를 대입할 때는 괄호를 사용해 $(-2)^2-(-2)+5$와 같이 써야 합니다. 괄호를 사용하지 않고 식에 대입할 경우 -2^2--2+5와 같이 나타내게 되어 부호와 연산을 연이어 쓰게 되거나 $(-2)^2$을 -2^2으로 계산하여 $(-2)^2$의 값 4가 아닌 $-2^2=-4$로 계산하는 오류가 생기게 됩니다. 문자로 나타낸 식에서는 생략했던 × 기호나 ÷ 기호도 되살려 써야 합니다.

대입을 할 때 꼭 숫자만 대입할 수 있는 것은 아닙니다. 문자를 다른 문자가 들어간 식으로 대입할 수도 있습니다. 예를 들어 x가 $y+1$과 같을 때 $x^2+y=3$이라는 식에 x대신 $y+1$을 대입하여 $(y+1)^2+y=3$이라고 할 수 있습니다. 그러면 2개의 문자가 있었던 식이 한 개의 문자 y로만 이루어진 식으로 바뀌게 되어 y의 값을 구할 수 있습니다.

문자에 수를 대입하여 얻은 값

걷는 것이 효과적인 운동이 되기 위해서는 일상생활에서의 보폭보다 더 넓게 해서 걷는 것이 좋다고 합니다. 그럼 각자의 보폭은 어떻게 구할까요? 효과적인 운동의 보폭은 사람의 키의 0.45배라고 합니다. 사람의 키를 x라고 할 때, 운동 보폭은 $0.45x$가 됩니다.

키가 160cm인 사람의 효과적인 운동 보폭을 구해봅시다. 식 $0.45x$중에서 키를 나타내는 문자 x에 160을 대입해 구할 수 있습니다. 숫자와 문자 사이에 생략되었던 곱하기 기호를 쓰고 대입하면 $0.45 \times 160 = 72$(cm)가 되겠죠? 이렇게 식의 x에 숫자 160을 대입하여 얻은 값 72를 이 식의 값이라고 합니다.

운동 보폭을 구하는 식 $0.45x$에서 x는 사람의 키입니다. 사람의 키가 모두 다르므로 x에 대입할 수 있는 수는 160 이외에도 140, 150, 180과 같이 다양한 수가 가능합니다. 키가 180인 사람의 효과적인 운동 보폭을 구하기 위해 x에 180을 대입해 $0.45 \times 180 = 81$(cm)이라는 값을 구하는 것처럼, 문자를 이용해 일반화된 식의 문자에 수를 대입해 그 수에 대한 식의 값을 구할 수 있습니다.

한 가지 더! 비만도 계산

갑자기 살이 늘면 현재 상태가 정상인지 궁금해질 때 비만도를 계산하게 됩니다. 비만도는 비만의 정도를 나타내는 것으로 연령, 성별, 키와 나이에 따라 비만도를 계산하는 방법이 다양합니다. 이 중 BMI 지수는 체중과 신장만으로 간단하게 비만도를 계산하는 방법입니다. 키를 x, 몸무게를 y라고 하면 BMI지수 $= \dfrac{y}{x \times x}$ 입니다. BMI지수는 문자 x, y를 대입해 얻은 식의 값입니다. 이때 BMI지수가 18.5 미만이면 저체중, 18.5 이상 23 미만이면 정상, 23 이상 25 미만은 과체중, 25 이상 30 미만은 비만, 30 이상 35 미만은 고도비만, 35 이상은 초고도비만으로 분류됩니다.

예를 들어 키가 160cm, 몸무게가 55kg인 경우, $x = 1.6$, $y = 55$를 대입하면 BMI지수 $= \dfrac{55}{1.6 \times 1.6} \fallingdotseq 21.48$이므로 정상임을 알 수 있습니다.

식을 구성하는 퍼즐 한 조각

귀뚜라미는 온도에 민감해 우는 횟수도 기온에 따라 변합니다. 기온이 $x°C$일 때 귀뚜라미가 1분 동안 우는 횟수는 $\frac{36}{5}x-32$입니다. 이렇게 식을 이루는 수 또는 문자의 곱에서 $\frac{36}{5}x$와 -32와 같은 한 조각 한 조각을 그 식의 '항'이라고 하고, -32와 같이 항 중에서 수만으로 이루어진 항을 '상수항'이라고 합니다.

수와 문자의 곱으로 이루어진 항 $\frac{36}{5}x$에서 문자 x에 곱해진 수 $\frac{36}{5}$을 x의 계수라고 합니다. 상수항 -32와 $\frac{36}{5}$은 둘 다 수이긴 하지만 $\frac{36}{5}$은 문자 x와 곱해진 계수이기 때문에 상수항인 -32와는 구분됩니다.

$0.45x$나 $\frac{36}{5}x-32$와 같이 한 개 또는 두 개 이상의 항의 합으로 이루어진 식을 '다항식'이라고 합니다. 즉 한 개 이상의 단항식을 대수의 합으로 연결한 식이 다항식입니다.

다항식 중 특히 항이 한 개뿐인 다항식을 '단항식'이라고 해요. 그리고 다항식의 최고차수 항이 n차인 경우 그 다항식을 n차 다항식이라고 해요. $4y^2+3y-7$은 항이 3개인 다항식이고 이 중 -7은 상수항입니다. y의 계수는 3이 됩니다. 그리고 $4y^2, 3y, -7$은 단항식도 되고 다항식도 됩니다. 흔히 다항식은 항이 두 개 이상이라고 착각하기 쉬우니 단항식도 다항식임을 꼭 기억해두세요.

한 가지 더! 단항식과 다항식

단항식을 한자로 나타내면 單項式으로 單(하나 단)이라는 뜻이에요. 영어로 하면 Monomial로 여기서 Mon−은 '하나의, 단일의'라는 뜻을 가졌습니다. 그래서 단항식하면 수와 문자로 이루어진 항이 하나 있다는 뜻입니다. 마찬가지로 다항식을 한자로 나타내면 多項式으로 多(많을 다)라는 뜻이고 영어로 하면 Polynomial로 '많은, 복합'이라는 뜻의 Pol−이라는 접두어를 사용합니다. 단항식처럼 다항식도 한자나 영어의 뜻으로 보면 항이 많아야 할 것 같죠? 하지만 다항식은 한 개 또는 2개 이상의 항의 합으로 이루어진 식을 말합니다. 그래서 단항식은 단항식의 특수한 경우로서 단항식도 다항식이 됩니다. 유리수(有理數)가 한자 뜻대로 '이성이 있는 수'가 아니듯 한자나 영어 뜻으로 다항식을 항이 여러 개 있다고 생각하면 안 되겠죠?

차수

문자가 곱해진 횟수

$2a$는 $2 \times a$이므로 문자 a를 한 개 곱한 것이고 $3a^2$은 $3 \times a \times a$이므로 문자 a를 두 개 곱한 것입니다. $2a$와 $3a^2$과 같은 단항식에서 문자가 곱해진 횟수를 그 문자에 대한 항의 '차수'라고 합니다. $2a$의 차수는 1이고 $3a^2$의 차수는 2입니다.

단항식에서 서로 다른 문자가 곱해진 경우에는 문자에 따라 차수가 달라집니다. 예를 들어 하나의 식 $4x^2y$를 놓고도 x에 대한 차수는 2, y에 대한 차수는 1, x와 y에 대한 차수는 3이 됩니다.

그렇다면 다항식의 차수는 어떻게 결정할까요? 다항식 x^2-3x+2에서 x^2의 차수는 2이고 $-3x$의 차수는 1입니다. 다항식에서 항마다 차수가 다르므로 차수가 가장 큰 항의 차수를 그 다항식의 차수로 정합니다. 그러므로 다항식 x^2-3x+2의 차수는 2입니다. 다항식은 차수가 1이면 일차식, 2이면 이차식이라고 부릅니다.

다항식 $x^2y-3x+2$에는 문자 x, y가 있죠? 단항식에서와 마찬가지로 차수는 어떤 문자를 기준으로 하느냐에 따라 달라집니다. 이 식은 문자 x에 대하여 2차이므로 x에 대한 이차식이기도 하고 문자 y에 대하여 1차이므로 y에 대한 일차식이기도 합니다.

다항식 $x^2+3x^4-2x+4x^5-7$을 항의 순서를 정리해서 $4x^5+3x^4+x^2-2x-7$과 같이 바꾸면 각 항들의 차수를 쉽게 볼 수 있어 편리하죠? 보통 다항식을 쓸 때는 한 문자를 기준으로 정하고 차수가 가장 높은 것부터 낮은 순서로 배열합니다. 이렇게 나타내는 것을 'x에 대하여 내림차순으로 정리했다'라고 합니다.

일차식의 계산

일차식과 수의 곱셈과 나눗셈

가로의 길이가 2이고 세로의 길이가 x인 직사각형의 넓이는 $2x$입니다. 그럼 이 직사각형을 가로로 3개 이어붙인 큰 직사각형의 넓이는 얼마일까요? 이어붙인 큰 직사각형의 가로의 길이는 6이고 세로의 길이는 x이므로 넓이는 $6x$입니다. 넓이가 $2x$인 직사각형 넓이의 3배이므로 $2x \times 3$이라고 계산해도 넓이는 같으므로 $2x \times 3 = 6x$가 됩니다.

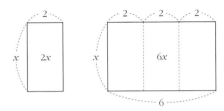

　　$2x$와 같이 일차식인 단항식에 수가 곱해질 때는 수끼리 곱해서 문자 앞에 적습니다.

　　이번에는 반대로 생각해봅시다. 3개를 이어붙인 큰 직사각형의 넓이 $6x$를 3으로 나누면 직사각형 하나의 넓이인 $2x$가 나오죠? $6x \div 3 = 2x$가 되므로 나눗셈도 곱셈과 마찬가지로 수끼리 나눈 다음 문자 앞에 씁니다. 이때 나눗셈은 수의 계산에서와 마찬가지로 나누는 수의 역수를 곱하여 계산합니다.

$$6x \div 3 = 6x \times \frac{1}{3} = 6 \times \frac{1}{3} \times x = 2x$$

　　단항식이 아닌 다항식과 수의 곱셈, 나눗셈은 어떻게 하면 될까요?

　　일차식인 다항식 $2x+3$의 2배는 다항식의 각 항이 2배가 되는 것이므로 $2x$의 2배인 $4x$와 3의 2배인 6의 합 $4x+6$이 됩니다.

　　마찬가지로 $4x+6$을 2로 나누려면 각 항을 2로 나누면 되므로 $2x+3$이 됩니다.

　　수의 계산과 마찬가지로 다항식과 수의 곱셈, 나눗셈은 분배법칙을 이용해 일차식의 각 항에 그 수를 곱하거나 나누는 수의 역수를 곱하여 계산합니다.

$$(2x+3) \times 2 = 4x+6 \qquad (4x+6) \div 2 = (4x+6) \times \frac{1}{2} = 2x+3$$

동류항

문자도 같고 차수도 같은 항

내가 어묵 2개, 김밥 1개, 튀김 3개를 주문하고, 친구가 어묵 1개, 라면 1개, 튀김 4개를 주문한다면 주문표에 어묵 3개, 김밥 1개, 라면 1개, 튀김 7개를 적습니다. 같은 음식끼리 모아서 개수를 적으면 주문도 편하고 계산도 편하기 때문이죠. 수학에서도 메뉴 주문과 같이 종류가 같은 것들끼리 모아서 계산합니다.

가로와 세로의 길이가 각각 5, x인 직사각형의 넓이는 $5x$이고 가로와 세로의 길이가 각각 2, x인 직사각형의 넓이는 $2x$입니다. 이 두 직사각형 넓이의 합과 차를 구해볼까요? 두 직사각형을 가로로 이어붙이면 가로의 길이는 $5+2=7$이 되고 세로의 길이는 x로 같으므로 넓이는 $7x$가 됩니다. 한편 큰 직사각형에서 작은 직사각형을 빼면 가로의 길이는 $5-2=3$이 되고 세로의 길이는 x로 같으므로 넓이는 $3x$가 됩니다.

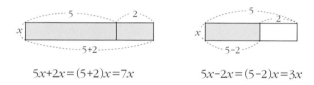

$$5x+2x=(5+2)x=7x$$

$$5x-2x=(5-2)x=3x$$

두 직사각형의 넓이를 나타내는 항 $5x$와 $2x$에서 문자 x가 두 항에 동일하게 있습니다. 이처럼 문자가 같고 차수가 같은 항을 '동류항'이라고 합니다. 상수항도 문자가 없다는 점에서는 같은 종류가 되므로 동류항이 됩니다. $3x^2$과 $2x$는 문자는 같지만 차수가 다르므로 동류항이 아니죠? 이런 경우에는 연산을 해 더 간단하게 나타내지 못하고 $3x^2+2x$로 나타낸 것이 계산의 최종 결과가 됩니다.

다항식의 계산

동류항끼리 모아 더하고 빼고

사과 3개와 배 2개를 사려고 메모장에 사과 3, 배 2라고 적었다가 사과를 하나 더 추가하게 되었다면 메모장에 어떻게 적으면 될까요? 사과의 개수만 하나 더하여 사과 4, 배 2라고 적으면 되죠? 더 추가한 사과의 개수 1을 배의 개수가 아닌 사과의 개수 3에 더하는 것처럼 다항식의 덧셈과 뺄셈에서는 동류항끼리 더하고 빼면 됩니다.

만약 괄호가 있는 다항식이라면 제일 먼저 괄호를 풀고 동류항끼리 모아서 계산합니다. 유의할 점은 괄호 앞의 부호 처리인데, 괄호 앞에 + 기호가 있으면 괄호 안의 각 항의 부호를 그대로 전개하여 계산하고 - 기호가 있으면 괄호 안의 각 항의 부호를 모두 반대로 바꾸어 줍니다.

왜냐면 괄호 앞에 - 부호가 있다는 것은 괄호 전체에 -1을 곱하라는 의미이므로 분배법칙을 이용해 괄호 안의 항에 각각 곱하면 빼는 항의 각 항의 부호가 바뀌기 때문입니다.

자, 문자 x에 대한 2차식 $3x^2-5x+7$과 x^2+2x+3의 덧셈과 뺄셈을 해볼까요?

$(3x^2-5x+7)+(x^2+2x+3)$은 $3x^2-5x+7+x^2+2x+3$으로 전개하여 동류항끼리 계산하여 $4x^2-3x+10$으로 계산합니다.

하지만 $(3x^2-5x+7)-(x^2+2x+3)$은 빼는 항 x^2+2x+3의 부호를 바꾸어 괄호를 풀고 동류항끼리 모아서 계산해야 합니다.

$$
\begin{aligned}
(3x^2-5x+7)-(x^2+2x+3) &= 3x^2-5x+7-x^2-2x-3 \quad \leftarrow \text{괄호를 푼다} \\
&= 3x^2-x^2-5x-2x+7-3 \quad \leftarrow \text{동류항끼리 모은다} \\
&= 2x^2-7x+4 \quad\quad\quad\quad\quad\quad \leftarrow \text{동류항끼리 계산한다}
\end{aligned}
$$

단항식과 다항식의 곱셈

전개하여 전개식 얻기

가로의 길이가 각각 $3x$, y이고 세로의 길이가 x인 두 직사각형을 가로로 이어붙인 큰 직사각형의 넓이는 처음 두 직사각형의 넓이를 더한 것과 같습니다. 큰 직사각형의 넓이를 (세로의 길이)×(가로의 길이)로 나타내면 $x(3x+y)$이고 두 직사각형의 넓이는 각각 $3x^2$, xy이므로 $x(3x+y)=3x^2+xy$가 됩니다. 즉 큰 직사각형의 넓이는 $x(3x+y)$를 분배법칙을 이용해 계산한 다항식 $3x^2+xy$가 됩니다.

큰 직사각형의 넓이와 같이 (단항식)×(다항식) 또는 (다항식)×(단항식)을 분배법칙을 이용해 괄호를 푼 다음 하나의 다항식으로 나타내는 것을 '전개한다'고 합니다. 그리고 이렇게 전개해 얻은 다항식을 '전개식'이라고 해요.

전개한다는 것은 수학에서 행렬이나 함수, 입체도형 등에서 펼치는 개념으로도 사용이 됩니다. 함수를 전개한다는 것은 특수한 함수를 다항식의 꼴로 펼쳐 쓰는 것이고 입체도형의 전개는 평면으로 펼쳐 나타내는 것을 말합니다.

한 가지 더! 전개

행렬은 수나 식을 직사각형 모양으로 배열한 것으로 가로를 '행', 세로를 '열'이라고 합니다. 행렬식을 전개하는 것은 행렬을 단항식의 합으로 나타내는 것입니다.

$$\begin{vmatrix} x & 1 \\ 2 & 3 \end{vmatrix} = x \times 3 - 1 \times 2 = 3x - 2$$

그리고 특수한 함수인 싸인함수 $y = \sin x$를 전개하여 나타내면 $y = x - \dfrac{x^3}{3!} + \dfrac{x^5}{5!} - \dfrac{x^7}{7!} + \cdots$로 나타낼 수 있고 정육면체의 전개는 각 면을 펼쳐 평면위에 나타내는 것입니다.

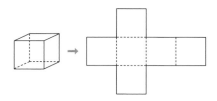

다항식과 단항식의 나눗셈

역수 또는 분수꼴 이용하기

부피가 $8x^2+6xy-4x$인 직육면체의 높이가 $2x$라면 이 직육면체의 밑면의 넓이는 어떻게 구할까요? 부피를 구할 때 (밑면의 넓이)×(높이)로 구했다는 걸 기억한다면 거꾸로 밑면의 넓이는 (부피)÷(높이)로 구할 수 있습니다. 즉 다항식 $8x^2+6xy-4x$를 단항식 $2x$로 나누면 되는 거지요. 이때, 다항식을 단항식으로 나누는 방법은 2가지가 있습니다.

먼저 역수를 이용하는 방법입니다.

나눗셈을 곱셈으로 바꾸고 $2x$는 역수 $\dfrac{1}{2x}$로 변신시킨 후 괄호 안의 각 항에 $\dfrac{1}{2x}$을 분배해 계수는 계수끼리, 문자는 문자끼리 계산합니다.

$$(8x^2+6xy-4x)\div 2x$$
$$=(8x^2+6xy-4x)\times \frac{1}{2x}$$
$$=8x^2\times \frac{1}{2x}+6xy\times \frac{1}{2x}-4x\times \frac{1}{2x}$$
$$=4x+3y-2$$

또 다른 방법은 분수꼴을 이용하는 방법입니다.

$(8x^2+6xy-4x)\div 2x$를 분수꼴 $\dfrac{8x^2+6xy-4x}{2x}$로 바꾸어 분자의 각 항을 분모로 나누어 계산합니다. 이때 주의할 점은 각 항을 일일이 분모 $2x$로 나누어야 한다는 것입니다.

$$(8x^2+6xy-4x)\div 2x$$
$$=\frac{8x+6xy-4x}{2x}$$
$$=\frac{8x^2}{2x}+\frac{6xy}{2x}-\frac{4x}{2x}$$
$$=4x+3y-2$$

이 2가지 방법 중 어떤 것을 택하더라도 그 결과는 서로 같습니다.

미지수의 값에 따라 참 또는 거짓이 되는 등식

1+2=5라는 식은 참말일까요, 거짓말일까요? 좌변은 3인데 우변 5와 같다고 하니 거짓말이 틀림없습니다.

그렇다면 $x+2=5$라는 식은 어떨까요? 등호가 있으니 양변이 같은지 알아야 참, 거짓을 판단할 텐데 x가 얼마인지 모르니 아직은 알 수가 없습니다.

이 식의 x에 1, 2, 3,⋯을 하나씩 대입해봅시다. 그러면 1+2=5, 2+2=5, 3+2=5,⋯라는 식이 됩니다. 이 중 참인 식은 3+2=5이고 나머지 식은 모두 거짓이 됩니다.

이렇게 아직 값을 모르는 어떤 수 x가 포함된 등식으로 특정한 수를 대입할 때만 참이 되는 등식을 '방정식'이라고 해요. 어떤 수 x와 같은 것은 '미지수'라고 부릅니다.

방정식의 방(方)은 네모, 정(程)은 규칙 또는 절차라는 뜻입니다. 옛날 동양 사람들이 x의 값을 찾는 문제를 풀 때 네모 모양으로 펼쳐 놓고 문제를 풀었다고 해서 방정식이라 부른다고 해요.

방정식은 과연 x에 어떤 값을 넣어야 참이 되는지 알아내는 게 매우 중요한 과제입니다. 방정식이 참이 되게 하는 문자의 값을 구하는 것을 '방정식을 푼다'라고 합니다.

 한 가지 더! 구장산술

수학이라고 하면 왠지 피타고라스와 같은 서양 수학자나 기하학원론과 같은 책을 떠올리게 되죠? 하지만 동양에서도 뛰어난 수학책인 구장산술이 존재했습니다. 동양의 최고 고전 중 하나인 구장산술은 중국의 고대 수학서입니다. 우리나라에서 셈을 연구하는 산학이 있었고 신라와 고려에서 산원을 뽑는 시험 과목이 있었던 것으로 보아 구장산술은 우리나라에 큰 영향을 미쳤다는 것을 알 수 있습니다. 구장산술에는 문제와 답, 답을 구하는 과정이 적혀 있고 모든 일은 수학적인 방법을 통해 해결할 수 있다는 것을 강조하고 있습니다. 9장의 246개의 문제로 되어 있는 구장산술에서 방정식이란 용어가 유래되었으며 제8장 방정장에는 연립일차방정식 문제가 들어 있기도 합니다.

항상 참이 되는 등식

자신의 생일을 생각하고 다음 순서대로 계산을 해볼까요? ① 당신이 태어난 달의 숫자에 5를 곱하세요. ② 달을 계산한 그 숫자에 일 년의 개월 수인 12를 더하세요. ③ 그 수에 20을 곱하세요. ④ 거기에 생일의 날짜를 더하세요. ⑤ 이제 일 년의 일수인 365를 빼세요. ⑥ 마지막으로 125를 더하세요. 이렇게 계산하고 나면 앞의 두 자리는 당신 생일의 월, 뒤의 두 자리는 생일의 일이 됩니다.

어떻게 이런 마술 같은 일이 벌어지는 걸까요? 생일을 x월 y일이라고 하고 위의 계산 과정을 차례로 해보면

① $5x$

② $5x+12$

③ $(5x+12) \times 20 = 100x+240$

④ $100x+240+y$

⑤ $100x+240+y-365 = 100x+y-125$

⑥ $100x+y-125+125 = 100x+y$

즉 생일의 월에는 100을 곱하고 생일의 일을 더한 값이 나옵니다.

위의 식 중 등식을 보면 $100x+y-125+125 = 100x+y$는 문자 x, y가 있는 등식입니다. 이 식에 자신의 생일 외에 다른 사람의 생일을 대입해도 항상 성립합니다. 이렇게 미지수에 어떤 값을 대입해도 항상 참이 되는 등식을 '항등식'이라고 해요.

방정식은 미지수의 값을 구하는 것이 중요 과제이고 항등식 $(x+1)^2 = x^2+2x+1$과 같은 식은 좌변과 우변을 각각 간단히 정리해 (좌변)=(우변)이 되는지를 확인하는 것이 중요하답니다.

우리가 알아내려는 값

용돈으로 일 년 동안 10만원을 모으려면 한 달에 얼마씩 저축을 해야 할까요? 매달 10만원씩 저축을 하면 10년 후에 얼마만큼의 돈이 모일까요? 특정한 일을 계획하기 위해서는 이런 질문에 대한 답이 필요해요. 이러한 질문의 답을 얻기 위해 □ 또는 문자를 식에 나타내어 알아내려는 값을 '미지수'라고 합니다.

　고대 이집트 파피루스에는 문제 '어떤 수에 그 수의 $\frac{1}{4}$을 더했더니 15가 되었다. 그 수는 얼마인가?'와 같이 미지수를 글로 표현했어요. 하지만 그리스 수학자 디오판토스가 수식을 간략하게 표현하는 기법을 개발하면서 미지수를 문자로 나타내게 되었지요.

　데카르트에 의해 문자를 이용해 나타낸 방정식에서, 이미 알고 있는 값인 기지수는 알파벳 앞 문자인 a, b, c로 나타내고 미지수는 보통 알파벳 뒤 문자인 x, y, z를 사용하게 됩니다. 그래서 일차식이라고 하면 $ax+b$라고 나타내고 a는 0이 아닌 상수, b는 상수, x가 미지수가 됩니다. $2x-3$에서 미지수는 x이고 기지수가 2와 -3이에요. 기지수와 미지수 x, 미지수의 거듭제곱을 x^2, x^3, … 으로 나타내면서 미지수를 포함한 식을 자유롭게 변형해 방정식을 풀 수 있게 되었어요.

맞물려 돌아가는 2개의 톱니바퀴 관계

시계 속에는 크기가 각각 다른 2개의 톱니바퀴가 맞물려 돌아가요. 하나가 돌면 다른 바퀴도 덩달아 돌아갑니다. 만약 큰 톱니바퀴가 1바퀴를 도는 동안 작은 톱니바퀴가 2바퀴를 돈다면 큰 톱니바퀴와 작은 톱니바퀴의 회전수의 비는 1 : 2가 됩니다. 만약 큰 바퀴가 15바퀴 돈다면 그동안 작은 바퀴는 몇 바퀴를 돌게 될까요? 이것은 비례식을 이용해 구할 수 있어요.

비의 값은 $\frac{1}{2} = \frac{2}{4}$와 같이 등호를 사용해 같은 값을 나타낼 수 있듯이 비에서도 1 : 2와 2 : 4는 비의 값이 같으므로 1 : 2 = 2 : 4로 나타낼 수 있어요. 이렇게 비의 값이 같은 두 비를 등식으로 나타낸 것을 '비례식'이라고 합니다. 비에서 쓰인 두 수를 모두 항이라고 하는데 앞에 있는 항을 전항, 뒤에 있는 항을 후항이라고 해요. 즉 (전항):(후항) = (전항):(후항)입니다.

한편 비례식의 바깥쪽에 있는 두 항을 '외항'이라고 하고, 안쪽에 있는 두 항을 '내항'이라고 해요. 그래서 1 : 2 = 2 : 4에서 외항은 1과 4이고 내항은 2와 2가 됩니다. 비례식은 내항의 곱과 외항의 곱이 같다는 성질이 있어서 이를 이용하면 비례식에서 모르는 항의 값을 구할 수도 있습니다.

그럼 이제 비례식을 이용하여 작은 바퀴가 몇 바퀴 도는지 구해볼까요? 작은 바퀴가 도는 횟수를 x라고 하면 1 : 2 = 15 : x가 되고 비례식의 성질에 의해 외항의 곱 $1 \times x$와 내항의 곱 2×15의 값이 같게 되므로 $x = 30$이 됩니다. 이렇게 비례식을 이용해 방정식을 세우면 모르는 항인 x의 값을 구할 수 있습니다.

해 또는 근

참이 되게 하는 미지수의 값

그리스 수학자 탈레스는 이집트를 여행하던 중 거대한 피라미드와 마주하게 됩니다. 수학자의 본능으로 이 거대한 피라미드의 높이가 궁금해졌죠. '도대체 어떻게 이 어마어마한 피라미드의 높이를 구할 수 있을까?' 곰곰이 생각의 늪에 빠져 있던 탈레스는 우연히 피라미드의 그림자와 자신의 그림자를 보고 두 그림자가 일정한 비율로 변화하고 있다는 사실을 발견하게 됩니다.

탈레스는 막대 하나를 피라미드 옆에 수직으로 세워 막대의 그림자 길이와 피라미드의 그림자 길이를 측정합니다.

피라미드   그림자   막대   그림자

그러고는 막대의 그림자 길이와 피라미드의 그림자 길이를 두고 비례식을 세웁니다.

(막대 길이):(막대의 그림자 길이)=(피라미드 높이):(피라미드의 그림자 길이)

탈레스가 궁금해했던 피라미드의 높이를 x로 둔 후 '비례식에서 내항과 외항의 곱이 같다'는 점을 이용해 식을 다시 써보면 다음과 같은 등식이 탄생합니다.

(막대의 그림자 길이)$\times x$=(막대 길이)$\times$(피라미드의 그림자 길이)

왜 피라미드의 높이만 미지수 x로 두냐고요? 다른 길이는 모두 잴 수 있으므로 미지수로 바꿀 필요가 없기 때문이죠. 이 식을 이용하면 결국 x의 값을 구하게 됩니다.

이렇게 등식을 만들어 구하고자 하는 미지수의 값을 구했을 때, 즉 방정식에서 그 미지수의 참이 되는 값을 구했을 때 우린 이 값을 '해' 또는 '근'이라고 부른답니다.

등식의 성질

등식은 접시저울처럼 다루어라

방정식 $x+3=9$를 풀기 위해 x에 숫자를 하나하나 대입해본 적이 있나요? 1부터 자연수를 몇 개만 넣어보면 그리 어렵지 않게 해결할 수 있습니다. 하지만 $\frac{1}{4}x+\frac{3}{2}=\frac{1}{2}x$와 같이 계수가 조금만 더 복잡해지면 어떤 방식으로 숫자를 대입해야 할지 막막해집니다. 무슨 좋은 방법이 없을까요?

이슬람의 수학자 알 콰리즈미는 방정식을 푸는 새로운 방법을 제안했습니다. 이 방법은 마치 접시저울의 성질과도 같습니다.

접시저울의 양쪽에 똑같은 양과 크기의 햄버거가 놓여 있다면 저울은 수평을 이룹니다. 햄버거가 놓여 있는 양쪽에 추가로 똑같은 캔음료를 올리더라도 양쪽 접시의 무게는 같기 때문에 여전히 수평을 이룹니다. 같은 양을 더하거나 빼거나 곱하거나 나누어도 접시저울은 수평을 이룹니다. 양쪽의 무게가 같게 유지되기 때문이죠.

등식도 접시저울과 마찬가지로 등식의 양변에 같은 수를 더하거나, 빼거나, 곱하거나, 나누어도 등식은 여전히 성립합니다.

이러한 등식의 성질을 이용해 방정식 $3x-8=x$를 풀어볼까요? 접시저울의 양쪽에 $3x-8$의 추와 x의 추가 각각 올라가 있다고 생각해봅시다. 이때 추 x를 양변에서 빼면 접시의 양쪽은 각각 $2x-8$과 0이 됩니다. 이제 추 8을 양변에 더하면 $2x$와 8이 됩니다. 마지막으로 똑같이 2로 나누면 x와 4가 됩니다. 즉 x는 4입니다.

접시저울을 다루듯 등식을 변형하면 일차방정식의 해는 숫자를 일일이 대입하지 않고도 구할 수 있습니다.

이항은 등식의 성질이 빚어낸 작품

알 콰리즈미의 '등식의 성질'에는 '동류항 정리'와 '이항'이라는 두 개념도 연관되어 있어요. '이항'은 등식의 성질을 이용하여 항을 등식의 좌변에서 우변으로 또는 우변에서 좌변으로 부호를 바꾸어 옮기는 것을 말합니다.

한편 '동류항 정리'는 $2x+3y+x+2y$라는 다항식에서 x항은 x항끼리 y항은 y항끼리 모아 $(2+1)x+(3+2)y=3x+5y$로 나타내는 것과 같이, 문자와 차수가 같은 항을 간단히 정리하는 걸 말합니다. 알 콰리즈미는『복원과 대비의 계산』라는 책에서 이 2개의 핵심 개념을 정의하고 그 성질을 정리했답니다.

방정식 $x+3=5$에서 미지수 x의 값을 구하려면 좌변의 3을 없애기 위해 등식의 성질을 이용해 양변에서 동시에 3을 뺍니다. $x+3-3=5-3$에서 좌변의 상수항을 정리하고 나면 $x=5-3$이 되지요. 그런데 어차피 '3'을 뺀 것은 좌변에서 3을 사라지게 할 목적으로 뺀 것이니 아예 처음부터 좌변의 3을 삭제하고 우변에서만 3을 빼면 어떨까요? 마치 단축키를 이용하듯 방정식 $x+3=5$에서 $x=5-3$로 바로 가버리는 거죠. 이렇게 좌변의 3을 -3으로 부호를 바꾸어 우변으로 이동하는 것이 바로 이항입니다.

이항은 상수항뿐만 아니라 미지수나 문자로 이루어진 항도 가능합니다.

최고항의 차수가 일차인 방정식

등식 $2x=-x+3$의 모든 항을 좌변으로 이항해 동류항을 정리하면 $2x+x-3=0$, $3x-3=0$이 됩니다. 이렇게 모든 항을 좌변으로 이항해 정리한 식이 (일차식)$=0$의 꼴로 나타나는 방정식을 '미지수가 한 개인 일차방정식' 또는 간단하게 '일차 방정식'이라고 합니다.

그렇다면 $x^2+x-5=x^2+3x-7$은 어떨까요? 이차항 x^2이 있어 일차방정식이 아닌 것 같지만 모든 항을 좌변으로 이항하면 $x^2+x-5-x^2-3x+7=0$이므로 정리하면 결국 $x-1=0$이 됩니다. 다시 말해 모든 항을 좌변으로 이항해 정리한 후에 다항식의 차수가 일차이면 일차방정식입니다.

일차방정식 $ax+b=0$을 풀 때는 일차항을 좌변으로, 상수항을 우변으로 각각 이항해 (일차항)$=$(상수)로 나타냅니다. 등식의 성질에서 양변을 같은 수로 나누어도 등식이 성립하므로 이제 이 식의 양변을 x의 계수로 나누면 미지수 x의 값을 구할 수 있게 됩니다. 그래서 미지수가 한 개인 일차방정식 $ax+b=0(a\neq0)$은 항상 $x=$(수)인 해 한 개를 가집니다.

일차방정식의 풀이

좌변에는 미지수만, 우변에는 상수만

알 콰리즈미의 핵심 개념인 이항과 동류항 정리를 이용하면 일차방정식의 해를 쉽게 구할 수 있어요. 우선 방정식에서 동류항끼리 모아 식을 간단히 합니다. 이항으로 미지수가 있는 항은 모두 좌변에 모아 정리하고 상수항은 모두 우변에 모아 정리하면 $ax=b$와 같은 꼴이 됩니다.

이항을 하기 전에 복잡한 식을 간단히 하는 방법을 알아볼까요?

먼저 $3x-8=2(1-x)$와 같이 괄호가 있는 식은 $3x-8=2-2x$와 같이 괄호를 풀어줘야 해요.

만약 계수가 소수이면 계산하기 편하도록 양변에 10의 거듭제곱을 곱해 계수를 정수로 고쳐줍니다. 예를 들어 $0.1x-0.3=-0.2x$이면 양변에 10을 곱하여 $x-3=-2x$라고 고치는 거죠. 계수가 $\frac{x}{3}-2=\frac{x}{6}$와 같이 분수인 경우에도 계수가 정수가 되면 계산하기 편하므로 양변에 분모 3과 6의 최소공배수인 6을 곱해주어 $2x-12=x$로 고쳐줍니다.

이렇게 괄호를 먼저 풀거나 계수를 정수로 바꾼 후 $ax=b$의 꼴로 정리하면 해를 구하기가 쉽습니다. 방정식의 해를 구하는 알 콰리즈미의 획기적인 방법은 『알게브라와 알무카발라의 서』라는 제목으로 라틴어로 번역되어 그 뒤로 500년 동안이나 유럽 대학의 필수 교재로 사용되었습니다.

일차방정식의 활용

구하려는 값을 미지수로 놓고 방정식 풀기

대수학의 아버지라고 불리는 디오판토스는 방정식을 풀기 위해 미지수를 문자 기호로 사용했어요. 디오판토스는 자신의 묘비에 자신의 일생을 방정식 문제로 기록한 일화로도 유명합니다.

'그는 생애의 $\frac{1}{6}$을 소년으로 보냈고, $\frac{1}{12}$을 청소년으로 보냈다. 다시 생애의 $\frac{1}{7}$을 지나 결혼했고, 결혼 후 5년 만에 첫 아들을 얻었다. 아! 이런 비극이 또 있을까? 아들은 아버지의 $\frac{1}{2}$을 살았노라. 그 뒤로 그는 4년 동안 슬픔에 잠겨 생을 마감했다.'

과연 디오판토스는 몇 년을 살고 죽은 걸까요? 긴 문장으로 되어 있지만 디오판토스의 생애 나이를 구하려는 값을 x라고 두고 방정식을 세우면 $x = \frac{x}{6} + \frac{x}{12} + \frac{x}{7} + 5 + \frac{x}{2} + 4$가 됩니다.

$$x = \frac{x}{6} + \frac{x}{12} + \frac{x}{7} + 5 + \frac{x}{2} + 4$$
$$84x = 14x + 7x + 12x + 420 + 42x + 336$$
$$84x = 75x + 756$$
$$9x = 756$$
$$x = 84$$

디오판토스는 84년을 살고 생을 마감했네요.

이렇게 우리 생활 주변에는 수량과 관련된 여러 문제 중 일차방정식을 활용해 해결할 수 있는 경우가 많습니다. 이런 문제는 우선 구하려는 값을 미지수로 놓고 문제에 맞게 일차방정식을 세워 방정식을 풀면 해를 구할 수 있습니다.

등식의 변형

한 문자를 다른 문자에 대하여 나타내기

'사과와 배를 합하면 모두 15개입니다'를 식으로 나타낼 때 사과의 개수를 x, 배의 개수를 y라고 하면 $x+y=15$입니다. 사과의 개수를 7이라고 하면 배의 개수는 전체 15개에서 사과의 개수를 빼서 $15-7=8$이 되고, 사과의 개수를 10이라고 하면 배의 개수는 $15-10=5$가 됩니다. 구하려고 하는 배의 개수 y는 사과와 배를 합한 15개에서 사과의 개수를 빼서 구할 수 있습니다. 즉 배의 개수 y는 $15-x$로 구할 수 있습니다.

 $x+y=15$와 같이 여러 가지 문자로 이루어진 등식을 한 문자에 관하여 풀 때 등식의 성질을 이용해 (한 문자)=(다른 문자에 관한 식)으로 변형할 수 있습니다. 이때, $x+y=15$를 $y=15-x$로 나타내었다면 좌변의 한 문자가 y이므로 'y에 대하여 푼다'고 합니다.

 등식을 변형할 때는 한 문자를 포함하는 항을 좌변으로, 나머지 항을 우변으로 이항한 후 동류항끼리 계산해 한 문자에 대해 나타냅니다. 만약 $(3x-12):y=3:5$와 같이 비례식으로 나타낸 경우 비례식의 성질을 이용해 등식으로 나타낸 후 분배법칙으로 전개한 식의 양변을 y의 계수 3으로 나누어 y에 대하여 나타낼 수 있답니다.

$$3y=5(3x-12)$$
$$3y=15x-60$$
$$y=5x-20$$

연립일차방정식

연립(聯立), 잇대어 세운 식

'사과와 배를 합하면 모두 15개입니다'라고 했을 때 사과의 개수가 한 개이면 배의 개수는 14개이고, 사과의 개수가 2개이면 배의 개수는 13개이므로 사과와 배의 개수가 될 수 있는 경우는 꽤 많습니다. 하지만 사과 하나의 가격을 1500원, 배 하나의 가격을 2000원이라고 할 때 '사과와 배를 합하면 모두 15개이고, 사과와 배를 구입한 후 27000원을 지불했다'고 하면 사과와 배의 개수에 대한 식 $x+y=15$와 구입한 가격의 식 $1500x+2000y=27000$을 동시에 만족하는 사과와 배의 개수의 경우는 사과 6개, 배 9개인 단 한 가지로 줄어듭니다.

이렇게 미지수가 2개인 두 일차방정식을 한 쌍으로 묶어

$$\begin{cases} x+y=15 \\ 1500x+2000y=27000 \end{cases}$$

과 같이 나타낸 것을 '미지수가 2개인 연립일차방정식' 또는 간단히 '연립방정식'이라고 합니다. 그리고 두 방정식의 공통 해인 사과의 개수 6과 배의 개수 9를 '연립방정식의 해'라 하고, 연립방정식의 해를 구하는 것을 '연립방정식을 푼다'고 합니다.

연립방정식의 해는 두 일차방정식의 공통 해이므로 두 일차방정식의 해를 각각 구한 후, 공통인 해를 찾아내 구할 수도 있고 먼저 한 일차방정식의 해를 구한 후 그 해를 다른 일차방정식에 대입하여 참과 거짓을 판별해 구할 수도 있습니다.

대입법

등식의 변형을 이용해 미지수를 하나로 줄이는 방법

양팔 저울에 각각 올린 구 한 개와 원기둥 두 개가 평형을 이루고, 구와 원기둥의 무게를 더하면 3000g일 때, 구와 원기둥 각각의 무게는 어떻게 구할까요? 구하려는 구와 원기둥의 무게를 각각 미지수 x, y라 두고 연립방정식 $\begin{cases} x=2y \\ x+y=3000 \end{cases}$ 을 세워 해를 구하면 됩니다.

연립방정식에서 일차방정식 $x=2y$는 x를 y에 대한 식으로 나타낸 것입니다. x가 $2y$와 같으므로 x대신 $2y$를 다른 일차방정식에 대입하면 $2y+y=3000$이 됩니다. 처음과는 달리 $2y+y=3000$에는 미지수가 y 하나만 있어서 y의 값을 쉽게 구할 수 있죠.

이렇게 한 방정식을 한 미지수에 대한 식으로 나타낸 다음 다른 방정식에 대입하여 푸는 방법을 '대입법'이라고 합니다. $2y+y=3000$에서 $y=1000$을 구한 것은 연립방정식의 두 미지수 중 한 미지수의 값만 구한 것이므로 $y=1000$을 일차방정식 $x=2y$에 대입하면 x의 값 2000도 구할 수 있습니다.

연립방정식의 두 식 모두 한 미지수에 대한 식 $x=(y$에 대한 식) 또는 $y=(x$에 대한 식)으로 나타나 있지 않은 경우 한 일차방정식을 한 미지수에 대한 식으로 나타낸 후 대입법을 이용하여 해를 쉽게 구할 수 있습니다.

$$\begin{cases} x-y=1 \\ 2x+y=11 \end{cases} \quad \cdots\rightarrow \quad \begin{cases} x=y+1 \\ 2x+y=11 \end{cases}$$

두 번째 식을 y에 대한 식으로 나타내어 풀면,

$$2(y+1)+y=11$$
$$2y+2+y=11$$
$$3y=9$$
$$y=3$$
$$x=3+1=4$$

따라서, 연립방정식의 해는 $x=4, y=3$입니다.

가감법

미지수를 하나로 줄이는 또 다른 방법

준영이가 치킨너겟 세 개와 치즈볼 한 개를 사고 지불한 금액이 5000원이고 다희가 치킨너겟 한 개와 치즈볼 한 개를 사고 지불한 금액이 3000원이라고 해요. 두

준영: 5000원   다희: 3000원

사람이 산 품목을 비교해보면 준영이가 치킨너겟만 두 개를 더 산 것인데 돈은 다희보다 2000원을 더 지불했어요.

여기서 치킨너겟 2개가 2000원인 것을 알 수 있고 결국 치킨너겟 한 개의 값은 1000원이라는 결론을 얻을 수 있어요.

그렇다면 치즈볼 한 개는 얼마일까요? 다희가 지불한 금액 3000원에서 치킨너겟 한 개의 값 1000원을 빼면 치즈볼은 한 개에 2000원이네요.

지금처럼 생각한 것을 미지수를 사용해서 연립방정식으로 나타낼 수 있어요.

치킨너겟의 개수를 x, 치즈볼의 개수를 y라고 하고 지불한 값으로 등식을 세워 연립방정식을 만들면 $\begin{cases} 3x+y=5000 \\ x+y=3000 \end{cases}$ 입니다.

'준영이가 다희보다 치킨너겟만 두 개 더 사고 돈은 2000원을 더 지불'한 것을 식으로 나타내면 준영이가 지불한 금액을 나타낸 식 $3x+y=5000$과 다희가 지불한 금액을 나타낸 식 $x+y=3000$에서 좌변은 좌변끼리, 우변은 우변끼리 각각 뺀 식인 $2x=2000$이 됩니다.

이렇게 연립방정식의 두 일차방정식을 변끼리 더하거나 빼서 한 미지수를 없애면 남은 미지수의 해를 구할 수 있는데 이런 방법을 '가감법'이라고 해요.

가감법에서 미지수 하나를 없애기 위해서 때론 등식의 성질을 이용해 적당한 수를 곱한 뒤 소거하려는 미지수의 계수의 절댓값이 같도록 만들어야 합니다. 그 후 두 식을 더하거나 빼서 한 미지수를 소거합니다.

$$\begin{cases} 3x+2y=8000 \cdots ① \\ x+\ y=3000 \cdots ② \end{cases} \cdots \begin{cases} 3x+2y=8000 \cdots ① \\ 2x+2y=6000 \cdots ②\times 2 \end{cases} \cdots ①-②\times 2 \cdots x=2000$$

남은 미지수에 대한 일차방정식의 해를 구했다면 이 값을 연립방정식 중 간단한 일차방정식에 대입해 나머지 한 미지수의 해도 구하면 되겠죠?

$$② : 2000+y=3000 \cdots y=1000$$

전개식

괄호를 풀어 하나의 다항식으로 나타낸 것

그림과 같이 색깔이 다른 4개의 직사각형이 모여 하나의 큰 직사각형을 만들었다면 이 큰 직사각형의 넓이는 색깔이 다른 4개의 직사각형의 넓이를 더한 것과 같습니다.

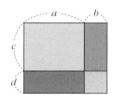

큰 직사각형의 가로의 길이가 $a+b$이고 세로의 길이가 $c+d$라면 이 직사각형의 넓이는 $(a+b) \times (c+d)$입니다. 그런데 이 큰 직사각형의 넓이는 색깔이 다른 직사각형 4개의 넓이의 합 $ac+ad+bc+bd$와도 같아요. 이 두 식은 서로 같아서 등호로 이어주면 다항식과 다항식의 곱 $(a+b) \times (c+d)$는 $ac+ad+bc+bd$가 됩니다.

두 식을 자세히 관찰하면 다음 화살표처럼 생각해볼 수 있습니다.

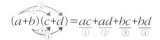

왜 이렇게 생각해도 되는 걸까요? 이번에는 '대입'을 이용해 생각해봅시다.

$(a+b) \times (c+d)$에서 $c+d$를 잠깐 A라고 두면 $(a+b) \times (c+d) = (a+b) \times A$가 됩니다. 이제 우변을 분배법칙을 이용하여 전개하면 $aA+bA$가 되죠?

이제 아까 사용했던 A대신 원래대로 $c+d$를 대입하면 $a(c+d)+b(c+d)$가 되기 때문에 괄호를 풀어 정리하면 $ac+ad+bc+bd$가 됩니다.

이렇게 다항식의 곱을 괄호를 풀어 하나의 다항식으로 나타내는 것을 '전개한다'고 하고, 이때 전개하여 얻은 다항식을 '전개식'이라고 합니다.

곱셈공식 $(a+b)^2=a^2+2ab+b^2, (a-b)^2=a^2-2ab+b^2$

$(a+b)(c+d)=ac+ad+bc+bd$에서 c, d 대신 a, b가 반복해서 들어간다면?

$(a+b)(a+b)=a^2+ab+ab+b^2$이 되겠죠. 이 식을 조금 더 간단히 표현할 수도 있을 겁니다. 좌변은 같은 식을 두 번 곱한 것이니 $(a+b)^2$이 되고 우변은 동류항을 정리하면 $a^2+2ab+b^2$이 되어 다음과 같은 식이 탄생합니다.

$$(a+b)^2=a^2+2ab+b^2$$

이번엔 도형을 이용해서 생각해볼까요?

한 변의 길이가 a인 정사각형의 가로와 세로의 길이를 b만큼 늘린 정사각형의 넓이는 $(a+b)^2$입니다.

그런데 우리는 이렇게 늘어나 커진 정사각형의 넓이는 다음과 같이 네 부분으로 조각낸 사각형들의 넓이 합인 $a^2+ab+ba+b^2$과 같다는 것을 알고 있습니다.

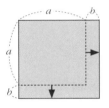
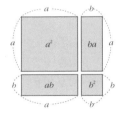

결국 $(a+b)^2=a^2+2ab+b^2$입니다.

마찬가지로 한 변의 길이가 a인 정사각형의 가로와 세로의 길이를 모두 b만큼 줄인 정사각형의 넓이 $(a-b)^2$은 원래의 큰 정사각형의 넓이에서 줄어든 부분의 사각형들의 넓이를 뺀 것과 같습니다. 먼저 큰 정사각형의 넓이 a^2에서 두 직사각형의 넓이 $b(a-b), b(a-b)$를 뺍니다. 이때 두 직사각형의 겹쳐진 부분인 정사각형은 두 번 뺀 것이 되니 b^2을 도로 한 번 더해주면 됩니다.

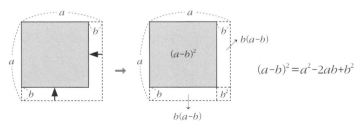

$$(a-b)^2=a^2-2ab+b^2$$

합과 차의 곱셈

곱셈공식 $(a+b)(a-b) = a^2-b^2$

$(a+b)(a-b)$를 전개하면 $a^2+ab-ab-b^2$이 되고 이 식을 동류항끼리 정리하면 a^2-b^2만 남게 됩니다. 천천히 전개하면 중간 과정인 $a^2+ab-ab-b^2$을 거쳐 a^2-b^2이라는 결론에 항상 닿겠지만 특별하게 생긴 이 식을 금방 알아보고 결론이 무엇이었는지 기억한다면 보다 빠르게 식을 전개할 수 있어요.

$(y+5)(y-5)$라는 식을 한번 볼까요? 곱하는 두 식은 하나의 항은 부호까지 같고 다른 항은 부호만 서로 다릅니다. 그럼 $(a+b)(a-b)$와 스타일이 같은 식입니다. 그러니 $(y+5)(y-5) = y^2-5^2 = y^2-25$로 바로 전개할 수 있어요.

이번에도 도형으로 식을 이해해볼까요?

한 변의 길이가 a인 정사각형의 가로의 길이를 b만큼 늘리고, 세로의 길이를 b만큼 줄이면 〈그림 1〉의 직사각형이 됩니다.

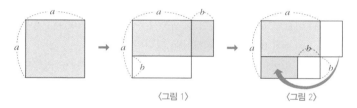

〈그림 1〉   〈그림 2〉

이 직사각형의 넓이는 (가로의 길이)×(세로의 길이), 즉 $(a+b)(a-b)$입니다. 〈그림 1〉의 직사각형에서 오른쪽 빨간색 직사각형을 잘라서 〈그림 2〉와 같이 붙여봅시다. 도형의 이동으로 모양은 변했지만, 넓이는 변함이 없겠죠? 넓이는 여전히 $(a+b)(a-b)$입니다.

그런데 〈그림 2〉의 도형의 넓이는 이렇게도 생각해볼 수 있습니다. 한 변의 길이가 a인 정사각형의 넓이 a^2에서 한 변의 길이가 b인 정사각형의 넓이 b^2을 뺀 것이라고요.

따라서 $(a+b)(a-b) = a^2-b^2$입니다.

빠르면서 정확한 수의 계산법

102×98이라는 계산을 암산으로 답할 수 있는 친구, 손! 종이와 연필만 있으면 잘할 수 있다고요? 물론 그럴 겁니다. 하지만 그렇게 계산해도 종종 계산 오류가 나기 쉽습니다. 만약 종이와 연필로 계산하는 것보다 눈만 좀더 크게 떠서 더 빠르고 더 정확한 암산이 가능하다면 어떨까요?

 바로 곱셈공식이 이런 일을 가능하게 합니다.

 102×98의 경우 102는 100+2로, 98은 100-2로 생각할 수 있습니다. 이 둘을 곱하는 것으로 식을 세우면 $(100+2)(100-2)$가 되므로 합과 차의 곱셈공식을 이용할 수 있게 됩니다. 부호가 같은 항 100의 제곱에서 부호가 +2와 -2로 다른 항 2의 제곱을 빼면 $102×98=(100+2)(100-2)=100^2-2^2=10000-4=9996$이므로 $102×98=9996$입니다.

 곱셈공식을 이용하면 수의 제곱도 빠르고 쉽게 계산할 수 있습니다. 91^2에서 91은 90+1이므로 완전제곱식의 곱셈공식을 이용하여 $(90+1)^2$을 전개하면 $90^2+2×90×1+1^2=8100+180+1=8281$이 됩니다.

 문자를 사용해 일반화된 식을 구할 때도 곱셈공식을 이용할 수 있습니다. 예를 들어 연속하는 두 홀수의 제곱의 차가 8의 배수임을 보이려고 할 때 자연수 n에 대하여 연속하는 두 홀수를 각각 $2n-1, 2n+1$이라고 하면 $(2n+1)^2-(2n-1)^2$을 곱셈공식을 이용해서 전개하면 $4n^2+4n+1-(4n^2-4n+1)=8n$이므로 8의 배수임을 쉽게 알아챌 수 있습니다.

합과 차의 공식을 이용한 분모의 유리화

분모에 근호가 있는 무리수의 분모를 유리수로 고치는 것을 '분모의 유리화'라고 부릅니다. 이때 분모와 분자에 0이 아닌 같은 수를 곱하죠?

$\frac{1}{\sqrt{3}}$ 이라는 무리수라면 간단히 분모와 분자에 $\sqrt{3}$을 곱해서 분모를 유리화할 수 있습니다. 그런데 $\frac{1}{2-\sqrt{3}}$과 같은 무리수라면 어떨까요? $\frac{1}{\sqrt{3}}$에서처럼 분모와 같은 수를 곱한다고 해결이 될까요?

$$\frac{1}{2-\sqrt{3}} = \frac{2-\sqrt{3}}{(2-\sqrt{3})^2} = \frac{2-\sqrt{3}}{4-4\sqrt{3}+3} = \frac{2-\sqrt{3}}{7-4\sqrt{3}}$$

오히려 더 복잡해보이는 수로 변해버렸습니다.

분모를 유리수로 만들기 위해서는 근호가 있는 수를 없애야 하는데, 이때 합과 차의 곱셈공식을 이용하면 단번에 해결됩니다.

합과 차의 곱셈공식 $(a+b)(a-b)=a^2-b^2$의 좌변에 부호가 같은 항과 다른 항이 있습니다. $2-\sqrt{3}$에서 2는 부호가 같은 항의 부분이고 $\sqrt{3}$은 부호가 다른 항의 부분이므로 $2-\sqrt{3}$과 $2+\sqrt{3}$을 곱하면 합과 차의 곱셈공식을 이용할 수 있습니다.

이제 $\frac{1}{2-\sqrt{3}}$의 분모의 유리화를 위해 분모와 분자에 $2+\sqrt{3}$을 곱해볼까요?

$(2-\sqrt{3})(2+\sqrt{3})=2^2-(\sqrt{3})^2=4-3=1$이므로 $\frac{1}{2-\sqrt{3}} \times \frac{2+\sqrt{3}}{2+\sqrt{3}} = \frac{2+\sqrt{3}}{4-3} = 2+\sqrt{3}$ 입니다.

x의 계수가 1인 두 일차식의 곱

곱셈공식 $(x+a)(x+b)=x^2+(a+b)x+ab$

$(x+a)(x+b)$를 전개하면 $x^2+bx+ax+ab$가 됩니다.

$$(x+a)(x+b)=x^2+bx+ax+ab$$

이 식의 문자를 모두 문자로 생각하면 동류항은 없습니다. 하지만 만약 x만 문자로 두고 a, b와 같은 문자는 숫자로 바꾼다면? 그렇다면 $x^2+(a+b)x+ab$로 동류항 정리가 가능해집니다.

어차피 문자인데 이런 정리가 무슨 쓸모가 있냐고요? 만약 $(x+2)(x+5)$라는 식을 전개하고 싶다면 $x^2+(2+5)x+2\times5=x^2+7x+10$이 되니 분명 쓸모가 있는 셈입니다.

이번에도 도형을 이용해서 생각해볼까요?

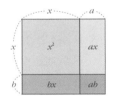

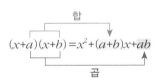

큰 직사각형의 넓이인 $(x+a)(x+b)$는 조각낸 네 직사각형들의 넓이인 x^2, ax, bx, ab의 합과 같습니다. 동류항 정리까지 마치면 x의 계수가 1인 두 일차식의 곱의 전개식은 일차항의 계수는 a와 b의 합, 상수항은 a와 b의 곱이 되는 걸 확인할 수 있습니다.

곱셈공식 $(ax+b)(cx+d)=acx^2+(ad+bc)x+bd$

x의 계수가 1이 아닌 두 일차식 $ax+b$와 $cx+d$의 곱도 분배법칙을 이용하면 시간은 좀 걸리지만, 충분히 전개할 수 있습니다. $(ax+b)(cx+d)$를 분배법칙을 이용해 전개해봅시다.

$$(ax+b)(cx+d)=acx^2+adx+bcx+bd$$

동류항 adx와 bcx를 간단히 정리해 전개식을 나타내면

$$(ax+b)(cx+d)=acx^2+(ad+bc)x+bd$$입니다.

분배법칙으로 구한 $(ax+b)(cx+d)$의 전개식은 직사각형의 네 부분의 넓이 acx^2, adx, bcx, bd의 합으로 구하여도 같습니다.

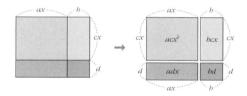

이 곱셈공식에서 $a=1$, $c=1$이 되면 $(x+b)(x+d)$가 되므로
곱셈공식 $(x+a)(x+b)=x^2+(a+b)x=ab$와 스타일이 같습니다.
만약 $(ax+b)(cx+d)$에서 $a=1$, $c=1$, $d=b$이면 어떨까요? $(x+b)(x+b)$이므로
곱셈공식 $(a+b)^2=a^2+2ab+b^2$과 스타일이 같습니다.
곱셈공식 $(a+b)(a-b)=a^2-b^2$도 만들어낼 수 있을까요? 물론입니다.
$(ax+b)(cx+d)$에서 $a=1$, $c=1$, $d=-b$이면 $(x+b)(x-b)$가 되므로 결국 곱셈공식 $(ax+b)(cx+d)=acx^2+(ad+bc)x+bd$는 다른 모든 곱셈공식을 품는 대표 공식인 셈입니다.

특별한 형태의 두 자릿수 곱셈

마술 같은 인도의 베다 수학

암산으로 두 자릿수의 곱셈을 하기란 쉽지 않습니다. 우리가 흔히 외워서 곱셈에
활용하는 구구단도 9×9가 가장 큰 두 수의 곱이니까요.

그런데 인도에서 발전한 독특한 계산 방식인 '베다 수학'은 특별한 형태의 두
자릿수 곱셈법을 소개합니다. 이 방법은 마치 마술처럼 쉽게 두 자릿수의 곱셈을
합니다. 도대체 어떻게 이런 곱셈으로 답을 얻을 수 있는 걸까요?

$$\begin{array}{r} 74 \\ \times\ 76 \\ \hline 56\ \ 24 \\ \|\ \ \ \| \\ 7\times8\ \ 4\times6 \end{array}$$

그림의 74과 76의 곱의 결과를 보면 끝의 두 자리는 일의
자리 4과 6의 곱이고, 앞의 두 자리는 76과 74의 십의 자리
의 숫자 7과 연이은 숫자 8의 곱입니다. 이러한 계산의 비밀
은 사실 곱셈공식에 있답니다.

'십의 자리의 숫자가 같고 일의 자리의 숫자의 합이 10'인
경우 두 수의 십의 자리 숫자를 x, 일의 자리의 숫자

를 각각 a, b라고 합시다. 이때, 두 수의 곱 $(10x+a)(10x+b)$를 전개하면
$100x^2+10(a+b)x+ab$입니다. 이때 일의 자리의 숫자의 합 $a+b=10$이므로 전
개식은 $100x^2+100x+ab$이고 $100x^2+100x$은 $100x(x+1)$를 전개한 것이므로
$100x(x+1)+ab$로 나타낼 수 있습니다.

즉 $(10x+a)(10x+b)$는 십의 자리의 숫자 x와 연이은 숫자 $x+1$의 곱을 앞에,
ab의 곱을 뒤에 쓰면 됩니다.

인수

곱의 원인이 되는 인수

자연수 12를 12=3×4로 나타낼 때 인수는 3과 4입니다. 인수는 곱셈의 원인이 되는 것으로 다항식도 곱으로 나타내어 인수를 구할 수 있습니다. 특별히 $12=2^2×3$으로 나타내면 인수는 2, 3이 되고 이 인수들은 소수이기 때문에 '소인수'라고 합니다.

다항식 $ac+ad+bc+bd$는 $(a+b)×(c+d)$의 전개식이므로

$ac+ad+bc+bd =(a+b)×(c+d)$와 같이 두 다항식 $a+b$와 $c+d$의 곱으로 나타낼 수 있습니다. 이때 다항식 $a+b$와 $c+d$를 $ac+ad+bc+bd$의 '인수'라고 합니다.

주어진 수 12의 곱을 1×12, 2×6, 3×4와 같이 다양한 방법으로 나타내어 인수 1, 2, 3, 4, 6, 12를 구하듯이 단항식 $2x$도 다양한 인수의 곱으로 나타내고 인수를 구할 수 있어요. 예를 들어 $2x$를 곱으로 나타내면 $2x=1×2x=2×x$이므로 $2x$의 인수는 1, 2, x, $2x$예요.

$$\left.\begin{array}{l} 12=1×12: \text{인수 } 1, 12 \\ =2×6 \ : \text{인수 } 2, 6 \\ =3×4 \ : \text{인수 } 3, 4 \end{array}\right\} \begin{array}{l} 12\text{의 인수} \rightarrow 1, 2, 3, 4, 6, 12 \\ 12\text{의 소인수} \rightarrow 2, 3 \end{array}$$

$$\left.\begin{array}{l} 2x=1×2x: \text{인수 } 1, 2x \\ =2×x \ : \text{인수 } 2, x \end{array}\right\} 2x\text{의 인수} \rightarrow 1, 2, x, 2x$$

소수인 인수를 소인수라고 하는 것처럼 문자로 나타내어진 인수는 '문자인수'라고 합니다. 즉 주어진 수나 다항식을 몇 개의 정수나 다항식의 곱으로 나타낼 때 곱으로 나타내어지는 정수나 다항식을 원래의 것의 인수라고 해요.

자연수를 소인수분해하는 것처럼

$(x+1)(x+2)$를 전개해 등식으로 나타내면 $(x+1)(x+2)=x^2+3x+2$입니다. 이 등식의 좌변과 우변을 서로 바꾸어보면 $x^2+3x+2=(x+1)(x+2)$가 됩니다. 이때, x^2+3x+2를 두 다항식 $x+1$과 $x+2$의 곱으로 나타내는 것을 '인수분해'라고 합니다.

자연수 12를 $2^2\times3$으로 나타내는 것과 같이, 전개를 이용하면 다항식을 2개 이상의 다항식의 곱으로 나타낼 수 있습니다. 보통 소인수분해가 하나의 자연수를 더 작은 자연수들의 곱으로 나타내는 것처럼 흔히 다항식의 인수분해도 차수가 더 작은 다항식의 곱으로 분해해 표현하게 됩니다.

1 외의 모든 자연수를 소인수만의 곱으로 나타내는 방법은 한 가지뿐입니다. 그리고 소인수분해와 마찬가지로 다항식의 인수분해도 1차 이상의 다항식을 더 이상 인수분해되지 않는 다항식의 곱으로 나타내는 방법은 단 한 가지뿐입니다.

그렇다면 인수분해는 어떻게 하는 걸까요? 우선 다항식의 각 항에 공통인 인수가 있다면 분배법칙을 이용해 공통인 인수를 묶어낸 후 곱셈공식을 이용해 인수분해 합니다. 예를 들어 $x^2y+3xy+2y$의 각 항에 공통인 인수 y로 묶어낸 후 괄호 안의 x^2+3x+2를 인수분해하면 됩니다.

$$x^2y+3xy+2y=y(x^2+3x+2)=y(x+1)(x+2)$$

그런데, 복잡하게 인수분해를 왜 하냐고요? 자연수를 소인수분해하면 그 수의 약수와 배수를 판정하고, 최대공약수와 최소공배수를 구할 수 있습니다. 인수분해도 마찬가지입니다. 식도 인수분해를 통해 약수, 배수를 판정하고 최대공약수, 최소공배수를 구할 뿐 아니라 심지어 방정식의 해도 구할 수 있습니다.

방정식의 해를 눈으로 보여주는 직사각형 막대

x^2+3x+2와 같은 다항식의 인수분해를 기하학적으로 해결할 때 대수 막대를 사용합니다. 대수 막대는 직사각형의 넓이를 이용해 나타낸 것으로 예를 들어 가로와 세로의 길이가 각각 x인 정사각형

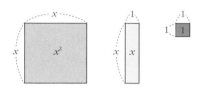

은 x^2을 나타내고, 가로와 세로의 길이가 각각 $1, x$인 직사각형은 x, 한 변의 길이가 1인 정사각형은 1을 나타냅니다.

대수 막대를 사용하여 인수분해를 할 때는 다음의 순서로 하면 됩니다.

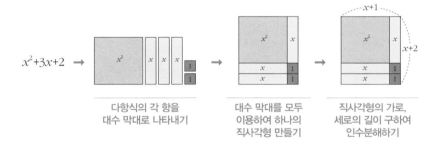

$x^2+3x+2 \rightarrow$

다항식의 각 항을
대수 막대로 나타내기

대수 막대를 모두
이용하여 하나의
직사각형 만들기

직사각형의 가로,
세로의 길이 구하여
인수분해하기

즉 x^2+3x+2를 인수분해하려면 우선 x^2막대 한 개와 x막대 3개, 1막대 2개를 준비합니다. 그리고 이 모든 대수 막대를 이용해 하나의 큰 직사각형을 만들어요. 만들어진 직사각형의 가로의 길이가 $x+1$이고 세로의 길이가 $x+2$이므로 $x^2+3x+2=(x+1)(x+2)$와 같이 인수분해됩니다.

다항식의 제곱으로 된 식

4개의 대수 막대 a^2, ab, ab, b^2을 이용해 직사각형을 만들면 가로와 세로의 길이가 같은 정사각형이 됩니다. 정사각형의 넓이는 한 변의 길이의 제곱이므로 다항식 $a^2+2ab+b^2$은 $(a+b)^2$으로 인수분해됩니다. $(a+b)^2$과 같이 다항식의 제곱으로 된 식을 '완전제곱식'이라고 합니다. 이때 다항식의 제곱 앞에 상수가 곱해진 $2(x-3)^2$, $\frac{1}{2}(x+y)^2$ 등과 같은 식도 역시 완전제곱식입니다.

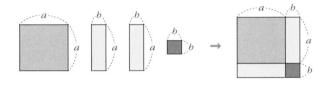

x에 대한 이차식 $x^2+4x+\square$를 완전제곱식 꼴로 만들기 위해서는 $\square$안에 어떤 수가 들어가야 할까요? 이 말은 다음과 같이 바꾸어 생각할 수 있습니다.

한 변의 길이가 x인 정사각형 대수 막대 한 개와 가로와 세로의 길이가 각각 $1, x$인 직사각형 모양의 대수 막대 4개를 이용해 정사각형을 만들려면 어떤 대수 막대가 더 필요할까요?

대수 막대를 이용해 한 변의 길이가 $x+2$인 정사각형을 만들려면 한 변의 길이가 1인 정사각형 모양의 대수 막대가 딱 4개 더 필요합니다.

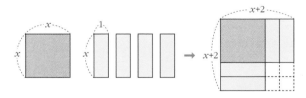

만약 x^2+ax+b인 이차식이 완전제곱식이라면 상수항 b는 $\left(a\times\frac{1}{2}\right)^2$과 같습니다.

다항식의 덧셈에 대한 성질

다항식의 연산도 마치 수를 다루듯이

수에 대한 사칙연산이나 거듭제곱과 같은 기술에서 시작한 대수는 덧셈, 곱셈과 같은 기본 규칙을 만족하는 체계를 가지고 있습니다. 수 대신 문자를 사용하면서 자연스럽게 사용하게 된 다항식을 통해, 대수의 대상이 수에서 다항식까지 확장되면서 다항식의 덧셈과 뺄셈은 수의 연산과 같은 성질을 가집니다.

다항식의 계산은 무엇보다 동류항끼리 모아 간단하게 나타내는 것이 기본입니다. 이때 다항식의 계산을 편리하게 하려면 우선 한 문자에 대해 내림차순이나 오름차순으로 정리를 하는 게 편리합니다.

예를 들어 문자 x만 있는 다항식 $3x^2+2x-4+x^3$을 오름차순으로 정리하면 차수가 낮은 상수항부터 높은 항 x^3까지 정리해 $-4+2x+3x^2+x^3$으로 나타냅니다.

$2x^2y-x+4y+3xy$와 같이 문자가 2개 이상인 경우, 다항식을 문자 x에 대해 내림차순으로 정리하면 나머지 문자 y는 상수로 취급해 $2yx^2+(3y-1)x+4y$로 정리합니다.

다항식은 수와 같은 체계를 가졌으므로 덧셈에 대해 $x+2x=2x+x$와 같이 교환법칙이 성립하고 $(x+2x)+3x=x+(2x+3x)$와 같이 결합법칙이 성립합니다. 그래서 두 다항식 $A=x^3-4x^2+3$과 $B=2x^3+3x^2+x+1$에 대해 $(A+7B)+(2A-6B)$를 계산하려고 하면, 먼저 문자 A와 B에 대해 $(A+7B)+(2A-6B)$를 간단히 $3A+B$라고 정리한 후 다항식을 대입하여 $3(x^3-4x^2+3)+(2x^3+3x^2+x+1)$의 동류항끼리 정리해 $5x^3-9x^2+x+10$을 구할 수 있습니다.

다항식의 곱셈에 대한 성질

다항식 곱셈에도 교환, 결합, 분배법칙이 있다!

가로의 길이가 3, 세로의 길이가 5인 직사각형의 넓이 15는 3×5 또는 5×3으로 구할 수 있는 것과 마찬가지로, 가로의 길이가 $a+b$이고 세로의 길이가 $c+d$인 직사각형 전체의 넓이는 $(a+b)(c+d)$또는 $(c+d)(a+b)$로 구할 수 있습니다. 분배법칙을 이용해 전개하면 $(a+b)(c+d)$와 $(c+d)(a+b)$의 전개식이 $ac+ad+bc+bd$로 같기 때문입니다. 즉 다항식의 곱셈에서도 수에서와 마찬가지로 교환법칙이 성립합니다.

다항식의 곱셈에 대한 교환법칙처럼 다항식의 연산도 수와 같은 기본적인 규칙을 만족합니다. 수에서의 교환법칙, 결합법칙, 분배법칙이 성립하듯이 다항식에서도 곱셈에 대한 결합법칙이 성립해 $(x \times 2x) \times 3x$와 $x \times (2x \times 3x)$가 같고, 분배법칙이 성립해 $x(2x+3x)=x \times 2x+x \times 3x$입니다.

$(x-1)(x+2)(x+1)$을 전개하려고 할 때, 곱셈의 교환법칙, 결합법칙, 분배법칙을 이용하면 편리합니다. 우선 교환법칙을 이용해 $(x+2)(x-1)(x+1)$로 나타내고, 결합법칙으로 $(x+2)\{(x-1)(x+1)\}$로 나타낸 후, 중괄호 안의 다항식을 곱셈공식을 이용하여 간단히 $(x+2)(x^2-1)$로 정리합니다. 이제 마지막으로 분배법칙을 이용해 전개식을 구하면

$(x+2)(x^2-1)=(x+2) \times x^2+(x+2) \times (-1)=x^3+2x^2-x-2$가 됩니다.

다항식의 나눗셈

다항식의 나눗셈에도 몫과 나머지가 있다!

$24 \div 6$은 몫이 4이고 나머지는 0이므로 4로 나누어떨어지지만 $23 \div 4$는 23을 4로 나누면 몫이 5이고 나머지가 3입니다. 다항식도 수와 같은 체계를 가지고 있으므로 다항식을 다항식으로 나눌 수 있습니다. 다항식의 나눗셈은 각 다항식을 내림차순으로 정리한 후 자연수의 나눗셈과 같은 방법으로 계산합니다. 다항식의 나눗셈의 각 항을 적을 때 계수가 0인 항이 있으면 그 자리는 비워두고 적습니다.

$$
\begin{array}{r}
5 \quad \leftarrow \text{몫} \\
4\,\overline{)\,23} \\
20 \quad \leftarrow 4 \times 5 \\
\hline
3 \quad \leftarrow \text{나머지}
\end{array}
$$

$$
\begin{array}{r}
x+6 \quad \leftarrow \text{몫} \\
x+2\,\overline{)\,x^2+8x+5} \\
x^2+2x \quad \leftarrow (x+2) \times x \\
\hline
6x+5 \\
6x+12 \quad \leftarrow (x+2) \times 6 \\
\hline
-7 \quad \leftarrow \text{나머지}
\end{array}
$$

이때 $23 \div 4$는 몫이 5, 나머지가 3이므로 $23 = 4 \times 5 + 3$으로 나타내듯이 $(x^2+8x+5) \div (x+2)$의 몫이 $x+6$이고 나머지가 -7이므로 $x^2+8x+5 = (x+2) \times (x+6) - 7$로 나타냅니다.

즉 다항식 A를 다항식 B로 나누었을 때 몫을 Q, 나머지를 R라고 하면 $A = BQ+R$로 나타냅니다. 특히 $R=0$인 경우 A는 B로 나누어떨어진다고 합니다.

다항식이 인수분해가 되어서 다항식이 다항식으로 나누어떨어지는 경우는 나머지가 0이지만, 인수분해가 되지 않아 나누어떨어지지 않는 경우는 나머지의 차수가 나누는 다항식의 차수보다 낮습니다.

조립제법

계수의 조립으로 나눗셈하기

긴 다항식을 나누는 것이 번거로워 다항식의 계수만 조립해 나눗셈한 수학자가 있습니다. 바로 이탈리아 수학자 루피니입니다. 이 방법은 보통 다항식을 일차식 $x-a$로 나눌 때 사용합니다.

예를 들어 다항식 x^3-4x^2+2x+1을 일차식 $x-3$으로 나누어봅시다. 우선 다항식 x^3-4x^2+2x+1의 모든 항의 계수 1, -4, 2, 1을 차례로 적습니다. 그리고 나누는 식 $x-3$을 0이 되게 하는 x의 값 3을 왼쪽에 적습니다.

준비가 되었으니 시작해봅시다. 맨 먼저 다항식의 첫 계수 1을 그대로 아래로 내려 적습니다. 내려 적은 1과 왼쪽의 3을 곱한 수 3을 -4의 아래에 적고, -4와 더한 값 -1을 그 아래에 내려 적습니다.

방금 내려 적은 -1과 맨 왼쪽의 3을 곱한 수 -3을 2 아래에 적고 2와 더한 값 -1을 그 아래에 내려 적습니다.

다시 방금 내려 적은 -1과 맨 왼쪽의 3을 곱한 수 -3을 1 아래에 적고 1과 더한 값 -2를 그 아래에 내려 적습니다.

지금까지 아래에 내려 적은 숫자 1, -1, -1, -2중 마지막 숫자가 나머지이고 1, -1, -1은 나눗셈의 몫의 계수입니다.

$$
\begin{array}{c|cccc}
 & 1 & -4 & 2 & 1 \\
3 & & & & \\
\hline
 & 1 & & & \\
\end{array}
$$

$$
\begin{array}{c|cccc}
 & 1 & -4 & 2 & 1 \\
3 & & 3 & & \\
\hline
 & 1 & -1 & & \\
\end{array}
$$

$$
\begin{array}{c|cccc}
 & 1 & -4 & 2 & 1 \\
3 & & 3 & -3 & \\
\hline
 & 1 & -1 & -1 & \\
\end{array}
$$

$$
\begin{array}{c|cccc}
 & 1 & -4 & 2 & 1 \\
3 & & 3 & -3 & -3 \\
\hline
 & 1 & -1 & -1 & -2 \\
\end{array}
$$

몫 x^2-x-1 나머지 -2

$$x^3-4x^2+2x+1=(x-3)(x^2-x-1)-2$$

이렇게 다항식을 일차식으로 나눌 때 계수와 상수항을 이용해 몫과 나머지를 구하는 방법을 '조립제법'이라고 합니다. 조립제법은 긴 다항식을 나눗셈할 때 직접 나누는 것보다 더 쉽고 간단하게 할 수 있습니다. 조립제법을 이용해 나눗셈을 할 때 차수별로 빠짐없이 써야 하므로 계수가 0인 항도 빠트리지 않고 써야 합니다.

항등식의 성질을 이용한 미정계수법

문자를 포함한 등식에서 문자에 어떤 값을 대입해도 항상 참이 되는 등식을 '항
등식'이라고 합니다. 항등식의 성질을 이용해 주어진 항등식에서 미지의 계수와
상수항을 구하는 방법을 '미정계수법'이라고 합니다. 미정계수법에는 2가지 방
법이 있습니다.

먼저 '계수비교법'입니다. 등식에서 좌변과 우변을 각각 간단히 정리한 후
항등식에서 (좌변)=(우변)임을 이용합니다. 예를 들어 $ax^2+bx+4=x^2-3x+4$라
고 했을 때 양쪽이 같음을 이용하면 $a=1$, $b=-3$이 됩니다. 이와 같이 양변의 계
수를 비교해 계수를 정하는 방법이 계수비교법입니다.

다음은 '수치대입법'입니다. 항등식은 문자에 어떤 값을 대입해도 항상 참이
되므로 미지의 계수나 상수항의 수만큼 적당한 수를 문자에 대입해 구할 수 있습
니다. $ax^2+bx+4=x^2-3x+4$의 양변에 1을 대입하면 $a+b=-2$이고 양변에 -1을 대
입하면 $a-b=4$입니다. 이제 두 식을 연립해 풀면 $a=1$, $b=-3$이 됩니다. 수를 대
입할 때는 어떤 수를 대입해도 상관없지만 가능한 계산이 간단해질 수 있는 수를
대입하는 것이 좋습니다. 이와 같이 적당한 수를 대입해 미정계수를 구하는 방법
이 바로 수치대입법입니다.

나머지정리

항등식의 성질을 이용한 나머지정리

x를 포함하고 있는 다항식은 polynomial(다항식)의 첫 자를 따서 간단하게 $P(x)$ 라고 표현해요. 다항식 $P(x)$를 $x-a$로 나눌 때 나눗셈의 몫을 뜻하는 'quotient' 에서 몫의 다항식 $Q(x)$와 나머지를 뜻하는 'remainder'의 R를 이용해 나타내면 $P(x)=(x-a)Q(x)+R$로 나타낼 수 있어요.

이때 이 등식은 x의 항등식이고 이 식의 양변에 $x=a$를 대입하면 $P(a)=R$가 됩니다. 즉 항등식의 성질을 이용하면 다항식을 직접 나누지 않아도 나머지를 손쉽게 구할 수 있는데 이를 '나머지정리'라고 합니다.

나머지정리는 다항식을 $x-1$, $2x-5$와 같이 일차식으로 나눌 때만 성립하는 것으로 $x-1=0$, $2x-5=0$과 같이 일차식이 0이 되게 하는 x의 값 1, $\dfrac{5}{2}$를 대입해 구할 수 있습니다. 일차식으로 나누고 나머지는 나누는 식보다 차수가 낮아야 하므로 나머지는 항상 상수가 나옵니다.

몫과 나머지를 모두 구할 때는 조립제법을 이용하는 것이 편리하고, 나머지만 구할 때는 나머지정리를 이용하는 것이 편리합니다. 나머지정리는 인수분해나 방정식의 근을 구할 때 자주 이용됩니다.

제곱수와 세제곱수

수를 도형으로 나타내기

수를 셀 때 4, 8, 12, 16,…과 같이 4씩 묶어서 세는 건 어렵지만 2, 4, 6, 8, 10,…과 같이 짝을 묶어 세면 좀더 수월합니다. 수를 도형과 연결시키면 어떻게 될까요? 수를 연결하는 점을 정사각형의 형태로 배열한 후 수로 나타낼 수 있는데, 이 수를 '제곱수'라고 합니다.

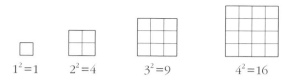

$$1^2=1 \qquad 2^2=4 \qquad 3^2=9 \qquad 4^2=16$$

제곱수는 $1 \times 1 = 1$, $2 \times 2 = 4$, $3 \times 3 = 9$, $4 \times 4 = 16$,…과 같이 그 수를 나열해보면 1, 4, 9, 16, 25, 36, 49, 64, 81, 100, 121, 144,…처럼 빠른 속도로 수가 커집니다.

또한 제곱수에서 이전의 제곱수를 뺀 수 $4-1=3$, $9-4=5$, $16-9=7$, $25-16=9$, $36-25=11$,…의 배열도 3 이후의 홀수의 배열과 같기 때문에 제곱수의 배열은 또 다른 수 세기 방법이 될 수 있습니다.

그러면 제곱수보다 더 빨리 세고 싶은 수는 어떻게 나타내 세었을까요?

$1 \times 1 \times 1 = 1$, $2 \times 2 \times 2 = 8$, $3 \times 3 \times 3 = 27$, $4 \times 4 \times 4 = 64$,…와 같이 제곱수보다 훨씬 빠른 속도로 커지는 세제곱수를 이용하기도 했습니다. $3 \times 3 \times 3$은 3×3의 제곱수를 다시 3층으로 쌓은 것이라 생각할 수 있습니다. 그래서 라틴어 'Cubus(입방체)'에서 이름을 따온 세제곱은 정육면체의 형태로 그려집니다. 숫자 8만도 200의 세제곱 $200 \times 200 \times 200$으로 나타내면 간단하게 나타낼 수 있습니다.

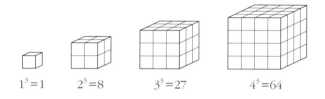

$$1^3=1 \qquad 2^3=8 \qquad 3^3=27 \qquad 4^3=64$$

피타고라스 학파의 도형으로 나타낸 수

7개의 별이 모여 국자 모양을 이루는 별자리는 무엇일까요? 바로 큰곰자리의 꼬리에 해당하는 북두칠성입니다. 별의 개수와 별을 이어 나타내는 기하학적 도형을 별자리로 생각하듯이 고대 그리스의 피타고라스 학파도 점과 도형을 이용해 수를 나타내었어요. 이들은 '만물은 수로 이루어졌다'고 믿었기 때문에 수와 도형 사이의 관계를 중요하게 여기고 도형수에 관심이 많았어요. 그래서 제곱수와 세제곱수를 사각형과 정육면체로 나타내기도 했습니다.

도형수 중 삼각수는 점을 삼각형 모양으로 나열해서 나타낸 수입니다. 삼각형 모양으로 점을 배열할 때 첫 번째 삼각수는 1, 두 번째 삼각수는 1+2=3, 세 번째 삼각수는 1+2+3=6, 네 번째 삼각수는 1+2+3+4=10입니다. 이 중 10개의 점으로 표현되는 삼각수는 테트락티스(tetractys)로 각각의 줄이 피타고라스가 발견한 조화로운 비인 2:1, 2:3, 3:4를 나타내고 있습니다.

점을 정사각형 모양으로 배열한 사각수 1, 4, 9, 16, 25,…의 n번째 사각수는 n^2입니다. 이때 n번째 사각수는 1부터 $2n-1$까지 홀수를 차례로 더하면 그 합이 사각수가 되는 특징이 있습니다. $1+3+5+\cdots+(2n-1)=n^2$

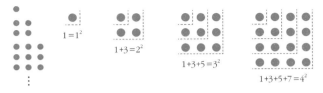

게다가 세 번째 삼각수 6과 네 번째 삼각수 10을 더하면 네 번째 사각수 16이 나오죠? n번째 삼각수와 $n+1$번째 삼각수의 합은 $n+1$의 사각수와 같습니다. 이밖에도 오각형 모양의 오각수, 육각형 모양의 육각수 등이 있어요. 도형수에는 간단하지만 신기한 규칙들이 숨어 있습니다.

이차방정식

실생활 문제를 해결해주는 이차방정식

세계 4대 문명 발상지를 아시나요? 바로 황하, 메소포타미아, 인더스, 이집트 문명입니다. 이 중 메소포타미아의 남쪽 지역에 발굴된 점토판에는 당시 수메르인들의 인구, 세금, 토지의 계산에 관한 내용이 새겨져 있어요. 이 점토판에 새겨진 문제를 한번 살펴볼까요?

"어떤 정사각형의 넓이와 그 한 변의 길이를 합하면 $\frac{3}{4}$이다."

이 문장에서 구하려는 정사각형의 한 변의 길이를 미지수 x로 해서 등식을 세우면 $x^2+x=\frac{3}{4}$입니다. 이 등식의 항을 모두 좌변으로 이항해보면 $x^2+x-\frac{3}{4}=0$이 되는데 미지수 x에 아무 값이나 넣어서는 참이 되지 않아요. $x=\frac{1}{2}$, $-\frac{3}{2}$일 때만 참이 됩니다.

이처럼 (x에 대한 이차식)$=0$의 꼴로 나타내어진 식을 'x에 대한 이차방정식'이라고 하고 참이 되게 하는 미지수 x의 값을 '이차방정식의 해 또는 근'이라고 해요.

인구, 세금, 토지의 계산에 관한 내용이 적힌 점토판에 왜 이런 수학 문제가 새겨져 있는 걸까요? 방정식 문제가 사람들에게 닥친 실생활 문제를 바로 해결해주었기 때문입니다.

역시 4대 문명 발상지 중 하나인 이집트 문명은 나일강이 준 선물이라는 말이 있습니다. 나일강 덕분에 상류의 기름진 토양이 쓸려 내려와 거름을 주지 않아도 농사가 저절로 잘될 정도였기 때문이죠. 기름진 땅을 제비뽑기해서 사각형의 땅을 사람들에게 나누어 주었고 그 땅의 크기만큼 세금을 거두었어요.

그런데 나일강의 범람이 비옥한 흙이라는 축복만 준 건 아니었습니다. 농경지의 경계를 사라지게 하는 심각한 단점이 있었거든요. 땅의 경계가 사라지니 '여기가 내 땅이야, 저기가 내 땅이야' 하며 서로 싸우기도 하고, 땅은 분명 그 전보다 줄어들었는데 세금은 오히려 많이 내야 하는 억울한 사람도 많이 생겼습니다. 이런 문제를 도와준 해결사가 바로 측량과 기하학 즉 '수학'이었습니다.

역사의 아버지라고 불리는 헤로도토스의 저서에는 이집트의 세소스트레스 왕이 대홍수로 토지가 유실되면 유실된 정도를 측량해 그만큼 세금을 깎아준 뒤 거두었다는 기록이 있습니다. 땅의 넓이로 인한 분쟁이나 세금 문제를 해결하기 위해 측량과 계산이 절대적으로 필요하게 된 것이죠. 그리고 그 중심에는 방정식이 있었습니다.

인수분해로 이차방정식 풀기

차수가 더 낮은 식으로 분해하기

일차방정식은 등식의 성질을 이용해 좌변에는 미지수, 우변에는 상수가 놓이도록 정리만 잘 하면 항상 해를 구할 수 있습니다. 하지만 이 방법은 이차방정식의 해를 구하는 데는 더 이상 통하지 않습니다.

그래도 복잡하게 엉킨 실타래를 하나하나씩 풀어나가듯이 이차방정식도 단순한 식으로 하나씩 하나씩 분해해 나가면 방법이 없는 건 아닙니다. 바로 인수분해를 이용해 일차식으로 잘게 분해하는 거예요.

인수분해가 하나의 복잡한 식을 차수가 낮은 여러 개의 다항식의 곱으로 나타내는 것이죠? 그렇다면 이차방정식인 (x에 대한 이차식)=0에서 이차식을 차수가 낮은 일차식과 일차식의 곱으로 나타낼 수 있어요.

이때 강력한 파워를 발휘하는 주인공이 바로 0입니다. 0의 강력한 파워는 바로 어떤 수와 곱해도 그 결과가 0이 된다는 사실입니다.

퀴즈를 하나 내볼게요. 어떤 두 수 a와 b를 곱해서 0이 나왔다면 a와 b 중 어떤 수가 0일까요? 두 수 중 하나가 0이면 곱해서 0이므로 a만 0일 수도 있고 b만 0일 수도 있어요. 어쩌면 a와 b 둘 다 0일 수도 있습니다. 3가지 경우를 한꺼번에 'a 또는 b가 0이다'라고 말해요. 0의 강력한 파워가 인수분해에서 최고의 빛을 발하게 됩니다.

이차방정식 $x^2-x-12=0$에서 좌변 x^2-x-12를 인수분해하면 $(x+3)(x-4)=0$이 됩니다. 두 일차식을 곱하면 0이죠? 그러니 $x+3=0$ 또는 $x-4=0$이 됩니다. 여기서 두 일차방정식을 각각 풀면 $x=-3$ 또는 $x=4$입니다. 이 두 수가 바로 이차방정식 $x^2-x-12=0$의 해가 됩니다.

이렇게 이차방정식 $ax^2+bx+c=0$의 좌변을 두 일차식의 곱으로 인수분해한 후 곱해서 0이 되는 경우를 생각해 x의 값을 구할 수 있습니다.

한 가지 더! 또는

국어에서 '또는'은 '그렇지 않으면'이라는 뜻이에요. '떡볶이 또는 피자를 먹자'라고 하면 떡볶이를 먹거나 그렇지 않으면 피자를 먹는 것입니다. 그런데 같은 말이라도 수학적으로 해석하면 '떡볶이를 먹거나 피자를 먹거나 둘 다 먹자'라는 뜻이 됩니다. 논리나 수학에서 '또는'은 '둘 중 하나이거나 둘 다'라는 뜻으로 사용되기 때문입니다.

제곱근으로 이차방정식 풀기

이차항과 상수항만으로 이루어진 방정식 풀이

수천 장의 종이를 잘게 오려 붙여서 마치 유화같은 느낌이 나게 만든 '모자이크 아트'를 본 적이 있나요? 모자이크 아트는 여러 가지 색의 돌이나 유리조각, 종이 등을 평면에 늘어놓아 그림을 만드는 것입니다.

가로와 세로의 길이가 각각 12, 25인 색종이를 잘게 찢어 모자이크 아트를 만들려고 해요. 색종이로 한 정사각형을 꽉 채우도록 오려 붙일 수 있다면 결국 색종이와 정사각형의 넓이는 같겠죠? 그럼 색종이로 꽉 채울게 될 이 정사각형의 한 변의 길이는 재보지 않고도 구할 수 있어요.

구하려는 것을 미지수 x라고 하면 색종이의 넓이는 12×25이므로 $x^2 = 300$입니다. 이차항 x^2이 있는 등식이므로 $x^2 = 300$은 이차방정식이 됩니다. 이때 x를 제곱해 300이 되므로 x는 300의 제곱근입니다. 이렇게 이차항과 상수항만으로 이루어진 이차방정식은 제곱근을 이용해 해를 구할 수 있어요.

어떤 양수 a의 제곱근은 양의 제곱근 $\sqrt{a}$와 음의 제곱근 $-\sqrt{a}$이렇게 2개가 있는 것처럼 300의 제곱근도 양의 제곱근 $\sqrt{300} = 10\sqrt{3}$과 음의 제곱근 $-\sqrt{300} = -10\sqrt{3}$으로 2개가 있습니다. 그런데 x는 정사각형의 길이이므로 음수는 될 수 없어요. 따라서 모자이크 아트 정사각형의 한 변의 길이 x는 $10\sqrt{3}$만 됩니다.

고대 사회에서는 토지의 배분이나 식량 분배와 같은 실생활의 문제를 해결하기 위해 방정식에 깊은 관심을 가지게 되었습니다. 방정식으로 땅의 길이나 식량의 개수 등과 같은 것을 구하면 방정식의 해가 음수가 나왔다고 하더라도 실생활에서는 음수는 가짜 수라 여겼으므로 버려졌어요.

이차방정식 $x^2 = a$를 제곱근을 이용하여 해를 구하면 $\sqrt{a}$와 $-\sqrt{a}$ 이렇게 2개가 있어야 하지만 x가 변의 길이라고 하면 양수 $\sqrt{a}$만 답이 됩니다. 방정식의 문제를 식을 세워 답을 구했을 때 주어진 해가 문제의 뜻에 맞는지 확인하는 것은 이와 같은 현실적인 조건을 생각해야 하기 때문이예요.

완전제곱식의 필살기는 바로 정사각형

이항과 동류항 정리를 이용해 일차방정식의 해를 구한 이슬람의 수학자 알 콰리즈미는 이차방정식의 풀이법도 발견했습니다. 바로 완전제곱식을 이용한 풀이법입니다. 이차방정식을 완전제곱식으로 바꾸면 제곱근의 성질을 이용할 수 있습니다.

알 콰리즈미의 저서 『대수학』에는 '어떤 근의 제곱에 10개의 근을 더했을 때 그 합이 39가 된다면 그 근은 얼마인가?'라는 이차방정식 문제가 실려 있습니다. 이 책에서는 식과 그림을 이용해 완전제곱식으로 바꾸어 해결했어요. 이때 해결의 키는 바로 정사각형입니다. 정사각형은 한 변의 길이의 제곱을 넓이로 가지기 때문이죠.

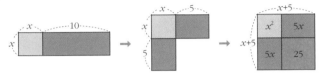

문제 $x^2+10x=39$를 그림으로 나타낸 후 정사각형으로 만들기 위해 $10x$를 둘로 쪼개 다시 $x^2+5x+5x=39$를 그림으로 나타냈어요. 좀더 정사각형에 가까워졌죠? 부족한 공간에 한 변의 길이가 5인 분홍색 정사각형을 더 그려주면 드디어 정사각형 완성! 그래서 이차방정식 $x^2+10x=39$의 양변에 분홍색 정사각형의 넓이인 25를 각각 더해줍니다.

분홍색 정사각형 덕분에 $(x+5)^2=64$가 되었어요. 즉 한 변의 길이가 $x+5$이면서 넓이가 64인 정사각형을 찾으면 x의 값을 구할 수 있습니다. 길이는 양수이므로 $x+5=8$이 되어 $x=3$만 $x^2+10x=39$의 해가 됩니다.

그런데 도형 문제가 아니라고 생각해 식만 따져보면 $(x+5)^2=64$에서 $x+5$는 64의 제곱근이고 64의 제곱근은 $+8$과 -8이므로 식 $x+5=+8$ 또는 $x+5=-8$이 되어야 합니다. 즉 $x=3$ 또는 $x=-13$이 되어야 하는 거죠. 이슬람에서 가장 뛰어난 수학자가 이런 실수를 하다니! 하지만 알 콰리즈미가 활약하던 시대에는 음수란 존재는 세상에 없었을 때였어요.

결국 이차방정식의 해를 구할 때 완전제곱식을 이용하려면 $x^2=$(상수) 또는 (완전제곱식)=(상수)와 같은 꼴로 바꾼 후 제곱근을 모두 구해서 해를 구해야 합니다.

중복된 근

이차방정식 $x^2=1$의 해를 제곱근을 이용해 구하면 $x=1$과 $x=-1$로 2개이고 $x^2-x-12=0$과 같은 이차방정식은 $(x-4)(x+3)=0$으로 인수분해해 해를 구하면 $x=4$와 $x=-3$으로 역시 2개입니다. 그렇다면 이차방정식은 항상 해가 서로 다른 2개일까요? 겨우 2개의 경우만 가지고 이런 결론을 내리기엔 너무 성급합니다. 이차방정식 $x^2-10x+25=0$과 같은 경우도 있으니까요.

이차방정식 $x^2-10x+25=0$의 좌변을 인수분해하면 $(x-5)^2=0$이 됩니다. 제곱은 같은 것을 두 번 곱하는 것이므로 $(x-5)(x-5)=0$인 셈이죠.

다항식과 다항식의 곱이 0이므로 앞의 다항식 $x-5$가 0이거나 뒤의 다항식 $x-5$가 0이어야 합니다. 즉 $x=5$ 또는 $x=5$가 이 이차방정식의 해가 됩니다. 같은 해 5가 두 번 반복되므로 이차방정식 $(x-5)^2=0$의 해는 $x=5$로 중복됩니다. 이차방정식의 근이 서로 다른 2개가 아니라 단 한 개일 수도 있답니다.

이렇게 이차방정식의 해가 중복될 때, 이 해를 '중근'이라고 해요. 이차방정식이 (완전제곱식)$=0$의 꼴로 나타내어지면 중근을 가집니다. 좌변의 이차식 x^2+ax+b이 완전제곱식이 되기 위해서 상수항 b는 $\left(a\times\dfrac{1}{2}\right)^2$이 되어야 하죠?

그래서 $x^2-8x+\square=0$이 중근을 가지려면 상수항 $\square$는 $\left\{(-8)\times\dfrac{1}{2}\right\}^2=16$이 되어야 합니다.

이차방정식의 근의 공식

근을 구해주는 만능아이템

이차방정식의 해를 구하기 위해선 우선 인수분해가 되는지 살펴봐야 합니다. 만약 인수분해가 안 된다면 완전제곱식을 만들어 풀어야죠. 하지만 좌변을 완전제곱식으로 만드는 길고 긴 반복 과정을 생략하고 바로 이차방정식의 해를 구할 수는 없는 걸까요?

인수분해냐, 완전제곱식이냐 고민하지 않고 바로 이차방정식의 해를 쉽게 구할 수 있는 특별한 방법! 바로 '이차방정식의 근의 공식'입니다.

이 공식은 어떤 이차방정식이라도 근을 구할 수 있도록 이차방정식을 $ax^2+bx+c=0$으로 설정하고 알 콰리즈미가 완전제곱식을 이용해 근을 구한 과정을 그대로 거쳐야 해요. 과정이 복잡해 보이지만 처음 한 번만 차분히 견딘다면 우린 만능아이템 하나를 얻게 된답니다.

우선 이차항의 계수를 1로 만듭니다.

상수항을 우변으로 이항해요.

이제 상수항 $\left(\dfrac{b}{2a}\right)^2$을 양변에 더해

좌변을 완전제곱식으로 바꾸어봅시다.

식을 좀 깔끔히 정리해야죠?

근을 구한다는 건 좌변에 x만 남기는 것이니

먼저 제곱근을 구한 후

끝으로 좌변에 x만 남기고 정리합니다.

$$x^2+\frac{b}{a}x+\frac{c}{a}=0$$
$$x^2+\frac{b}{a}x=-\frac{c}{a}$$
$$x^2+\frac{b}{a}x+\left(\frac{b}{2a}\right)^2=-\frac{c}{a}+\left(\frac{b}{2a}\right)^2$$
$$\left(x+\frac{b}{2a}\right)^2=\frac{b^2-4ac}{4a^2}$$
$$x+\frac{b}{2a}=\pm\sqrt{\frac{b^2-4ac}{4a^2}}$$
$$x=\frac{-b\pm\sqrt{b^2-4ac}}{2a}$$

계수와 상수를 a, b, c로 나타냈기 때문에 문자가 많아 복잡해 보이지만 앞으로는 이 과정을 전혀 거치지 않고 이차방정식 $ax^2+bx+c=0$의 계수와 상수항을 곧바로 근의 공식 $x=\dfrac{-b\pm\sqrt{b^2-4ac}}{2a}$에 대입만 하면 해를 구할 수 있습니다.

황금비

균형적이고 아름다운 비

8등신 모델이 광고사진을 찍고 있으면 저절로 눈이 가죠? 8등신은 머리와 전체 몸의 길이의 비가 1 : 8인 경우로, 흔히 아름다운 신체비율로 알려져 있어요. 매력적인 신체 비율처럼 수학자들은 눈으로 보기에 가장 균형감 있고 아름다운 비율을 수로 나타내려고 했어요.

아름다운 비율인 황금비는 1 : 1.618로 가장 널리 알려져 있습니다. 유클리드 원론에 따르면 선분 AB 위에 점 C를 잡았을 때 $\overline{AB} : \overline{AC} = \overline{AC} : \overline{BC}$를 만족하도록 점 C를 놓으면 점 C가 선분 AB를 '황금분할한다'고 해요.

그렇다면 널리 알려진 1 : 1.618이 과연 황금비가 맞는지 확인해볼까요?

$\overline{AC}$의 길이를 x, $\overline{BC}$의 길이를 1이라고 하고 유클리드가 말한 것처럼 비례식 $(x+1) : x = x : 1$을 세웁니다. 내항의 곱은 외항의 곱과 같다는 비례식의 성질을 이용해 $x^2 - x - 1 = 0$을 만족하는 x의 값 $\frac{1+\sqrt{5}}{2}$를 구할 수 있어요. $\frac{1+\sqrt{5}}{2}$의 값을 소수로 고쳐보면 약 1.618이 됩니다. 그래서 큰 부분과 작은 부분의 비인 황금비는 1 : 1.618라고 하는 것입니다.

그리스 수학자 피타고라스는 정오각형의 각 대각선이 아름다움을 느끼는 비인 약 1 : 1.618로 나뉘면서 도형 내부에 또 다른 정오각형을 만든다는 사실을 알아냈습니다. 그리고 이 별을 '황금별'이라고 부른 후 피타고라스 상징으로 사용했어요.

황금비는 고대 건축물이나 작품 등에서 찾아볼 수 있습니다. 대표적으로 이집트의 피라미드나 그리스 아테네의 파르테논 신전 등이 있지요. 의도적으로 황금비를 사용한 것은 19세기 중반 이후이고 파르테논 신전의 일부 길이만 황금비를 따른다고 해서 각종 건축과 예술이 황금비를 따른다고 말하기는 어렵다는 의견도 있습니다. 하지만 전체와 부분의 비율이 반복적으로 균등하게 유지되면서 시각적 안정감과 아름다움을 느끼게 해준다는 것만큼은 누구나 인정할 수밖에 없습니다.

금강비

동양의 아름다운 비

조선의 으뜸가는 궁궐이라 법궁이라고도 불리는 경복궁! 큰 복을 누리길 기원하며 만든 우리나라 대표 궁궐인 경복궁에 들어서면 웅장한 규모와 수려한 건축에서 선조들이 사랑한 '금강비'를 찾아볼 수 있어요. 우리나라 금강산과 같이 아름다운 비례라는 의미의 금강비는 경복궁뿐만 아니라 고구려 때 세운 금강사 본당터, 고려 부석사 무량수전, 신라 석굴암 등에서도 볼 수 있어요.

경복궁 안에 조선의 중대한 의식이 진행되던 근정전은 왕의 위엄을 드러내면서도 조화와 균형이 있는 아름다움도 나타낼 수 있는 비례를 고려해 지어졌지요. 근정전의 기둥을 기준으로 세로와 가로의 길이의 비를 구해보면 21.1 : 30.2로 약 1 : $\sqrt{2}$의 비입니다. 1 : $\frac{1+\sqrt{5}}{2}$ 였던 황금비와는 또 다른 비라는 걸 알 수 있습니다.

금강비는 1 : $\sqrt{2}$로서 약 1 : 1.414인데 이는 조화미를 갖고 있을 뿐 아니라 안정감을 느끼게 합니다. 게다가 $\sqrt{2}$는 한 변의 길이가 1인 정사각형의 대각선의 길이이므로 누구나 쉽게 $\sqrt{2}$를 나타낼 수 있어서 매우 실용적이라고도 할 수 있어요.

금강비는 우리나라뿐 아니라 중국, 일본과 같은 동양에서 즐겨 사용합니다. 동양과 서양이 느끼는 아름다운 비의 기준이 서로 다른 이유는 무엇일까요? 신체 구조 상 동양인보다 상대적으로 키가 큰 서양인은 금강비보다 약간 큰 황금비인 1 : 1.618을 아름답다고 느끼는 반면, 동양인은 금강비인 1 : 1.414에서 아름다움을 느낀다는 주장이 있습니다.

우리나라의 선사 움집터의 가로와 세로의 길이의 비도 대부분 금강비를 따르는 것을 보면 동양인에게 조화와 균형을 가장 잘 나타내는 비는 금강비가 틀림없나봅니다.

실근과 허근

복소수 범위에서는 항상 존재하는 근

방정식의 해를 구함에 있어서 음수나 0, 허수가 등장할 때마다 지금까지 없었던 상상의 수를 이해하는 것은 수학자들에게도 무척 어려운 일이었어요. 하지만 방정식의 해에 대한 기본 정리를 알면 상상의 수로 인해 더 이상 골치 아플 일이 없답니다.

대수학의 기본 정리에 의하면 방정식은 반드시 복소수 근을 가집니다. 게다가 우리는 이차방정식의 해를 바로 구할 수 있는 이차방정식 $ax^2+bx+c=0$의 근의 공식 $x=\dfrac{-b\pm\sqrt{b^2-4ac}}{2a}$도 알고 있어요. 덕분에 이차방정식의 근이 실수인지 허수인지 구분할 수도 있습니다.

근의 공식 중 $\sqrt{b^2-4ac}$에서 근호 안의 b^2-4ac를 계산해 0 또는 양수가 나오면 x의 값은 모두 실수이므로 이 방정식은 실수인 근을 가집니다. 하지만 근호 안의 b^2-4ac를 계산했을 때 음수가 나오면 $\sqrt{-3}$과 같이 $\sqrt{-3}=\sqrt{3}\,i$가 되므로 허수인 근을 가집니다.

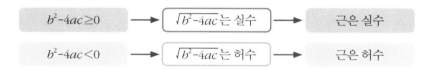

$b^2-4ac\geq0$ ⟶ $\sqrt{b^2-4ac}$는 실수 ⟶ 근은 실수

$b^2-4ac<0$ ⟶ $\sqrt{b^2-4ac}$는 허수 ⟶ 근은 허수

이때 실수인 근을 '실근'이라고 하고 허수인 근을 '허근'이라고 합니다. 실수와 허수를 통틀어 '복소수'라고 하니 결국 복소수 범위에서는 방정식은 항상 근을 가집니다.

이차방정식의 판별식

해를 직접 구하지 않아도 근을 판단하는 식

나이팅게일의 과외선생님으로 알려진 실베스터는 근의 공식을 이용해 근을 직접 구하지 않고도 근이 실근인지 허근인지 판별한 수학자입니다. 간호사로 유명한 나이팅게일도 알고 보면 수학 실력이 뛰어났는데, 특히 통계학 실력을 바탕으로 당시 부상병동의 사망자 수를 대폭 줄이는 경영능력을 발휘하기도 했다고 합니다.

근의 공식을 알고 있는 우리도 실베스터처럼 근을 구하지 않고 실근인지 허근인지 알 수 있어요. 근의 공식에서 근호 안의 b^2-4ac만 따져보면 된답니다.

이차방정식 $ax^2+bx+c=0$의 근의 공식 $x=\dfrac{-b\pm\sqrt{b^2-4ac}}{2a}$ 에서 근호 안의 b^2-4ac만 빼내어 판별식 $D=b^2-4ac$라고 합니다. 이 판별식은 아주 쓸모가 많아요. 가장 중요한 기능은 이차방정식의 근의 개수와 실근과 허근을 구분하는 것입니다.

$$D=b^2-4ac>0 \;\;\rightarrow\;\; 서로\ 다른\ 두\ 실근$$
$$D=b^2-4ac=0 \;\;\rightarrow\;\; 실근이\ 한\ 개(중근)$$
$$D=b^2-4ac<0 \;\;\rightarrow\;\; 서로\ 다른\ 두\ 허근$$

예를 들어 $x^2-2x+a+1=0$이 서로 다른 두 실근을 가진다면 $D>0$이고 $(-2)^2-4\times1\times(a+1)>0$이므로 $a<0$, 즉 a는 음수임을 알 수 있습니다.

이차함수의 그래프의 경우 이러한 판별식에 따라 그래프와 x축과의 관계를 알수 있고 접선을 구할 수도 있습니다. 그래서 이차방정식, 이차함수에서 중요한 역할을 한답니다.

근과 계수와의 관계

두 근의 합과 곱은 계수로 알 수 있다.

16세기 베네룩스의 대사는 베네룩스 출신의 로마누스가 제시한 45차 방정식의 근을 프랑스인은 결코 구할 수 없을 것이라고 장담했다고 합니다. 이에 발끈한 프랑스왕 앙리 4세가 지목한 수학자 비에트! 왕실 변호사이기도 했던 비에트는 단 몇 분만에 2개의 근을 찾았고, 그 뒤로 21개의 근을 더 찾아내 로마누스와의 수학 대결에서 승리를 거두었어요. 비에트는 이차방정식의 근과 계수와의 관계를 처음으로 발견한 수학자입니다.

먼저 이차방정식 $ax^2+bx+c=0$을 x^2의 계수 a로 양변으로 나눈 후 $x^2+\frac{b}{a}x+\frac{c}{a}=0$의 두 근을 α, β라고 합시다.

이번에는 이 이차방정식의 두 근을 α, β라고 한 점에 집중해서 이 두 근을 인수분해를 이용해 구했다고 생각하고, 이차항의 계수가 1인 이차방정식을 거꾸로 구해봅시다. 그럼 다음 식처럼 쓸 수 있어요.

$$(x-\alpha)(x-\beta)=0$$

이제 이 식을 전개해볼까요?

$$x^2-(\alpha+\beta)x+\alpha\beta=0$$

그러면 $x^2-(\alpha+\beta)x+\alpha\beta=0$은 최초에 세워두었던 $x^2+\frac{b}{a}x+\frac{c}{a}=0$과 같은 식이 되어야 합니다. 서로 계수를 비교해보면 두 근의 합은 $\alpha+\beta=-\frac{b}{a}$이고 두 근의 곱은 $\alpha\beta=\frac{c}{a}$가 됩니다.

물론 인수분해를 이용하지 않고 근의 공식으로 구한 두 해 $\alpha=\frac{-b+\sqrt{b^2-4ac}}{2a}$, $\beta=\frac{-b-\sqrt{b^2-4ac}}{2a}$를 직접 더하고 곱해서도 이 결론을 얻을 수 있습니다.

$$\alpha+\beta=\frac{-b+\sqrt{b^2-4ac}}{2a}+\frac{-b-\sqrt{b^2-4ac}}{2a}=\frac{-2b}{2a}=-\frac{b}{a}$$

$$\alpha\beta=\frac{-b+\sqrt{b^2-4ac}}{2a}\times\frac{-b-\sqrt{b^2-4ac}}{2a}=\frac{4ac}{4a^2}=\frac{c}{a}$$

비에트가 연구한 근과 계수와의 관계, 방정식 이론은 훗날 뉴턴, 데카르트에 영향을 주어 지금의 대수학으로 발전하는 계기를 만들어 주었습니다.

고차방정식의 해

인수정리와 조립제법을 이용한 해 구하기

알 콰리즈미가 이차방정식의 해를 구한 이후 유럽에서는 삼차 방정식, 사차 방정식 등의 고차방정식의 해를 구하는 연구에 집중했어요. 특히 이탈리아에서는 칼을 들고 결투를 신청하는 대신 수학 문제를 내고 푸는 대결을 할 정도였습니다. 수학자들의 이런 노력으로 유럽에서 결국 고차방정식의 해를 구하는 방법을 구하게 됩니다.

우리도 이전에 배운 것을 이용한다면 고차방정식의 해를 얼마든지 구할 수 있습니다. 핵심은 나머지정리에 의해 다항식 $P(x)$의 나머지가 0이 되게 하는 정수 a의 값을 구하는 것입니다. 인수분해에서 각각의 식인 다항식의 인수는 마치 자연수의 약수와도 같아요. 그래서 다항식 $P(x)$를 이 다항식의 인수 $x-a$로 나누면 나머지는 0이 되는 거죠. 이렇게 나머지정리에 의해 $P(a)=0$이 되는 성질을 '인수정리'라고 합니다.

예를 들어 $x^3-2x^2-5x+6=0$의 해 a가 존재한다면 분명 이 삼차방정식은 인수 $x-a$를 가질 겁니다. 이때 인수의 상수항 a는 다른 인수의 상수와 곱해져서 삼차방정식의 상수항인 6을 만들었을 테니 분명 ±1, ±2, ±3, ±6 중에 하나겠죠?

즉 $x^3-2x^2-5x+6=(x-a)(x^2+bx+c)$처럼 인수분해될 때 좌변의 상수항 6은 우변을 전개했을 때 상수항 $ac=-6$이므로 a는 6을 나누는 정수입니다.

정수 ±1, ±2, ±3, ±6 중 맘에 드는 하나를 골라 인수인지 확인해봅니다. 계산하기 쉬운 1을 대입했더니 $P(1)=1^3-2\times1^2-5\times1+6=0$이 됩니다. 즉 이 방정식은 $x-1$을 인수로 가집니다.

자, 인수정리로 인수 $x-1$이라는 실마리를 풀었으니 이번엔 조립제법을 이용해 다른 인수도 구할 수 있습니다.

$$
\begin{array}{r|rrrr}
1 & 1 & -2 & -5 & 6 \\
  &   & 1 & -1 & -6 \\
\hline
  & 1 & -1 & -6 & \underline{0}
\end{array}
\quad\cdots\rightarrow\quad x^3-2x^2-5x+6=(x-1)(x^2-x-6)
$$

즉 삼차방정식 $x^3-2x^2-5x+6=0$을 인수분해해 나타내면 $(x-1)(x^2-x-6)=0$입니다. 게다가 x^2-x-6도 인수분해되므로 $x^3-2x^2-5x+6=(x-1)(x-3)(x+2)=0$입니다. 따라서 $x^3-2x^2-5x+6=0$의 해는 $x-1=0$ 또는 $x-3=0$ 또는 $x+2=0$이므로 x는 1, 3, -2입니다.

고차방정식 인수분해

도형으로 인수분해하기

그리스의 수학자들이나 알 콰리즈미 같은 수학자들이 방정식의 해를 도형으로 나타내 구한 것처럼 도형으로 인수분해를 한번 해볼까요? 정육면체의 부피는 한 모서리의 길이의 세제곱이라는 것을 이용하면 삼차식 a^3-b^3을 인수분해할 수 있습니다.

우선 a^3은 한 모서리의 길이가 a인 정육면체의 부피이고 b^3은 한 모서리의 길이가 b인 정육면체의 부피입니다. 한 모서리의 길이가 a인 정육면체에서 한 모서리의 길이가 b인 정육면체를 빼서 만든 입체도형 ①, ②, ③을 3개의 직육면체로 분리해 가로와 세로, 높이를 각각 적었어요.

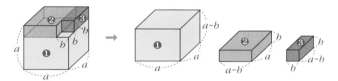

직육면체의 부피는 (가로의 길이)×(세로의 길이)×(높이)이므로 세 직육면체의 부피는 다음과 같습니다.

①의 부피 : $a^2(a-b)$

②의 부피 : $ab(a-b)$

③의 부피 : $b^2(a-b)$

분리하기 전의 부피 a^3-b^3는 세 직육면체의 부피의 합과 같죠?

$a^3-b^3=a^2(a-b)+ab(a-b)+b^2(a-b)$이므로 우변을 $a-b$로 묶어내어 정리하면 $a^3-b^3=(a-b)(a^2+ab+b^2)$입니다.

이와 같은 방법으로 $x^3-8=(x-2)(x^2+2x+4)$으로 인수분해하면 삼차방정식 $x^3-8=0$의 해를 구할 수 있어요.

$(x-2)(x^2+2x+4)=0$에서 $x-2=0$ 또는 $x^2+2x+4=0$이므로 이 삼차방정식은 실근 $x=2$와 두 허근 $x=-1\pm\sqrt{3}i$을 가집니다.

연립이차방정식

인수분해와 대입법을 이용하여 해 구하기

연립일차방정식의 해는 두 일차방정식을 풀어 공통인 해를 찾으면 됩니다. 미지수가 2개인 연립방정식 중에서 차수가 가장 높은 방정식이 이차방정식이면 이 연립방정식은 '연립이차방정식'이라고 해요. 미지수가 2개인 연립이차방정식은 2가지 경우가 존재합니다.

$$\begin{cases} (일차식)=0 \\ (이차식)=0 \end{cases} \text{또는} \begin{cases} (이차식)=0 \\ (이차식)=0 \end{cases}$$

연립이차방정식이 $\begin{cases} x+y=3 \\ x^2+y^2=17 \end{cases}$ 과 같이 일차방정식과 이차방정식으로 이루어졌다면 일차식을 한 미지수에 대해 정리해 다른 방정식에 대입하면 됩니다. 즉 $x+y=3$을 y에 대해 정리한 $y=3-x$를 두 번째의 이차방정식 $x^2+y^2=17$에 대입하는 거죠.

그러면 이차방정식 $x^2+(3-x)^2=17$의 해인 x의 값을 구할 수 있습니다. 이 이차방정식의 해 $x=4$ 또는 $x=-1$을 구하면 연립일차방정식에서와 마찬가지로 x의 값을 첫 번째 식에 대입해 y의 값도 구할 수 있어요.

먼저, $x=4$일 때 y의 값이 -1이고 $x=-1$일 때 y의 값이 4이므로

이 연립이차방정식의 해는 $\begin{cases} x=4 \\ y=-1 \end{cases}$ 또는 $\begin{cases} x=-1 \\ y=4 \end{cases}$ 와 같이 나타내요.

한편, 연립방정식이 $\begin{cases} 2x^2+3xy-2y^2=0 \\ x^2+y^2=5 \end{cases}$ 와 같이 두 식 모두 이차방정식이면 두 식 중 인수분해 되는 식을 이용합니다.

첫 번째 식에서 $2x^2+3xy-2y^2=(x+2y)(2x-y)=0$이므로 $x+2y=0$이거나 $2x-y=0$입니다.

즉 $\begin{cases} 2x^2+3xy-2y^2=0 \\ x^2+y^2=5 \end{cases}$ 는 $\begin{cases} x+2y=0 \\ x^2+y^2=5 \end{cases}$ 또는 $\begin{cases} 2x-y=0 \\ x^2+y^2=5 \end{cases}$ 를 만족하는 해를 구해야 하죠. 이제는 앞서 구한 방식으로 일차식을 변형한 후 이차식에 대입해 풀면 됩니다.

그렇기에 일차식과 이차식의 연립방정식의 해가 최대 2쌍이었다면 두 이차방정식의 연립방정식의 해는 최대 4쌍까지 나올 수 있습니다.

부등식

선택에 도움을 주는 부등식

우리는 생활 속에서 수없이 많은 비교를 하며 살아갑니다. 서로 다른 2가지의 크기를 비교할 때 사용하는 부호가 '부등호'입니다. 산들바람, 흔들바람, 실바람, 싹쓸바람이라고 하면 바람의 세기를 알기 쉽지 않지만 '실바람<산들바람<흔들바람<싹쓸바람'과 같이 부등호로 나타내면 손쉽게 비교가 됩니다.

　보통 초속 17m/s 이상을 태풍이라고 한다면 태풍이라 할 수 있는 바람의 초속은 너무나 많습니다. 이를 일일이 나열하려 한다면 다 나타낼 수 없지만, 부등호를 사용하면 '(바람의 초속)≥17m/s'라고 간단히 나타낼 수 있어요.

　바람의 초속을 x라고 하면 $x≥17$이라고 나타낼 수도 있어요. 이렇게 수 또는 식 사이의 대소 관계를 나타낸 식을 '부등식'이라고 해요. 식과 마찬가지로 부등호의 왼쪽 부분을 '좌변', 오른쪽 부분을 '우변'이라고 하고, 좌변과 우변을 통틀어 '양변'이라고 합니다. 등식은 등호(＝)를 사용해 나타내고 부등식은 부등호를 사용해 나타내요. 부등호는 <, >, ≤, ≥ 이렇게 4종류가 있습니다.

　부등식은 종종 우리의 갈등 상황을 해결해주는 역할을 하기도 합니다. 햄버거와 감자튀김 그리고 음료를 세트로 구입하면 4500원이고, 단품 햄버거가 특가 행사로 2000원, 감자튀김과 음료를 따로 구입했을 때 각각 1300원, 1000원이라고 한다면 세트 구입과 개별 구입 중 어떤 게 더 경제적일까요? 세트는 4500원이지만 개별 구입하면 4300원에 구입할 수 있습니다. 4500>4300이므로 당연히 개별로 구입해야겠죠? 이처럼 부등식은 현명한 선택에 도움을 줍니다.

부등식의 성질

음수로 곱하거나 나눌 때만 부등호의 방향 바꾸기

어릴 적 아빠와 시소를 타면 몸무게가 나보다 더 무거운 아빠 쪽이 아래로 내려갔지요? 만약 이 상태에서 똑같은 무게의 가방을 아빠와 내가 동시에 둘러메고

시소를 탄다고 해도 내가 탄 쪽이 아래로 내려가지는 않습니다.

　마찬가지로 이미 기울어진 시소에서 같은 무게의 가방만큼 뺀다고 해도 시소는 여전히 같은 방향으로 기울어진 상태일 것입니다.

　부등식이 가지고 있는 성질도 시소 놀이와 같습니다. 부등식도 양변에 같은 수만큼 더하거나 빼면 부등호의 방향이 바뀌지 않습니다. 또 양변에 같은 양수를 곱하거나 양변을 같은 양수로 나누어도 여전히 부등호의 방향은 같습니다.

　하지만 음수의 경우는 다릅니다. 예를 들어 부등식 4<6의 양변에 -2를 곱해 봅시다. $4 \times (-2) = -8$, $6 \times (-2) = -12$이고 음수는 절댓값이 큰 수가 작으므로 $-4 \times (-2) > 6 \times (-2)$가 되어 부등호의 방향이 반대로 바뀝니다.

　이번에는 부등식 4<6의 양변을 -2로 나누어볼까요? $4 \div (-2) = -2$, $6 \div (-2) = -3$이고 $-2 > -3$이므로 $4 \div (-2) > 6 \div (-2)$가 되어 역시 부등호의 방향이 반대로 바뀌었습니다.

　즉 부등식의 양변에 같은 음수를 곱하거나 양변을 같은 음수로 나누면 부등호의 방향은 반대로 바뀌게 됩니다.

한 가지 더! 부등식의 풀이

일반적으로 부등식의 풀이는 방정식의 풀이와 비슷합니다. 하지만 부등식의 양변에 음수를 곱하거나 나누면 부등호의 방향이 바뀌므로 같은 수를 곱하거나 나눌 때에는 부호에 주의해야 해요.

일차부등식의 해

일차방정식 풀이와 닮은 일차부등식의 풀이

놀이동산은 언제나 즐겁습니다. 그런데 가끔은 키가 작아서 누나랑 같이 타고 싶은 놀이기구를 못 타게 된 동생이 울음을 터뜨리는 경우도 있죠. 은지가 타려는 놀이기구는 키가 130cm 이상만 입장 가능하다고 쓰여 있네요. 키가 115cm인 동생 준호는 도대체 얼마나 더 키가 커져야 이 놀이기구를 탈 수 있을까요?

준호가 커야 하는 키를 x라고 하면 $115+x \geq 130$이고 x가 될 수 있는 범위는 $x \geq 15$라고 나타낼 수 있어요. 결국 준호는 15cm 이상 키가 커야 이 놀이기구를 탈 수 있어요.

이와 같이 미지수 x가 있는 부등식을 만족시키는 x의 값을 '부등식의 해'라고 하고, 부등식의 해를 모두 구하는 것을 '부등식을 푼다'라고 해요.

일차방정식 $x-1=0$의 해는 $x=1$ 하나이고 이차방정식 $x^2=4$의 해는 $x=\pm 2$ 2개입니다. 하지만 동생이 더 커야 하는 키의 값 x는 15cm, 16cm, 17cm,…와 같은 정수뿐 아니라 15.1cm, 15.2cm, 15.3cm,…와 같은 소수까지 무수히 많아요. 그래서 부등식의 모든 해를 나타낼 때 부등호를 사용하여 나타내는 것이 편리한 경우가 많습니다.

일반적으로 부등식의 풀이는 방정식의 풀이와 비슷합니다. 하지만 부등식의 양변에 음수를 곱하거나 나누면 부등호의 방향이 바뀌므로 같은 수를 곱하거나 나눌 때에는 부호에 주의해야 해요. 음수를 곱하거나 나눌 때 부등호 방향이 바뀐다는 것만 주의하면 방정식처럼 해를 구할 수 있어요.

예를 들어 일차부등식 $3(2-x)+4<1$을 풀어봅시다.

분배법칙으로 전개하여 정리하기 : $6-3x+4<1$, $-3x+10<1$

일차항은 좌변으로, 상수항은 우변으로 이항하기 : $-3x<-9$

부호에 주의하며 양변을 x의 계수 -3으로 나누기 : $\frac{-3x}{-3} > \frac{-9}{-3}$

따라서 이 부등식의 해는 $x>3$가 됩니다.

부등식의 해는 눈으로 보기 편하게 수직선에 나타내기도 합니다. $x>3$은 x가 3보다 크므로 수직선의 오른쪽으로 화살표를 그

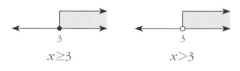

$x \geq 3$ 　　　　 $x>3$

리고 색칠을 해요. 이때 3을 해로 가지지 않으므로 ○로 나타냅니다. 하지만 3을 해로 가지는 $x \geq 3$과 같은 경우는 3에 ●로 나타냅니다.

연립부등식

일차부등식의 해를 수직선에 동시에 나타내기

도로를 달릴 때 보이는 이 표지판의 숫자는
무슨 뜻일까요? 바로 최대 속력은 100km/h
이고 최저 속력은 50km/h라는 뜻이에요. 이
런 표지판을 속도 제한 표지판이라고 합니다.
그럼 두 표지판을 동시에 만족하는 속력으로
달려야 벌금을 물지 않겠죠? 자동차의 속력

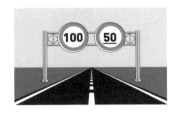

을 x라고 할 때 $x \leq 100$도 만족해야 하고 $x \geq 50$도 만족해야 합니다.

이렇게 2가지를 모두 만족시키는 x 값의 범위를 구할 때는 연립방정식처럼 두
식을 한쌍으로 묶어 $\begin{cases} x \geq 100 \\ x \leq 50 \end{cases}$ 으로 나타내고 '연립일차부등식'이라고 합니다. 또,
이 연립부등식의 해를 구하는 것은 '연립일차부등식을 푼다'고 해요.

부등식의 해를 수직선에 나타내면 시각적으로 단번에 알 수 있어 편리합니다.
마찬가지로 연립일차부등식도 각각의 일차부등식의 해를 구하고 한 수직선에
동시에 나타냅니다. 왜냐면 해가 나타내는 부분도 쉽게 보이고 동시에 만족하는
공통 부분도 쉽게 찾을 수 있거든요!

직접 한번 풀어볼까요?

$$\begin{cases} 2x+2<3x+1 & \cdots\cdots\cdots ㉠ \\ x-5<-2 & \cdots\cdots\cdots ㉡ \end{cases}$$

각 일차부등식을 풀면 $\begin{cases} x>1 & \cdots\cdots ㉠ \\ x<3 & \cdots\cdots ㉡ \end{cases}$ 이므로 두 부등식 ㉠과 ㉡의 해를 한 수직선
에 동시에 나타내요. 그러면 공통 부분인 $1<x<3$가 바로 이 연립부등식의 해가
됩니다.

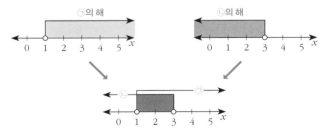

절댓값을 포함한 일차부등식

원점으로부터 떨어진 거리를 부등호로

수직선의 원점에서 어떤 점까지 떨어진 거리를 나타내는 절댓값이 부등호로 표현되면 우선 원점으로부터의 거리를 생각해봐야 해요.

$$|x|=2$$

이 식이 의미하는 것은 무엇일까요? 어떤 수 x에 대응하는 점과 원점 사이의 거리가 2라는 것입니다. 그래서 $x=2$ 또는 $x=-2$가 됩니다.

그렇다면 부등식 $|x|<2$가 의미하는 것은 무엇일까요? 어떤 수 x에 대응하는 점과 원점 사이의 거리가 2보다 작다는 것입니다. 수직선 위에서 x에 대응되는 점과 원점까지의 거리가 2보다 작아야 하므로 수직선에 그림으로 나타내면 다음과 같아요.

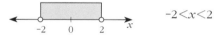 $-2<x<2$

한편 $|x|>2$ 이면 어떤 수 x에 대응하는 점과 원점 사이의 거리가 2보다 커야겠죠? 수직선에 그림으로 나타내고 해를 구하면 다음과 같아요.

 $x<-2$ 또는 $x>2$

절댓값 안의 다항식을 조금 변경해볼까요? $|x-3|=2$라는 식은 $x-3$에 대응하는 점과 원점 사이의 거리가 2가 된다는 것입니다. 즉 $x-3=-2$ 또는 $x-3=2$이므로 $x=1$ 또는 $x=5$입니다.

$|x-3|<2$이면 $x-3$에 대응하는 점과 원점 사이의 거리가 2보다 작으므로 $-2<x-3<2$이므로 부등식의 각 변에 3을 더하면 $1<x<5$입니다. 절댓값 안에 단항식 x만 있을 때와 크게 다르지 않죠?

$|x-3|>2$도 같은 방법으로 $x-3$과 원점 사이의 거리가 2보다 크므로 $x-3>2$ 또는 $x-3<-2$ 입니다. 즉 $x>5$ 또는 $x<1$가 됩니다.

절댓값의 의미만 잘 떠올리면 절댓값이 들어간 부등식도 쉽게 풀 수 있습니다.

PART3에서는 중·고등학교 수학의 절반 이상을 차지하는 함수에 대해서 다룹니다. 함수는 세상을 읽어내는 눈이라고도 할 수 있습니다. 하지만 2개 이상의 변수가 동시에 움직이니 쉽게 손에 잡히지 않습니다. 수능까지 바라본다면 함수의 중요성은 아무리 강조해도 지나침이 없으니 특히 개념 하나하나를 잘 기억해주세요.

1. 다양한 상황을 여러 가지 방법으로 표현한다.
세상을 읽어내는 눈인 함수를 수학적인 개념으로부터 접근하면 너무 어려워서 포기하게 됩니다. 일단 다양한 상황들을 일상 언어, 표, 그래프, 식 등으로 표현하는 연습을 해보세요. 특히 밀접한 두 주제 사이의 관계를 표현하는 것에서 수학적 해석의 힘이 저절로 길러집니다.

2. 그래프는 스스로 시간을 들여 그려보고 특징을 기억한다.
함수를 표현하는 가장 직관적인 방법이 바로 그래프입니다. 그래프를 그리는 데는 시간이 걸리기 때문에 귀찮은 나머지 이 책의 그래프를 그냥 눈으로만 살펴보고 개념을 외우려고만 한다면 결코 제대로 된 개념을 익히지 못합니다. 반드시 스스로 시간을 들여 그래프를 그려보며 그 특징을 기억해주세요.

스스로 그래프를 그리고 남이 그린 그래프가 무엇을 의미하는지 해석하는 데 시간을 투자해 공부한다면 함수는 절반 이상 공부한 것이 됩니다. 함수마다 그래프의 특징을 스스로 찾아보고 몇 가지 특징만으로 그래프를 그려낼 수 있는 연습을 충실하게 한다면 함수의 개념이 탄탄해질 것입니다.

PART 3

함수

수직선 또는 평면에서 위치를 나타내는 방법

수학자들이 만든 여러 가지 수식에 익숙해질 무렵인 17세기, 천문학에 일대 혁명을 불러일으킨 망원경이 발명되었습니다. 사람들은 맨눈으로 잘 안 보이던 별을 바라보며 너무 신기해했어요. 유심히 별을 관찰하며 기록하고 그 기록들을 꼼꼼하게 따져보다가, 별은 시간에 따라 움직여 몇 년 후에는 다시 제자리에 나타난다는 걸 알게 되었어요. 당연히 사람들은 별이 어떻게 움직이는지 나타내고 싶어졌답니다. 1년 후에는 별이 어디에 있을지, 10년 후에 다시 제자리에 나타날지 등을 궁금해하며 별이 지나가는 자리를 그림으로 나타내려고 했어요.

별의 움직임에서 주목할 것은 시간과 별의 위치입니다. 시간에 따른 별의 위치를 수학적 도구로 나타내게 되는데 그것이 바로 그래프입니다.

수직선에서 어떤 수에 대응하는 점의 위치를 나타내었을 때 그 점에 대응하는 수를 그 점의 '좌표'라고 합니다. 수 a가 점 P의 좌표일 때 기호로 P(a)로 나타냅니다. 예를 들어 점 A의 좌표를 기호로 나타내면 A(-2)이고, 점 B를 기호로 나타내면 B(1)입니다.

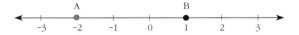

평면에서의 위치도 물론 나타낼 수 있어요. 어느 고속열차의 좌석 번호를 나타낼 때 오른쪽 그림에 표시된 부분은 C열

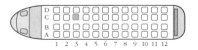

과 3행이 만나므로 (C, 3)으로 나타낼 수 있어요. 그리고 시간표에서 월요일 3교시가 국어이면 (월요일 3교시, 국어)라고 나타낼 수도 있습니다. 이렇게 순서를 생각해 두 수를 짝지어 나타낸 것을 '순서쌍'이라고 합니다.

지구에도 좌표가 있습니다. 바로 '위도'와 '경도'입니다. 위도는 적도를 기준으로 남쪽 또는 북쪽으로 얼마나 떨어져 있는지 나타내는 위치이고 경도는 영국의 그리니치 천문대를 기준으로 동쪽 또는 서쪽으로 얼마나 떨어져 있는지 나타내는 위치입니다. 그래서 위도와 경도만 알면 지구의 어디를 가리키는지 알 수 있습니다.

좌표평면

점의 위치를 순서쌍으로 나타낼 수 있는 공간

땅의 면적을 재고 분배에 대한 현실적인 문제를 해결하던 수학이 현미경, 망원경과 같은 빛의 굴절이나 하늘의 별, 대포처럼 움직이는 물체의 궤적 연구에도 쓰이게 되었습니다. 그런데 그때까지의 수학은 도형을 나타내기에도 다소 추상적이었어요. 대포알의 궤적의 모양과 특징은 알려주지만 얼마나 높이 올라갈지, 얼마나 멀리 날아갈지에 대한 답을 주기엔 부족했죠.

그래서 이 문제를 해결하려는 수학자들이 등장하기 시작했는데 그중 대표적인 수학자가 바로 데카르트입니다. 데카르트는 어떤 물체의 최초 위치와 이동 후의 위치를 나타내는 방법을 연구해 '평면좌표'를 만들었어요. 만약 천장에 파리 한 마리가 기어다녀도 파리의 이동은 왼쪽에서 오른쪽으로의 이동거리 x뿐 아니라 아래에서 위로의 이동거리 y도 나타내야 하니까요.

좌표평면은 우선 2개의 수직선이 있는데 가로의 수직선을 x축, 세로의 수직선을 y축이라고 하고, 이 축을 통틀어 '좌표축'이라고 합니다. 그리고 x축과 y축이 만나는 교점 O를 '원점'이라고 해요. 이렇게 좌표축이 정해져 있는 평면이 좌표평면입니다. 좌표평면에 한 점 P에서 x축, y축에 각각 수선을 내리고 이 수선이 x축, y축과 만나는 점에 대응하는 수가 각각 a, b이면 점 P의 위치는 순서쌍 (a, b)로 나타낼 수 있어요.

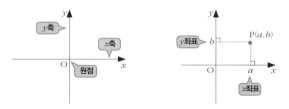

이 순서쌍을 이 점의 좌표라고 하고 P(a, b)라고 나타냅니다. 예를 들어 다음 좌표평면에서 점 P의 좌표는 P$(-2, 1)$이 됩니다.

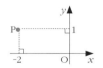

사분면

사분면에 따른 좌표의 부호

좌표평면은 가로의 수직선과 세로의 수직선인 두 좌표축이 만나서 생깁니다. 그렇다면 이 좌표축들은 평면을 몇 개로 나눌까요? 아래 그림에서 볼 수 있듯 4개로 나누게 됩니다. 이때 네 부분으로 나누어진 각 부분은 그림과 같이 시계 반대방향 순서로 제1사분면, 제2사분면, 제3사분면, 제4사분면이라고 합니다.

수직선이 원점을 기준으로 양수와 음수의 부분으로 나눠지듯이 좌표평면도 축을 기준으로 순서쌍의 부호가 달라집니다.

제1사분면 위의 한 점 P에서 x축, y축에 각각 수선을 내리고 이 수선이 x축, y축과 만나는 점에 대응하는 수를 보면 x좌표는 3, y좌표는 2로 둘 다 양수입니다. 점 P와 같이 제1사분면 위의 점의 좌표를 구하면 항상 x좌표와 y좌표는 양수입니다.

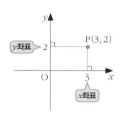

다른 사분면 위의 점 (x, y)도 속하는 사분면에 따라 부호가 달라져요. 사분면마다 x좌표와 y좌표의 부호를 살펴보면 제2사분면의 x좌표의 부호는 음수, y좌표의 부호는 양수입니다. 제3사분면은 x좌표와 y좌표 모두 음수입니다. 제4사분면의 x좌표의 부호는 양수, y좌표의 부호는 음수예요. 그래서 x좌표와 y좌표의 부호만 알면 몇 사분면 위의 점인지 알 수 있어요.

그러면 x축 위의 점 $(3, 0)$이나 y축 위의 점 $(0, -2)$와 같은 점은 몇 사분면의 점일까요? 축 위의 점은 어느 사분면에도 속하는 점이 아닙니다.

좌표평면 위에 나타내는 그림

어떤 방정식이든 눈에 보이게 좌표평면에 그릴 수 있고 좌표평면에 있는 어떤 것이든 그에 해당하는 방정식이 있다는 것은 획기적인 일이 아닐 수 없습니다. 이전의 기하학에 비해 쉬우면서도 활용하기도 좋았으니 이를 가능하게 한 데카르트는 스스로가 자랑스러웠을 겁니다.

데카르트 덕분에 1초, 2초, 3초, …로 시간의 흐름에 따라 움직이는 포탄이 위치한 곳의 높이 4m, 8m, 36m, …를 좌표평면에 나타낼 수 있어요. 이때 시간을 x라고 하고 포탄의 높이를 y라고 하면 x와 y의 값이 서로 맞물려 변하게 되는데, 변하는 값을 나타내는 문자 x와 y를 '변수'라고 해요. 시간이 변함에 따라 포탄의 높이도 따라 변하죠. 변수(variable)라는 이름은 한 값이 변함에 따라 이와 짝지어진 값도 변화한다는(varies) 데에서 유래되었습니다.

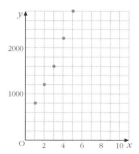

어느 고속도로 요금소를 x시간 동안 통과하는 자동차의 수 y대를 순서쌍 (x, y)로 나타내면 $(1, 800)$, $(2, 1200)$, $(3, 1600)$, $(4, 2200)$, $(5, 2800)$이고 좌표평면 위에 나타내어보면 그림과 같습니다. 그림과 같이 두 변수 사이의 관계를 좌표평면 위에 나타낸 그림을 '그래프'라고 합니다.

변수 x, y 사이의 관계를 그림으로 나타낸 그래프는 이처럼 단 몇 개의 점만으로 이루어져 있을까요? 아닙니다. 아래 그림과 같이 포탄의 운동은 곡선으로 나타내기도 하고 시간에 따른 하루의 기온변화를 나타내는 꺾은선으로 나타낼 수도 있습니다. 즉 그래프는 점, 직선, 곡선, 꺾은선 등 다양한 모양으로 나타낼 수 있습니다.

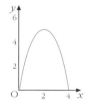

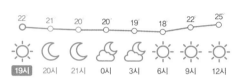

직선인 그래프의 해석

x의 값에 따른 y의 값의 변화 읽어내기

학교에서 하루를 보내다 보면 급식으로 최애 메뉴가 나와 갑자기 기분이 업되는 경우도 있고, 친구와 오해가 생겨 급다운되기도 합니다. 시간에 따른 기분의 변화 정도도 시각적 표현인 그래프로 나타낼 수 있고 그렇게 표현된 그래프를 거꾸로 해석할 수도 있습니다.

그래프를 해석할 때는 우선 x축과 y축이 무엇을 나타내는지 알아야 해요. 그리고 그래프 모양에 따라 x의 값이 증가할 때 y의 값이 어떻게 변하는지에 주목해야 합니다.

다음 그래프를 한번 해석해볼까요?

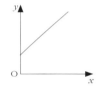

우선 그래프가 오른쪽 위를 향해 올라가고 있으므로 x의 값이 증가할 때 y의 값이 증가하고 있음을 알 수 있어요. 또 그래프가 직선인 것은 변화가 일정하게 일어나고 있다는 뜻입니다. 예를 들어 이 그래프가 시간 x에 따라 컵의 물 높이 y를 나타낸 것이라고 가정해봅시다. 처음 이 컵에는 약간의 물이 들어 있었겠죠? 그리고 시간이 지남에 따라 정수기에서 일정한 속력으로 물을 채워나가고 있는 상황이라고 해석해볼 수 있습니다.

그렇다면 똑같은 상황에서 다음 그래프와 같이 표현되었다면 어떻게 해석할 수 있을까요?

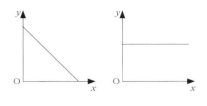

왼쪽 그래프는 오른쪽 아래로 내려가는 직선 모양이므로 컵의 물이 일정하게 줄어들다가 결국 다 없어졌다는 뜻입니다. 오른쪽 그래프는 x의 값이 증가할 때 y의 값의 변화가 없으므로 물의 양에 아무런 변화가 없다고 해석할 수 있습니다.

직선이 아닌 그래프의 해석

전반적인 흐름을 읽어내야 해석의 맛

놀이동산에 가면 범퍼카, 모노레일, 대관람차, 회전목마 등 다양한 놀이기구들이
있습니다. 붕 뜨는 느낌과 함께 짜릿함을 주는 놀이기구는 직접 타보거나 구경하
지 않아도 시간에 따른 높이의 변화를 나타낸 그래프만 보고 어떻게 움직이고 있
는지 알 수 있어요.

대관람차를 한번 생각해볼까요? 대관람차는 거대한 바퀴 둘레에 여러 개의 작
은 방이 매달려 있는 형태로 회전해요. 작은 방들은 거대한 바퀴의 회전에 따라
올라갔다 내려갔다를 반복하죠. 다음과 같이 대관람차에 매달린 한 작은 방의 움
직임을 시간에 따른 높이를 나타내는 그래프로 그릴 수 있어요.

이렇게 증가와 감소가 같은 형태로 반복되어 나
타나는 것을 '주기적 변화'라고 합니다. 이때 대관
람차의 그래프에서 같은 모양이 두 번 반복되었으
므로 대관람차가 두 바퀴 회전했음을 알 수 있습
니다.

그래프의 모양은 직선이거나 주기적으로 반복되는 것 외에도 다양하답니다.
매 해마다 세계의 평균기온은 일관성 없게 변한 것처럼 보이지만 전체적으로 보
면 온도가 계속 상승하고 있는 것으로 보이죠? 때론 그래프의 세부적인 내용이
나 수치만 중요한 것이 아니라 그래프의 전반적인 형태를 보고 해석하는 것도 필
요합니다.

자료: Earth Policy Institute, Data Center.

정비례 관계

x에 대한 y의 비율이 항상 일정한 관계

날씨가 좋은 날엔 발길이 저절로 산책하기 좋은 공원을 향하게 됩니다. 건강에도 좋고 다이어트에도 효과적인 걷기를 하다 보면 문득 지금 내가 얼마만큼의 칼로리를 소모했을까하는 의문이 생기기도 합니다.

빨리 걷기는 30분에 210kcal를 소모한다고 해요. 그러면 한 시간 동안 빨리 걷기를 하면 얼마만큼의 칼로리를 소모할까요? 시간이 2배가 된 만큼 칼로리 소모도 2배가 되어 420kcal가 됩니다. 걷는 시간이 30분, 60분, 90분, 120분으로 늘어나면 칼로리 소모량도 210kcal, 420kcal, 630kcal, 840kcal로 늘어나게 되죠. 즉 걷는 시간에 따라 칼로리 소모량도 변하게 됩니다.

걷는 시간을 변수 x라고 하고 시간에 따른 칼로리 소모량을 변수 y라고 할 때, x의 값이 2배, 3배, 4배, …로 변하면 y의 값도 2배, 3배, 4배, …로 변합니다. 이러한 관계를 'y는 x에 정비례한다'고 해요. x가 m배 변하면 y도 항상 m배로 변하는 관계이므로 $x : y = mx : my$입니다. 즉 x에 대한 y의 비율이 항상 일정해요.

이제 걷는 시간 x와 칼로리 소모량 y 사이의 관계를 따져볼까요? 걷는 시간에 대한 칼로리 소모량의 비율은 항상 일정하므로 $x : y = 30 : 210$입니다. 즉 $30y = 210x$, $y = 7x$입니다. 이렇게 두 변수 x, y 사이의 관계를 나타낸 것을 '관계식'이라고 합니다.

관계식 $y = 7x$를 보면, 걷는 시간 x에 7을 곱하면 칼로리 소모량 $y$kcal가 나오죠? 걷는 시간에 대한 칼로리 소모량의 비율 $\dfrac{y}{x}$는 일정한 수 7이 나오게 됩니다. 그래서 일반적으로 정비례 관계인 두 변수 사이의 비율인 일정한 상수를 a라고 할 때 정비례 관계식은 $y = ax$(a는 0이 아닌 실수)입니다.

정비례 관계의 그래프

변수 x의 개수에 따라 달라지는 그래프

변수 x, y 사이의 관계를 그림으로 나타낸 것이 그래프입니다. 그렇다면 정비례 관계 $y=ax$도 그래프로 나타낼 수 있겠죠?

하루에 두 시간씩 일주일 동안 걷기 운동을 한다고 했을 때 운동한 날의 수를 x, 운동한 시간을 y라고 하면 두 변수 x, y는 $y=2x$인 정비례 관계입니다. 그리고 이를 순서쌍으로 나타내면 $(1, 2)$, $(2, 4)$, $(3, 6)$, $(4, 8)$, $(5, 10)$, $(6, 12)$입니다. 이제 두 변수의 관계를 그래프로 나타내면 다음과 같습니다.

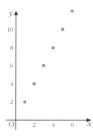

만약 $y=2x$의 그래프의 변수 x의 값을 -2, -1, 0, 1, 2라고 하면 x의 값에 따른 y의 값의 순서쌍은 $(-2, -4)$, $(-1, -2)$, $(0, 0)$, $(1, 2)$, $(2, 4)$이므로 이를 그래프로 나타내면 제3사분면에도 그래프가 생깁니다.

$y=2x$의 그래프에서 x의 값의 간격을 조금 더 촘촘히 해 볼까요? x의 값을 -2, -1.5, -1, -0.5, 0, 0.5, 1, 1.5, 2라고 하면 순서쌍은 $(-2, -4)$, $(-1.5, -3)$, $(-1, -2)$, $(-0.5, -1)$, $(0, 0)$, $(0.5, 1)$, $(1, 2)$, $(1.5, 3)$, $(2, 4)$이므로 그래프에서 점은 좀더 늘어나게 됩니다. 만약 x의 값의 간격을 점점 더 촘촘하게 하면 어떻게 될까요? 변수 x의 범위가 유한개가 아닌 수 전체가 되면 결국엔 $y=2x$의 그래프는 직선이 됩니다.

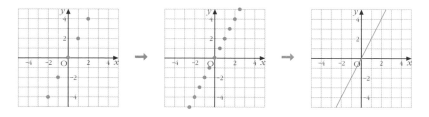

즉 $y=2x$라는 같은 관계식을 가져도 변수 x의 값의 개수만큼 점으로 표시되므로 x의 범위에 따라 그래프가 달라집니다.

두 점을 찾아 직선으로 나타내기

$y=-2x$의 그래프는 어떻게 나타날까요? 수 전체를 x의 값으로 하는 정비례 그래프이므로 x의 값에 대응하는 y의 값의 순서쌍 (x, y)를 촘촘히 그려 직선 모양이 되도록 그려야 할까요? 물론 그래도 되겠지만 매번 이렇게 그래프를 그린다면 무척이나 시간도 많이 걸리고 귀찮을 겁니다. 좀더 편리하게 그리는 방법은 없을까요?

한 개의 점을 지나는 직선은 무수히 많습니다. 하지만 2개의 점을 지나는 직선은 단 하나밖에 없습니다. 이걸 이용해서 수 전체를 x로 하는 정비례 그래프 $y=ax$의 그래프를 아주 빠르고 쉽게 그릴 수 있어요.

우선 $y=ax$의 정비례 그래프에서 $x=0$이면 $y=0$이에요. 즉 모든 정비례 그래프는 원점을 지납니다. 적어도 2개의 점이 있어야 직선을 그릴 수 있으므로 원점이 아닌 다른 한 점만 더 찾으면 됩니다. 이때 필요한 한 개의 점은 정비례 식에서 구합니다. 이제 이 두 점을 지나는 직선을 그려 정비례 그래프를 완성하면 끝입니다.

이제 $y=-2x$의 그래프를 그려봅시다. 정비례 그래프이므로 원점을 지나고 $x=1$이면 $y=-2$이므로 점 $(1, -2)$를 지납니다. 좌표평면에 원점과 점 $(1, -2)$를 지나도록 직선을 그리면 $y=-2x$의 그래프를 그릴 수 있습니다.

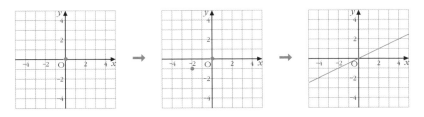

반비례 관계

x와 y의 곱이 항상 일정한 관계

자동차를 타고 여행을 떠날 때의 기분은 푸르른 하늘만큼이나 드높아집니다. 여행 전에 미리 갈 곳을 정해놓았다면 자동차의 속력이 높아질수록 목적지에 더 빨리 도착하겠죠? 물론 안전운전은 필수입니다. 이때 자동차의 속력과 시간은 어떤 관계가 있을까요?

목적지까지의 거리는 240km! 그렇다면 자동차의 속력이 20km/h라고 하면 목적지까지 12시간이 걸립니다. 속력을 2배로 높이면 시간은 6시간으로 줄어들겠죠? 속력을 3배로 높이면 시간은 4시간으로 줄어듭니다. 속력은 2배, 3배로 높아졌지만 반대로 시간은 $\frac{1}{2}$배, $\frac{1}{3}$배가 되었네요.

속력을 x, 시간을 y라고 할 때 두 변수 x, y에 대해 x의 값이 2배, 3배, 4배, …로 변함에 따라 y의 값이 $\frac{1}{2}$배, $\frac{1}{3}$배, $\frac{1}{4}$배, …로 변하는 관계를 'x는 y에 반비례한다'고 해요. 그리고 (거리)=(속력)×(시간)이므로 $240=xy$입니다. 이렇게 반비례 관계인 두 변수의 곱 xy의 값은 항상 일정해요. 일정한 값을 a라고 하면 반비례 관계식은 $y=\dfrac{a}{x}(a\neq0)$입니다.

반비례 관계의 그래프는 어떻게 그릴까요? 정비례 관계의 그래프와 같이 y의 값에 대응하는 x의 값의 순서쌍 (x, y)를 좌표로 하는 점을 나타내어 그릴 수 있어요.

$y=\dfrac{6}{x}$의 그래프를 그려볼까요? x의 값을 -6, -3, -2, -1, 1, 2, 3, 6이라고 하면 좌표평면에 점 8개로 나타납니다.

x가 0이 아닌 수 전체인 그래프를 그리고 싶다면 x의 값의 간격을 점점 작게 하면 됩니다. 그러면 반비례 관계의 그래프는 좌표축에 가까워지면서 한없이 뻗어 나가는 한쌍의 매끄러운 곡선이 됩니다.

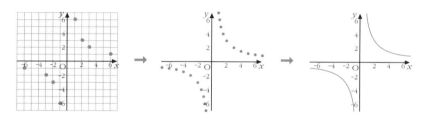

x에 대응되는 y가 단 하나인 관계

시청자가 참여하는 서바이벌 오디션 프로그램에선 내가 좋아하는 출연자에게 투표를 할 수 있습니다. 출연자 A, B, C, D에게는 득표한 수가 각각 정해지죠? 이와 같이 출연자에 따라 득표수가 정해지는 것을 '대응'이라고 합니다. 즉 출연자와 득표수가 서로 짝이 되는 것이죠.

오디션 출연자의 이름을 변수 x, 득표수를 변수 y라고 합시다. 두 변수 x, y에 대해 x가 변함에 따라 y의 값이 오직 하나씩 정해지는 대응 관계가 있을 때, y를 x의 '함수'라고 합니다. 출연자 A가 시청자 투표단에게 받은 득표수가 2가지일 수 없는 것처럼 x의 값에 대응되는 함수 y의 값은 오직 한 개입니다.

함수의 개념은 최초로 독일의 수학자 라이프니츠(Gottfried Wilhelm von Leibniz)가 정의했고 함수(funtion)라는 용어도 처음 사용했어요.

그러면 어떤 관계들이 함수 관계가 되는지 살펴볼까요?

어느 음악 사이트에서 음원 하나의 가격이 1000원일 때, 음원 x개를 내려 받고 지불하는 금액을 y원이라고 하면 이 관계는 과연 함수일까요? 음원의 개수에 따라 지불하는 금액이 정해져 있으므로 함수입니다. 그런데 음원의 개수와 지불 금액의 관계는 정비례이기도 하죠? 정비례 관계와 반비례 관계도 x의 값이 변함에 따라 y의 값이 오직 하나씩 정해지므로 함수입니다.

이번에는 자판기에 넣은 돈을 x원, 선택할 수 있는 음료수 종류를 y라고 합시다. 이 경우는 어떨까요? 자판기에 넣은 돈이 1500원일 때 1500원짜리 음료수는 콜라, 사이다, 주스라고 한다면 과연 함수라고 할 수 있을까요? 변수 x인 1500에 대응되는 y의 값이 콜라, 사이다, 주스로 3가지나 되기 때문에 단 하나로 정해지지 않죠. 이런 관계는 함수가 아닙니다.

함수의 기호

funtion에서 따온 기호 $f(x)$

함수라고 하니 자연수, 정수, 유리수처럼 수의 종류 중 하나라는 착각이 듭니다. 글자만 보고 이런 오해를 하면 안 됩니다. 함수는 '관계'를 나타냅니다. 변수 x와 y 사이의 관계 말이죠.

함수에서 '함(函)'은 상자라는 뜻을 가진 한자인데, 이를 이용해 함수인 관계를 상자로 빗대어 생각해봅시다. 함수 상자에는 들어가는 곳과 나오는 곳이 있고 그 안에는 식이 있습니다. 변수 x를 집어 넣으면 상자 안의 식에 의해 변수 y가 하나 나옵니다.

상자 안의 식을 $y=3x$로 정해봅시다. 그럼 이 상자 안에 변수 $x=1$을 넣을 때 상자 안에서 변수 x에 3이 곱해진 $3 \times 1 = 3$이 y의 값으로 나오게 됩니다.

'y가 x의 함수이다'라는 문장을 수학적으로 나타내면 함수인 funtion의 머리글자를 따서 $y=f(x)$라고 합니다. 왼쪽의 함수 상자에서 두 변수 x, y의 관계식은 $f(x)=3x$입니다.

$y=3x$라고 나타낼 수 있는데 왜 굳이 $f(x)$라고 표현하는 걸까요? x는 다른 변수와는 상관없이 독립적으로 변하고 y는 변수 x에 따라 그 값이 결정되기 때문입니다. 그래서 x를 독립변수로 하는 함수라는 뜻을 가진 기호 $f(x)$로 나타냅니다. 오일러가 최초로 사용한 이 표현 덕분에 기하학적 도형들을 수와 식으로 나타내기에도 훨씬 수월해졌답니다.

x를 넣어 나온 y의 값을 함숫값이라고 하고 이때도 역시 기호 $f(x)$를 이용합니다. 변수 $x=1$을 넣어 $y=3$의 값이 나왔다면 $f(1)=3$로 표현합니다. 즉 $x=1$일 때 함숫값은 $f(1)$입니다.

y가 x에 대한 일차식인 함수

횡단보도에서 녹색 신호등이 켜져 있는 시간은 횡단보도의 길이와 사람의 걷는 속도를 고려해 정해집니다. 평균 보행 속도를 비교해보면 일반 성인은 초속 1.34m이지만 60대는 1.16m, 70대는 1.04m, 80대는 0.93m로 일반 성인보다 점점 느려집니다. 그래서 일반 성인을 기준으로 녹색 신호등의 시간을 정하게 되면 노약자가 걷는 도중에 적색 신호등으로 바뀌어 자칫 사고가 날 수도 있습니다.

건널목 보행 시간을 초속 0.8m, 횡단보도 진입 시간 등 여유 시간을 7초라고 정하고, 횡단보도의 길이를 xm라 한다면, 녹색 신호등의 시간 y초는 $y=0.8x+7$로 계산할 수 있습니다.

만약 횡단보도의 길이가 5m라면 녹색 신호등의 시간은 $y=0.8\times5+7=11$(초)가 됩니다. 횡단보도의 길이 x에 따라 녹색 신호등의 시간 y의 값이 오직 하나씩만 대응되므로 함수입니다.

함수식 $y=0.8x+7$을 보면 y가 x에 대한 일차식입니다. 이렇게 함수 $y=f(x)$에서 y가 x에 대한 일차식 $y=ax+b(a, b$는 수, $a\neq0)$로 나타날 때 이 함수를 'x에 대한 일차함수'라고 합니다.

$y=2x-1$, $y=-3x$, $y=\frac{1}{2}x-1$과 같이 우변이 x에 대한 일차식이면 일차함수이지만 $y=\frac{5}{x}$, $y=7$은 일차함수가 아닙니다.

그래프가 축과 만나는 곳의 좌표

그래프에는 다양한 정보가 숨어 있습니다. 학교에서 출발해 집까지 돌아오는 동안을 나타낸 그래프를 생각해봅시다. 시간을 x축, 집에서 떨어진 거리를 y축으로 한 그래프를 보면 집에서 학교까지의 거리나 학교에서 집까지 오는 데 걸리는 시간을 알아낼 수 있어요.

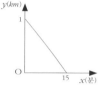

$x=0$일 때 y좌표가 1이므로 집에서 학교까지의 거리는 1km이네요. 이때 $x=0$이면 그래프가 y축 위의 점 1과 만나죠? 이렇게 그래프가 y축과 만나는 점의 y좌표를 그래프의 'y절편'이라고 해요.

이번엔 그래프가 x축과 만나는 점도 찾아볼까요? 이 점은 학교에서 출발해 집에 도착했을 때이므로 내가 집으로부터 떨어진 거리인 y좌표가 0인 곳으로 x좌표는 15입니다. 즉 집에 도착했을 때 학교에서 집까지 걸린 시간이 15분이라는 것을 알려줍니다. y절편과 마찬가지로 x축과 만나는 점의 x좌표를 그래프의 'x절편'이라고 합니다.

일차함수 $y=ax+b$의 y축과 만나는 점의 x좌표는 항상 0이므로 이 식에 $x=0$을 대입해 $y=a\times0+b=b$를 얻을 수 있습니다. 그래서 일차함수의 상수항은 항상 y절편과 같습니다.

x절편은 $y=0$일 때 x의 좌표이므로 $y=ax+b$에 $y=0$을 대입하면 $0=ax+b,\ ax=-b$입니다. 따라서 x절편은 $x=-\dfrac{b}{a}$입니다.

기울기

그래프의 기울어진 정도

중학생이 된 후 졸업한 초등학교에 가본 적이 있나요? 어릴 땐 그렇게 커보이던 학교가 조금은 작게 느껴졌을지도 모릅니다. 계단만 보아도 중학교보다 훨씬 완만해서 쉽게 올라가지요. 초등학생들이 중학생보다 평균적으로 신체가 작기 때문에 건축법상 초등학교의 계단은 폭과 높이를 중학교보다 좁고, 낮게 짓도록 되어있습니다.

학교 계단 외에도 오르고 내릴 때 경사가 차이 난다고 느끼는 곳들이 있죠? 눈썰매장이나 스키 슬로프, 등산 코스에서 가파른 곳보다는 완만한 곳이 좀 덜 무섭고 오를 때 숨도 덜 차죠. 고속도로에는 경사진 정도를 교통표지판으로 표시하기도 합니다.

직선인 일차함수의 그래프도 기울어진 방향과 정도를 수로 나타낼 수 있어요.

일차함수 $y=2x+3$에서 x에 따라 정해지는 y의 값을 표로 나타내어보면 x의 값이 1만큼 증가할 때 y의 값은 2만큼 증가해요. x의 값이 2만큼 증가하면 y의 값은 4만큼 증가해요.

계단의 폭과 높이처럼 x의 값의 증가량과 y의 값의 증가량의 비율을 살펴보면 $\dfrac{(y\text{의 값의 증가량})}{(x\text{의 값의 증가량})} = \dfrac{2}{1} = \dfrac{4}{2} = 2$로 그 비율이 일정해요. 그리고 이 일정한 비율 2는 일차함수 $y=2x+3$에서 x의 계수와 같습니다.

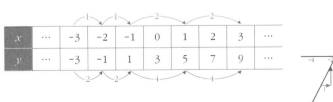

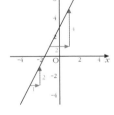

즉 일차함수 $y=ax+b$에서 x의 값의 증가량에 대한 y의 값의 증가량의 비율은 항상 일정하고, 그 비율은 x의 계수 a와 같아요. 이때 이 비율 a를 일차함수의 '기울기'라고 합니다.

평행이동

그 모양 그대로 위 또는 아래로

수영장에 물을 채우는데 물의 높이가 한 시간에 2cm씩 올라간다면 x시간 동안 받은 물의 높이 $y$cm 사이의 관계식은 $y=2x$입니다. 그런데 이 수영장에 3cm의 물을 미리 받아놓은 후 시간에 따른 물의 높이를 구하면 $y=2x+3$이 되겠죠?

$y=2x$와 $y=2x+3$은 x의 계수가 2로 같은, 즉 그래프의 기울기가 같은 함수입니다. 그러면 두 그래프를 그렸을 때 모양은 어떨지 비교해볼까요? 우선 변수 x에 따라 y의 값을 구해봅시다.

$$y=2x : (0,0), (1,2), (2,4),\cdots$$
$$y=2x+3 : (0,3), (1,5), (2,7),\cdots$$

x의 값이 같을 때 각각 y의 값을 비교하면 모두 3만큼 차이가 나죠? 그 이유는 두 식 $y=2x$와 $y=2x+3$에서 상수항만 3만큼 차이 나기 때문이에요. 그래프를 그리기 위해 좌표평면에 점을 찍으면 두 점의 y좌표가 3만큼 차이가 나므로 $y=2x$의 다른 점들도 y의 값이 3만큼 차이가 납니다. 즉 $y=2x$의 모든 점이 y축을 따라 위로 3만큼 움직이는 거죠.

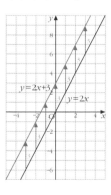

$y=2x$의 모든 점을 위로 3만큼 움직이면 $y=2x+3$의 그래프가 되는 것처럼 한 도형을 일정한 방향으로 일정한 거리만큼 옮기는 것을 '평행이동'이라고 해요. 도형을 그 모양 그대로 옮기므로 모양의 변화 없이 위치의 변화만 생기게 되므로 두 직선은 서로 평행합니다.

따라서 $y=ax+b$의 그래프는 $y=ax$의 그래프를 y축 방향으로 b만큼 평행이동한 그래프로 서로 평행합니다.

일차함수의 그래프

절편과 기울기로 두 점 찾아 직선 그리기

일차함수 그래프는 어떻게 그릴까요? 일차함수의 그래프도 직선 모양으로 나타나므로 정비례 그래프와 같은 방법으로 그릴 수 있어요. 일차함수 $y=ax+b$에서 절편과 기울기를 알고 있으므로 이를 이용해 그려봅시다.

우선, x절편과 y절편을 이용해 그래프를 그려봅시다.

x절편을 구하면 x축과의 교점을 아는 것이고 y절편을 구하면 y축과의 교점을 아는 것입니다. 두 점 $(x$절편, $0)$과 $(0, y$절편$)$을 알게 되면 이제 이 두 점을 이어 직선을 그릴 수 있어요.

예를 들어 일차함수 $y=\frac{2}{3}x+2$에서 상수항이 2이므로 y절편도 2입니다. 이제, $y=0$을 대입해 x절편을 구하면 $0=\frac{2}{3}x+2$, $\frac{2}{3}x=-2$이므로 x절편은 -3입니다. 다음으로 좌표평면에 $(-3, 0)$, $(0, 2)$의 점을 찍은 후 직선으로 이어주면 일차함수 $y=\frac{2}{3}x+2$의 그래프를 그릴 수 있습니다.

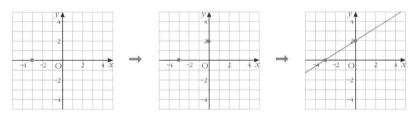

이번에는 기울기와 y절편으로 그래프를 그려볼까요? 일차함수 $y=\frac{2}{3}x+2$의 y절편은 2이므로 점 $(0, 2)$를 지납니다. 기울기는 x의 계수 $\frac{2}{3}$이므로 점 $(0, 2)$에서 x축의 방향으로 3만큼, y축의 방향으로 2만큼 증가한 점$(3, 4)$를 지납니다. 이제 그래프가 지나는 두 점 $(0, 2)$와 $(3, 4)$를 찾았으니 직선으로 이어주기만 하면 됩니다.

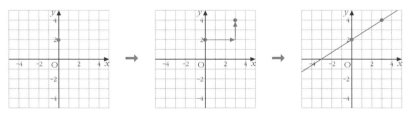

기울기의 부호

양수는 오른쪽 위로, 음수는 오른쪽 아래로

귀뚜라미는 가을의 전령사로 계절의 변화를 미리 알려줍니다. 귀뚜라미가 우는 횟수는 기온에 따라 달라지기 때문에 1분 동안 우는 횟수로 기온을 알 수 있어요. 귀뚜라미가 1분 동안 x회 울 때의 온도를 y℃라고 하면 두 변수 사이의 관계식은 $y=\frac{36}{5}x-32$입니다.

그래프를 그리지 않고 이 일차함수식만으로도 1분 동안 우는 횟수가 늘어나면 기온이 올라갈지 내려갈지 알 수 있을까요? 기울기의 성질만 잘 알아두면 금방 해답을 찾을 수 있습니다.

일차함수 $y=ax+b$에서 a는 기울기로 $\dfrac{(y의\ 값의\ 증가량)}{(x의\ 값의\ 증가량)}$ 으로 구합니다.

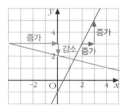

오른쪽 위로 향하는 회색 그래프에서 점 2개를 비교해 그래프의 기울기를 구해보면 x가 1만큼 증가할 때 y는 2만큼 증가하므로 기울기는 $\frac{2}{1}=2$입니다. 이처럼 기울기가 양수인 이 그래프는 x의 값이 증가할 때 y의 값도 증가하고 오른쪽 위를 향합니다.

한편 오른쪽 아래로 향하는 빨간 그래프에서는 x가 4만큼 증가할 때 y는 1만큼 감소하므로 기울기는 $-\frac{1}{4}$입니다. 이처럼 기울기가 음수인 이 그래프는 x의 값이 증가할 때 y의 값이 감소하고 오른쪽 아래로 향합니다.

그래서 기울기의 부호만 보고도 그 그래프가 오른쪽 위로 향하는 지 오른쪽 아래로 향하는지 알 수 있습니다.

귀뚜라미의 1분 동안 우는 횟수 x와 온도 y℃ 사이의 관계 $y=\frac{36}{5}x-32$에서 기울기 $\frac{36}{5}$는 양수이므로 오른쪽 위로 향합니다. 즉 우는 횟수가 올라갈 때 기온도 올라갑니다.

일차함수의 식 구하기

기울기와 절편으로 식 구하기

차를 타고 가다 보면 즐비하게 서 있는 아파트가 보입니다. 차나 오토바이가 많이 다니는 곳의 아파트를 지날 때면 아파트 1층에 사는 사람들은 엄청 시끄러울 것 같죠? 하지만 도로와의 거리에 따라 소음이 심한 층이 다릅니다.

도로와의 거리에 따라 소음이 심한 층수가 달라지는 것을 국립환경연구원에서 식으로 발표했어요. 도로와의 거리를 xm, 소음이 가장 심한 층을 y층이라고 하면 $y=0.2467x+4.159$의 관계가 있습니다. 만약 도로와 10m 떨어져 있다면 $y=0.2467 \times 10+4.159=6.626$으로 6층에서 7층이 가장 시끄러운 것입니다.

이러한 함수식 $y=0.2467x+4.159$는 어떻게 구할까요?

일차함수 $y=ax+b$에서 x, y는 변수이므로 상수인 a, b의 값을 구하면 됩니다. 여기서 기억해야 하는 것! 바로 상수 a는 일차함수 $y=ax+b$의 기울기이고, b는 y절편이라는 거예요. 기울기와 y절편을 알면 일차함수식을 구할 수 있습니다.

예를 들어 $y=2x+3$과 평행하고 y절편이 5인 일차함수식을 구해봅시다. 평행한 그래프의 기울기는 같으므로 이 일차함수의 기울기는 2라는 것을 알 수 있어요. 구하려는 일차함수 $y=ax+b$에서 $a=2$이고 $b=5$이므로 이 일차함수식은 $y=2x+5$입니다.

좌표평면에서 직선으로 나타나는 $y=0.2467x+4.159$의 그래프는 무수히 많은 점으로 이루어져 있어요. 그래서 도로와의 거리를 xm, 소음이 가장 심한 층을 y층이라고 했을 때 순서쌍 (x, y)를 주어도 식을 구할 수 있습니다. 순서쌍으로 일차함수 $y=ax+b$의 기울기 a와 y절편 b를 구하는 거예요.

예를 들어 두 점 $(-2, -6)$, $(2, -2)$를 지나는 일차함수식을 구해봅시다.

$(기울기) = \dfrac{(y의\ 값의\ 증가량)}{(x의\ 값의\ 증가량)} = \dfrac{-2-(-6)}{2-(-2)} = \dfrac{4}{4} = 1$이므로 기울기 $a=1$이고, 구하는 일차함수의 식은 $y=x+b$입니다.

이제 y절편 b만 구하면 되죠? $y=x+b$에 두 점 중 하나인 $(2, -2)$를 $y=x+b$에 대입합니다. $-2=2+b$, $b=-4$이므로 y절편 $b=-4$입니다. 두 점의 순서쌍으로 기울기 $a=1$과 y절편 $b=-4$라는 것을 알았으니 일차함수식 $y=x-4$를 구할 수 있습니다.

일차함수의 활용

관계를 통해 미래 예측하기

푸른 바닷속 형형색색 산호초와 물고기 떼, 수면 위로 쏟아지는 빛줄기의 아름다움을 만끽하게 되는 스노클링. 바다에서는 수심이 깊어질수록 기압도 높아지므로 수심에 따라 공기탱크 속 공기의 양을 반드시 확인해야 해요.

수심과 기압처럼 우리 생활 주변에는 두 수량 관계를 일차함수로 나타낼 수 있는 상황이 많습니다. 기온이 올라갈수록 공기 중에서 소리의 속력은 증가하고 지표면에서 땅속으로 내려갈수록 온도는 올라갑니다.

이러한 관계를 함수로만 나타낸다면 미래의 일을 예측할 수도 있습니다. 예를 들어 어떤 양초에 불을 붙이면 양초의 길이가 시간이 지남에 따라 일정하게 줄어듭니다. 이 양초에 불을 붙인 지 3분, 6분이 지났을 때 남은 양초의 길이가 각각 22cm, 19cm라는 정보를 갖고 있다면, 20분이 지났을 때 남은 양초의 길이도 일차함수를 이용해 구할 수 있습니다.

우선 변화하는 두 양을 각각 x, y로 정합니다. 양초에 불을 붙인 후 흐른 시간을 x분이라고 하고 이때 남은 양초의 길이를 $y$cm라고 정해요.

그 다음 일차함수식 $y=ax+b$를 구합니다. $y=ax+b$의 그래프를 지나는 점의 좌표 2개만 알면 식을 구할 수 있죠?

$(3, 22)$, $(6, 19)$에서 (기울기) $= \dfrac{(y의\ 값의\ 증가량)}{(x의\ 값의\ 증가량)} = \dfrac{19-22}{6-3} = \dfrac{-3}{3} = -1$이므로 $a = -1$이에요.

이제 두 점 중에서 하나를 골라 $y = -x+b$에 좌표를 대입합니다. 점 $(3, 22)$를 대입해보면 $22 = -3+b$이므로 $b = 25$입니다. 따라서 함수식은 $y = -x+25$입니다.

20분 후 남은 양초의 길이는 $x = 20$일 때 y의 값입니다. 함수식 $y = -x+25$에서 x에 20을 대입하면 $y = -20+25 = 5$이므로 5cm만큼 남아 있을 거라는 것을 알 수 있습니다.

이렇게 직접 양초를 태워보지 않아도 두 변수 x, y의 관계를 통해 시간이 지남에 따라 양초의 길이가 어떻게 변화할지 알 수 있게 해주는 것이 함수입니다. 함수는 계속 변화하는 두 변수 사이의 관계를 통해 미래를 추측하고 탐구할 수 있게 해주는 중요한 역할을 합니다.

미지수가 2개인 일차방정식

해를 순서쌍으로 나타내는 일차방정식

사랑을 고백할 때 달콤한 초콜릿이나 사탕으로 마음을 전하기도 하죠? 초콜릿과 사탕을 합해 24개를 사서 멋진 선물 상자에 담으려고 합니다. 마음에 드는 상품을 골랐더니 초콜릿은 한 봉지에 4개씩 들어 있고 사탕은 2개씩 들어 있네요. 그렇다면 초콜릿과 사탕을 각각 몇 봉지씩 사야 총 24개를 만들 수 있을까요?

4개들이 초콜릿은 5봉지를 사고, 2개들이 사탕은 2봉지를 사면 되겠네요. 그런데 가만 생각해보니 4개들이 초콜릿은 한 봉지만 사고, 2개들이 사탕은 10봉지를 사도 되는군요. 한 가지 방법만 있지 않네요. 그럼 도대체 총 몇 가지 방법이 있는 걸까요?

미지수를 이용해 4개들이 초콜릿을 구입한 봉지 수를 x, 2개들이 사탕을 구입한 봉지 수를 y로 나타내봅시다. 전체 봉지 수는 24이므로 식을 세우면 $4x+2y=24$가 됩니다. 초콜릿 5봉지와 사탕 2봉지를 구입하면 총 24개가 되었으니 두 변수 x, y의 순서쌍 $(5, 2)$를 식 $4x+2y=24$에 대입하면 $4 \times 5+2 \times 2=24$이므로 $(5, 2)$는 이 식을 만족하는 해가 됩니다. 따라서 $4x+2y=24$는 두 변수 x, y에 대한 일차방정식입니다.

$4x+2x=24$와 같은 x에 대한 일차방정식과는 차이가 있어요. 우선 $4x+2x=24$는 미지수가 x로 한 개이지만 $4x+2y=24$는 미지수가 x, y로 2개입니다. 그래서 이 방정식을 만족하는 해는 순서쌍 (x, y)로 나타냅니다.

$4x+2x=24$의 해는 $x=4$입니다. 즉 미지수가 한 개인 일차방정식의 해는 한 개입니다.

하지만 초콜릿과 사탕의 개수인 미지수 x, y가 0 이상의 정수인 $4x+2y=24$의 해는 $(0, 12)$, $(1, 10)$, $(2, 8)$, $(3, 6)$, $(4, 4)$, $(5, 2)$, $(6, 0)$이므로 모두 7쌍의 해를 가집니다.

직선의 방정식

직선의 그래프를 가지는 일차방정식

미지수가 2개인 일차방정식 $2x-y=1$의 해는 이 방정식을 참이 되게 하는 x와 y의 값이고, 이는 보통 순서쌍으로 나타냅니다. 그럼 일차방정식 $2x-y=1$의 해를 구해봅시다.

$x=1$부터 차례로 수를 대입해보면, $2 \times 1 - y = 1$, $y=1$이므로 해는 $(1, 1)$입니다. 마찬가지 방법으로 x에 2, 3을 차례로 대입하면 $(2, 3)$, $(3, 5)$가 해임을 알 수 있습니다. 이 방정식의 해를 좌표평면에 나타내면 점 3개로 표현됩니다.

그런데 이 3개의 해가 과연 일차방정식 $2x-y=1$의 해의 전부일까요?

$x=-1$, $y=-3$을 대입하면 $2 \times (-1)-(-3)=1$이고 $x=\frac{1}{2}$, $y=0$을 대입하면 $2 \times \frac{1}{2} - 0 = 1$이므로 $(-1, -3)$과 $\left(\frac{1}{2}, 0\right)$도 $2x-y=1$의 해입니다.

이런 식으로 $2x-y=1$의 해를 수 전체로 확장하면 해가 무수히 많으므로 지금 찾은 모든 점을 지나는 하나의 직선이 됩니다. 즉 직선은 이런 점들의 모임입니다. 이 직선을 바로 일차방정식 $2x-y=1$의 그래프라고 해요.

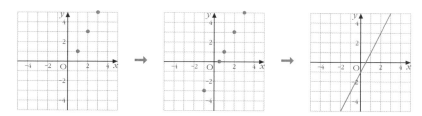

미지수가 2개인 일차방정식 $ax+by+c=0$의 해를 좌표평면에 나타내면 직선이 되기 때문에 이 방정식은 '직선의 방정식'이라고도 부릅니다.

방정식의 미지수로서 x, y라는 문자를 쓰기도 하지만 함수에서는 변수로서 쓰이기도 합니다. 일차함수의 식을 $y=ax+b$라고 표현했던 것을 기억할 텐데 이 일차함수의 그래프도 직선이었기 때문에 그래프의 모양이 같다는 점에서 공통점을 가집니다.

축과 평행한 직선의 방정식

네덜란드의 화가 몬드리안의 그림을 본 적 있나요? 몬드리안은 나무를 주제로 수없이 많은 그림을 그리다가 점차 불필요한 것을 없애고 단순화했습니다. 결국 최후에 남는 것은 '선'들이었고 이를 통해 기본적인 것이 가장 아름답다는 생각을 하게 되었습니다. 그 후로는 수직으로 교차하는 선들과 빨강, 파랑, 노랑, 하양, 검정색만으로 이루어진 자신만의 독창적인 작품을 남겼죠.

몬드리안처럼 좌표평면에서 축에 수평하거나 수직하는 선을 그래프로 갖는 다음의 직선의 방정식은 무엇일까요?

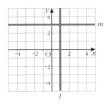

먼저 y축에 평행한 직선 l위의 점을 보면 $(1,-1)$, $(1,1)$, $(1,3)$과 같이 y의 값과는 상관없이 x좌표가 모두 1이므로 방정식은 $x=1$입니다. 일차방정식은 $ax+by+c=0$의 꼴이었는데 $x=1$도 여기에 포함될까요? $a=1$, $b=0$, $c=-1$ 이면 $x=1$도 일차방정식의 꼴에 해당되네요. 직선의 방정식 $ax+by+c=0$에서 $x=$(상수)가 되면 직선 l과 같이 y축에 평행한 직선이 됩니다.

마찬가지로 x축에 평행한 직선 m 위의 점을 보면 $(-1,3)$, $(0,3)$, $(1,3)$과 같이 x의 값과는 상관없이 y좌표가 모두 3이므로 방정식은 $y=3$입니다. 일차방정식 $ax+by+c=0$에서 $a=0$, $b=1$, $c=-3$이면 $y=3$도 역시 이 꼴에 해당되는 것임을 알 수 있습니다. 직선의 방정식 $ax+by+c=0$에서 $y=$(상수)가 되면 직선 m과 같이 x축에 평행한 직선이 됩니다.

그러면 x축과 y축 자체도 방정식으로 표현할 수 있을까요? x축 위의 점들은 모두 y좌표가 0이므로 x축의 방정식은 $y=0$입니다. 또, y축 위의 점들도 모두 x좌표가 0이므로 y축의 방정식은 $x=0$이 됩니다.

방정식 $x=m$, $y=n$과 함수

직선의 방정식은 되지만 함수는 안 될 수도 있다

매달 일정하게 지급하는 돈의 액수를 월정액이라고 합니다. 통화 시간에 상관없이 월정액으로 매달 5만원을 낸다고 할 때 총 통화 시간을 x분, 통신 요금을 y원이라고 하면 y는 x의 함수일까요?

1분을 사용해도 5만원을 내야 하고, 100분을 사용해도 5만원을 내야 해요. 시간이 변하더라도 그때 그때 지불해야 하는 요금은 5만원뿐입니다. 통화 시간 x의 값이 1분, 2분, 3분,⋯으로 변함에 따라 통신 요금 y의 값이 단 하나로 정해지는 관계이므로 함수입니다.

통화 시간 x와 통신 요금 y를 순서쌍으로 나타내면 $(1, 50000)$, $(2, 50000)$, $(3, 50000)$,⋯입니다. y의 값이 모두 50000이므로 두 변수 x, y의 관계식은 $y=50000$입니다. 따라서 $y=$(상수)인 관계식은 함수입니다.

그렇다면 $y=$(상수)는 일차함수일까요? 일차함수는 $ax+by+c=0$의 꼴로 변수 x, y의 계수는 절대 0이면 안 됩니다. 따라서 $y=$(상수)인 관계식은 일차함수가 아닙니다. 이런 함수는 '상수함수'라고 합니다.

한편 $x=m$이라는 식을 가진다면 어떨까요?

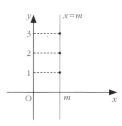

그래프 위의 점 $(m, 1)$, $(m, 2)$, $(m, 3)$을 보면 하나의 x의 값 m에 대해 y의 값이 1도 되고 2도 되고 3도 됩니다. y의 값이 하나로 정해지지 않기 때문에 함수가 아닙니다. 함수가 아니므로 당연히 일차함수도 아니겠죠?

축에 평행하게 그려지는 그래프를 가진다면 직선의 방정식은 될 수 있어도 모두가 함수가 되는 것은 아닙니다.

두 그래프가 만나는 점이 공통인 해

연말을 맞아 학생회에서 핫도그 바자회를 진행하고, 얻은 수익금으로 기부를 하려고 합니다. 기부금은 바자회가 끝난 후 판매 수익에서 핫도그 재료비 같은 생산 비용을 제외하고 남은 금액이 되겠죠? 너무 적게 팔면 이미 투입된 재료비 때문에 손해지만 어느 일정 이상이 되면 많이 팔수록 그만큼 수익금도 많아지게 되죠. 이처럼 생산비용과 판매수익이 같아지는 지점을 '손익분기점'이라고 합니다.

학생회에서는 핫도그의 가격을 1000원이라고 정하고 핫도그의 판매 수량을 x, 판매 수익을 y천원이라고 할 때, 손해도 이익도 보지 않게 되는 핫도그의 판매 개수인 손익분기점을 구해보았어요.

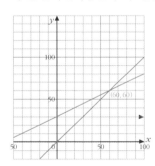

- 판매수익 : $y=x$
- 생산비용 : $y=\dfrac{1}{2}x+30$

그래프에서 (생산비용)=(판매수익)인 손익분기점은 어디일까요? 바로 두 그래프가 만나는 점인 $(60, 60)$입니다.

학생회는 핫도그 60개를 팔아서 6만원을 벌면 손익분기점에 달하는 것이고, 그 이상을 팔기 시작한 모든 수익금은 기부금으로 낼 수 있게 됩니다.

일차함수 $y=x$는 일차방정식 $x-y=0$과 같고 일차함수 $y=\dfrac{1}{2}x+30$은 일차방정식 $\dfrac{1}{2}x-y=-30$과 같습니다. 그러므로 $(60, 60)$은 일차방정식 $x-y=0$과 $y=\dfrac{1}{2}x+30$의 공통인 해, 즉 연립방정식 $\begin{cases} y=x \\ y=\dfrac{1}{2}x+30 \end{cases}$의 해와 같습니다.

미지수가 2개인 두 일차방정식으로 이루어진 연립방정식의 해는 각 방정식의 그래프인 두 일차함수의 그래프가 만나는 점의 좌표와 같습니다.

두 직선의 위치관계

평행과 겹침, 그리고 교차

연립방정식의 해는 두 일차함수의 그래프가 만나는 점으로 구할 수 있습니다. 그런데 두 직선은 항상 만나는 점이 하나일까요?

다음 두 연립방정식을 그래프로 나타내어 비교해봅시다.

연립방정식 $\begin{cases} 3x+y=2 \\ 6x+2y=-4 \end{cases}$ 에서 각 방정식의 y를 x에 대한 식으로 나타내면 $\begin{cases} y=-3x+2 \\ y=-3x-2 \end{cases}$ 입니다. 두 직선의 그래프를 그리려고 보니 x의 계수가 -3으로 같습니다. 이것은 두 그래프의 기울기가 같다는 뜻입니다. 상수항은 서로 다르기 때문에 상수항의 차이만큼 평행이동해 서로 겹칠 수 있습니다. 그렇기 때문에 두 그래프는 마치 기찻길의 두 레일처럼 절대 만나지 않게 되고, 이때는 만나는 점이 없습니다.

이번엔 $\begin{cases} 3x+y=2 \\ 6x+2y=4 \end{cases}$ 의 두 그래프를 그리기 위해 각 방정식을 y를 x에 대한 식으로 나타내면 $\begin{cases} y=-3x+2 \\ y=-3x+2 \end{cases}$ 입니다. 처음엔 달라보였는데 결국 두 일차방정식은 같은 직선의 방정식이었네요. 따라서 두 그래프를 좌표평면에 그리면 겹치게 그려집니다. 두 직선의 그래프가 일치하기 때문에 만나는 점이 무수히 많은 것이죠.

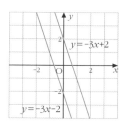

연립방정식의 해를 구하기 위해 두 직선의 그래프를 그려보면 교점이 하나일 때는 한 개의 해를 가지지만 평행할 때는 해가 없고, 일치하면 해가 무수히 많습니다.

두 직선의 수직 조건

두 직선의 기울기의 곱이 -1

좌표평면에 꼭짓점의 좌표가 A$(1, 3)$, B$(0, 0)$, C$(3, -1)$, D$(4, 2)$인 정사각형 ABCD가 있습니다. 정사각형의 내각은 모두 $90°$이므로 두 직선 AB와 BC는 서로 수직입니다.

두 직선 AB와 BC의 기울기를 구해볼까요?

$(기울기) = \frac{(y의 값의 증가량)}{(x의 값의 증가량)}$ 이므로 직선 위의 두 점으로 기울기를 구해봅시다.

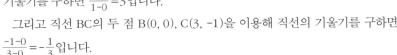

직선 AB의 두 점 B$(0, 0)$, A$(1, 3)$을 이용해 직선의 기울기를 구하면 $\frac{3-0}{1-0} = 3$입니다.

그리고 직선 BC의 두 점 B$(0, 0)$, C$(3, -1)$을 이용해 직선의 기울기를 구하면 $\frac{-1-0}{3-0} = -\frac{1}{3}$입니다.

서로 수직인 두 직선의 기울기가 각각 3과 $-\frac{1}{3}$이죠? 두 직선의 기울기를 곱하면 $3 \times \left(-\frac{1}{3}\right) = -1$ 이 됩니다.

이처럼 두 직선이 서로 수직으로 만나면 항상 기울기의 곱은 -1입니다. 그래서 두 직선이 서로 수직인지 알아보려면 기울기를 곱해 확인할 수 있습니다.

예를 들어 두 직선 $3x-2y+5=0$과 $2x+3y-6=0$이 서로 수직인지 알아볼까요? 기울기를 구하기 쉽도록 각 방정식은 y를 x에 대해 정리해봅시다.

$3x-2y+5=0$에서 $y = \frac{3}{2}x + \frac{5}{2}$이므로 기울기는 $\frac{3}{2}$이고,

$2x+3y-6=0$에서 $y = -\frac{2}{3}x+2$이므로 기울기는 $-\frac{2}{3}$입니다.

두 직선의 기울기를 곱하면 $\frac{3}{2} \times \left(-\frac{2}{3}\right) = -1$이죠. 따라서 두 직선은 서로 수직입니다.

이차함수

자유낙하하는 물체에서 발견한 함수

아파트 옥상에서 스마트폰과 작은 동전을 동시에 떨어뜨리면 어느 것이 먼저 땅에 떨어질까요? 둘 중 더 무거운 스마트폰이 먼저 떨어질까요?

이런 호기심 가득찬 궁금증은 이탈리아의 과학자 갈릴레이에게도 있었습니다. 그는 무거운 쇠구슬과 가벼운 쇠구슬을 떨어뜨리는 실험도 실제로 해봤죠. 그 역시 당연히 무거운 쇠구슬이 떨어지는 소리가 먼저 날 것이라고 생각했습니다. 하지만 예측은 완전히 빗나갔습니다. 쿵 소리가 한 번밖에 들리지 않았거든요. 무거운 쇠구슬과 가벼운 쇠구슬이 동시에 떨어진 것입니다.

어떤 물건을 떨어뜨린다고 할 때 땅에 떨어지는 시간을 x초, 낙하 거리를 ym라고 하면 두 변수 사이에는 $y=\frac{1}{2}gx^2$(g는 중력 가속도)라는 관계가 있어요. 중력 가속도가 9.8m/sec^2라는 것은 만유인력으로 유명한 뉴턴에 의해 증명되었죠. 그래서 이 값을 대입해 관계식 $y=4.9x^2$을 활용합니다.

관계식 $y=4.9x^2$에서 x의 값이 1초, 2초, 3초,…로 점점 변함에 따라 y의 값은 4.9, 19.6, 44.1,…로 하나씩 정해지므로 함수입니다. 그런데 관계식에서 변수 x의 차수가 2죠? 이와 같이 함수 $y=f(x)$에서 y가 x에 대한 이차식 $y=ax^2+bx+c$($a\neq0$, a, b, c는 상수)으로 나타날 때 '이차함수'라고 합니다.

하늘에 쏘아 올린 폭죽의 시간 x초와 높이 ym의 관계 $y=-5x^2+24x$나 다이빙 선수의 t초 후의 높이 hm의 관계 $h=-5t^2+5t+15$와 같이 우리 생활 주변 곳곳에는 이차함수가 숨어 있습니다. 시간 x초와 낙하 거리 ym의 관계식 $y=\frac{1}{2}gx^2$은 역학에서 가장 처음으로 등장한 이차함수입니다.

물체를 비스듬하게 던져 나오는 곡선의 모양

손흥민 선수가 축구공을 차는 순간을 떠올려봅시다. 손 선수가 공을 뻥 차도 공이 하늘 멀리 날아가지 않고 지구의 중력으로 인해 어느 정도 올라갔다가 아래로 떨어집니다. 축구공이 날아가며 그리는 모양과 같이 물체를 비스듬히 던져 올렸을 때 그 물체가 그리는 곡선을 '포물선'이라고 합니다. 이때 공이 날아가는 방향과 지면이 이루는 각도, 공의 처음 속력 등에 의해 포물선의 모양은 다르게 나올수 있어요. 분수대의 물이 떨어지는 모양이나 폭죽이 떨어지는 모양, 화살이 날아가는 모양, 야구 방망이에 맞고 날아가는 야구공의 모양 등도 모두 포물선입니다.

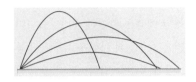

근세 유럽에서 항해가 시작되면서 새로운 시장을 차지하기 위한 경쟁도 함께 시작되었어요. 경쟁에서 이기기 위해 성능이 좋은 대포와 포탄도 필요했지만 포탄의 궤도를 알아야 상대를 정확하게 맞출수 있기 때문에 역학 연구가 필수였습니다.

이러한 연구 결과 포탄의 높이와 시간 사이의 관계가 이차함수라는 것을 알게되었답니다. 목표물까지의 거리를 알면 포탄의 궤도를 이차함수로 나타내어 어떤 각도로 포탄을 쏘아야 하는지 알 수 있었어요. 게다가 장애물이 있어 앞을 가로막았더라도 이 장애물 너머를 맞출 수 있도록 식을 세운 후 포탄을 쏘면 더욱 정확도를 높일 수 있었어요.

이러한 이차함수의 그래프를 그려보면 포물선의 모양이 됩니다.

한 가지 더! 포물면

포물선의 축을 회전축으로 하여 포물선을 회전시키면 포물면이 됩니다. 포물면에는 축과 평행하게 들어오는 빛이 모이는 곳이 있는데 이를 '초점'이라고 해요. 이런 성질을 이용해 위성에서 보낸 텔레비전 신호가 포물면 모양의 수신기에 부딪힌 후 초점으로 모여 텔레비전에 보내져요. 그

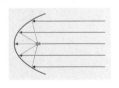

리고 자동차 전조등의 포물면 모양의 반사판도 빛이 먼 곳까지 잘 비출 수 있게 됩니다. 신기하게도 안테나로 태양빛을 모으면 물을 끓여 요리도 할 수 있습니다.

이차함수의 그래프

공이 날아가는 모양과 닮은 곡선

포물선 모양을 나타내는 이차함수의 그래프를 그려볼까요?

우선 이차함수 중에서 가장 간단한 $y=x^2$의 그래프를 그려봅시다. 어떻게 그려야 간편하게 그릴 수 있는지 잘 모르는 그래프는 대응하는 점의 좌표를 일일이 찾는 수밖에 없습니다. 변수 x에 대해 각 x의 값에 대응하는 y의 값을 표로 나타내보았어요.

x	...	-3	-2	-1	0	1	2	3	...
y	...	9	4	1	0	1	4	9	...

이 순서쌍을 좌표로 하는 점을 좌표평면 위에 나타내면 7개의 점이 나타납니다. 직선의 그래프가 점들의 모임인 것처럼 이차함수의 그래프도 x의 값을 수 전체로 해 점들을 더 촘촘하게 그려야 하죠. 그래서 x의 값을 보다 더 촘촘하게 그려나가다 보면 점들이 모여 부드러운 곡선이 됩니다.

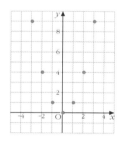 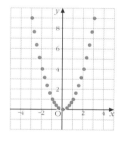 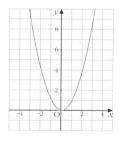

마치 축구공을 찼을 때 움직이는 궤적을 뒤집어 놓은 모양과 같습니다. 이렇게 $y=x^2$과 같은 이차함수의 그래프는 포물선 모양입니다.

$y=x^2$의 그래프

포물선은 데칼코마니

절반으로 접은 종이 한쪽에 물감을 묻히고 종이를 접었다 펴면 양쪽의 모양이 거울에 비친 것처럼 대칭이 되죠? 발로 차올린 공의 궤적도 올라갈 때와 내려올 때의 모양이 대칭인 것이 꼭 데칼코마니를 닮았어요. 어떻게 닮았는지 살펴볼까요?

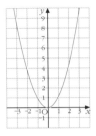

$y=x^2$의 그래프는 우선 원점을 지나고 아래로 볼록한 포물선 모양이에요.

y의 값에 주목해서 보세요. $y=1$일 때의 x의 값을 찾아보면 -1과 1입니다. $y=4$일 때는 어떤가요? $x=-2$, $x=2$일 때입니다. 뭔가 느낌이 오죠?

$x=\pm 3$일 때 $y=9$이고 $x=\pm 4$일 때 $y=16$입니다. x의 부호만 반대이고 절댓값이 같을 때 y의 값은 서로 같아요. 그래서 이 그래프는 y축 대칭이 됩니다. y축 대칭이라는 것은 y축을 기준으로 접었을 때 그래프가 포개어진다는 뜻이에요.

이런 그래프는 또 다른 특징을 가집니다. x의 값이 양수인 제1사분면에서는 y의 값이 증가하고, x의 값이 음수인 제2사분면에서는 y의 값이 감소해요.

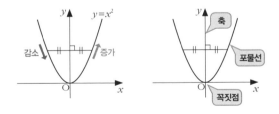

$y=x^2$의 그래프는 y축에 대해 대칭인 것과 같이 포물선이 선대칭도형으로, 그 대칭축을 포물선의 '축'이라고 해요. 그리고 포물선과 축의 교점을 '꼭짓점'이라고 합니다. 공을 던졌을 때 높이 올라가다 방향을 바꾸어 떨어지기 시작하는 바로 그 지점이 꼭짓점이랍니다. 그래서 $y=x^2$의 그래프는 y축을 축으로 하고, 원점을 꼭짓점으로 하는 포물선입니다.

$y=ax^2$의 그래프

a에 따라 날씬해지거나 뚱뚱해지는 포물선

이제 이차함수 $y=x^2$의 그래프는 잘 알게 되었습니다. 그런데 만약 x^2의 계수가 바뀐다면 그래프는 어떻게 변할까요? 계수는 1, 2, 3과 같이 계속 바뀔 수 있으니 이차함수를 $y=ax^2$라 두고 a의 값만 바꾸어 한 장의 좌표평면에 그래프를 여러 개 그려봅시다.

우선 $a=2$인 $y=2x^2$의 그래프를 그리기 위해 $y=x^2$과 비교해보면 $2x^2$은 x^2의 2배가 됩니다. 예를 들어 x의 값에 1을 대입하면 $y=x^2$은 $y=1^2=1$이 되고 $y=2x^2$은 $y=2\times1^2=2$가 되죠. 즉 y좌표가 1에서 2로 2배가 되는 것입니다. 그래서 $y=x^2$의 그래프의 각 점에서 y좌표의 값이 2배가 되도록 점을 잡아 부드럽게 이어주면 된답니다.

같은 방법으로 $a=\frac{1}{2}$일 때도 그려볼까요? $y=x^2$과 비교하면 $\frac{1}{2}x^2$은 x^2의 $\frac{1}{2}$배입니다. 이번에는 $y=x^2$의 그래프의 각 점에서 y좌표의 값의 $\frac{1}{2}$배가 되도록 점을 잡아 역시 부드럽게 이어주면 됩니다.

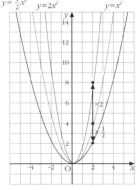

좌표평면에 그려진 $y=2x^2$과 $y=\frac{1}{2}x^2$는 $y=x^2$의 그래프의 각 점에서 y좌표의 값을 각각 2배, $\frac{1}{2}$배로 한 것인데요, $a>0$일 때 $y=ax^2$은 $y=x^2$위의 각 점의 y좌표를 a배 해서 그리면 됩니다. 그래프를 보면 x^2의 계수가 $\frac{1}{2}$, 1, 2와 같이 그 수가 커질수록 점점 좁아지는 날씬한 모양의 그래프가 되죠? 반대로 x^2의 계수가 작아질수록 뚱뚱한 그래프가 된답니다.

$y=ax^2$ 그래프의 성질

그래프 자체는 y축 대칭, 그래프끼리는 x축 대칭

이차함수 $y=ax^2$에서 a가 음수인 경우에는 어떻게 그려질까요? a가 양수인 경우와 음수인 경우를 서로 비교해볼까요? $y=x^2$과 $y=-x^2$을 한번 비교해봅시다.

$y=x^2$과 $y=-x^2$의 차이점이 무엇일까요? 바로 음의 부호 '-'입니다. 0을 제외한 모든 수의 제곱은 양수이므로 x^2은 x축 위에서 아래로 볼록한 형태로 그려져요.

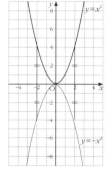

그렇다면 '-'가 붙으면 어떻게 될까요? $y=x^2$과 $y=-x^2$ 위의 점들을 비교해보면, x의 값에 1을 대입하면 $y=x^2$은 $y=1^2=1$이 되고 $y=-x^2$은 $y=-1^2=-1$이 됩니다. 좌표의 부호가 반대가 되는 거죠. 그래서 $y=x^2$의 그래프의 각 점에서 함숫값의 부호가 반대인 음수가 되도록 점을 잡아 이어주면, 원점을 지나며 위로 볼록한 포물선인 $y=-x^2$의 그래프가 그려집니다.

$y=-x^2$의 함숫값은 $y=x^2$의 함숫값과 절댓값은 같고 부호가 반대이므로 같은 x의 값에 대해 x축에서 같은 거리만큼 떨어져 있어요. 그래서 $y=x^2$의 그래프를 그리고 x축으로 접으면 데칼코마니처럼 $y=-x^2$의 그래프가 그려지므로 $y=-x^2$의 그래프는 $y=x^2$의 그래프와 x축 대칭입니다. $y=x^2$의 그래프가 원점을 지나는 아래로 볼록한 포물선이므로 $y=-x^2$의 그래프는 원점을 지나며 위로 볼록한 포물선입니다.

$y=-x^2$의 그래프처럼 $a<0$인 $y=ax^2$의 그래프는 원점을 지나고 위로 볼록하며 y축을 축으로 하는 포물선 모양입니다.

이제 이차함수 $y=ax^2$의 그래프의 성질을 정리해볼까요?

모양은 포물선이고 $a>0$이면 아래로 볼록, $a<0$이면 위로 볼록합니다. 그리고 y축을 축으로 하며, 원점을 꼭짓점으로 합니다. a의 절댓값이 클수록 그래프의 폭이 좁아지고 $y=-ax^2$의 그래프와 서로 x축 대칭입니다.

$y=ax^2+q$의 그래프

위-아래로 이동해 그려지는 그래프

사람이 작업대 위에 올라타 높은 곳에서 공사 작업을 하는 것을 본 적이 있나요? 사람이 탄 후 위로 쭈욱 올라가서 작업을 하고 다시 아래로 쫘악 내려오는 이 기계를 고소 작업대라고 해요. 사람이 아니라 그래프도 이렇게 위-아래로 이동해 그릴 수 있답니다.

$y=x^2+2$의 그래프를 $y=x^2$의 그래프와 비교해서 그려볼까요?

$y=x^2$과 $y=x^2+2$의 차이점은 상수항 2입니다. 상수항 2로 인해 $y=x^2$과 $y=x^2+2$의 함숫값이 차이가 나게 되죠. $x=-2, -1, 0, 1, 2$일 때 함숫값을 아래 표에서 비교해봅시다.

x	⋯	-2	-1	0	1	2	⋯	
$y=x^2$	⋯	4	1	0	1	4	⋯	+2
$y=x^2+2$	⋯	6	3	2	3	6	⋯	

x의 각 값에 대해 $y=x^2+2$의 함숫값은 $y=x^2$의 값보다 더도 말고 덜도 말고 딱 2만큼씩만 더 큰 값입니다. $y=x^2+2$의 상수항 2로 인해 $y=x^2$의 모든 점을 y축과 나란하게 2만큼 움직이게 됩니다. 즉 $y=x^2$의 그래프를 y축의 방향으로 2만큼 평행이동해 그릴 수 있어요. $y=x^2$의 모든 점의 위치가 2만큼 평행이동하므로 그래프의 폭, 모양, 축은 변하지 않지만, 꼭짓점은 $(0, 2)$로 옮겨지는 아래로 볼록한 포물선이 됩니다.

예를 들어 $y=-x^2+2$의 그래프를 그린다면 $y=-x^2$의 그래프를 y축 방향으로 2만큼 평행이동하여 꼭짓점이 $(0, 2)$인 위로 볼록한 포물선이 됩니다.

이차함수 $y=ax^2+q$의 그래프는 $y=ax^2$의 그래프를 y축 방향으로 q만큼 평행이동한 그래프로, 꼭짓점이 $(0, q)$인 포물선입니다.

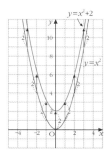

$y=a(x-p)^2$의 그래프

좌-우로 이동해 그려지는 그래프

이차함수 $y=(x-p)^2$의 그래프는 어떻게 그릴까요? 예를 들어 $y=(x-2)^2$의 그래프를 그려봅시다. 역시 $y=x^2$의 그래프와 비교하여 그리면 특징을 살피기 좋습니다. $x=-2, -1, 0, 1, 2$일 때의 함숫값을 집중적으로 관찰해볼까요?

x	$\cdots$	-2	-1	0	1	2	3	$\cdots$
$y=x^2$	$\cdots$	4	1	0	1	4	9	$\cdots$
$y=(x-2)^2$	$\cdots$	16	9	4	1	0	1	$\cdots$

x의 값이 -2, -1, 0일 때의 x^2의 값은 x의 값이 0, 1, 2일 때의 $(x-2)^2$의 값과 같아요. 즉 이차함수 $y=(x-2)^2$의 그래프는 그림과 같이 $y=x^2$의 그래프를 x축의 방향으로 2만큼 평행이동한 것과 같습니다.

$y=x^2$의 꼭짓점 $(0, 0)$이 $y=(x-2)^2$ 위의 점 $(2, 0)$으로 이동하는 것과 같이 $y=x^2$의 모든 점이 x축의 방향으로 2만큼 평행이동한 그래프가 그려집니다. 그래서 $y=(x-2)^2$의 그래프는 직선 $x=2$를 축으로 하고, 점 $(2, 0)$을 꼭짓점으로 하는 아래로 볼록한 포물선이에요.

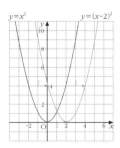

$y=x^2$의 그래프를 y축의 방향으로 2만큼 평행이동할 때 2를 더해 $y=x^2+2$가 되었죠? 함수식을 $y=f(x)$와 같이 나타내기 위해 좌변에 y만 남두고 이항해 $y=x^2+2$로 나타냈지만, y축의 방향으로 2만큼 평행이동하려면 사실은 y에 2를 더하는 것이 아니라 오히려 2를 빼야 해요. 즉 y 대신에 $y-2$를 대입한 $y-2=x^2$이 됩니다. 마찬가지로 x축 방향으로 2만큼 이동할 때는 x에 2를 빼서 x 대신 $x-2$를 대입한 $y=(x-2)^2$으로 나타낸 것입니다.

이차함수 $y=a(x-p)^2$의 그래프는 $y=ax^2$의 그래프를 x축의 방향으로 p만큼 평행이동한 그래프로, 꼭짓점이 $(p, 0)$인 포물선입니다.

$y=a(x-p)^2+q$의 그래프

평행이동은 위-아래와 좌-우 이동의 조합

'바르셀로나'하면 떠오르는 대표적인 건축가 안토니 가우디! 가우디의 건축물 중 카사 밀라의 다락방 복도는 벽돌로 만든 포물선 모양의 아치가 여러 방향으로 평행이동해 만들어졌어요. 가우디처럼 포물선 $y=x^2$을 x축 방향으로 2만큼, y축 방향으로 3만큼 평행이동하면 어떤 그래프가 될까요?

평행이동은 위-아래와 좌-우 이동의 조합으로 설명할 수 있어요. $y=ax^2$의 그래프의 평행이동 시 좌-우 이동은 $y=a(x-p)^2$을 이용하고, 위-아래 이동은 $y=ax^2+q$의 그래프를 이용하는 것이죠!

먼저 수평방향인 x축의 방향으로 평행이동을 해볼까요? $y=x^2$을 축의 방향으로 2만큼 평행이동한 그래프는 $y=(x-2)^2$이에요.

여기서 다시 수직방향인 y축의 방향으로 평행이동을 하면 $y=(x-2)^2$를 y축의 방향으로 3만큼 평행이동하므로 그래프는 $y=(x-2)^2+3$입니다.

이제 $y=x^2$의 그래프와 최종 $y=(x-2)^2+3$의 그래프를 그려 확인해볼까요?

아래로 볼록한 똑같은 모양의 포물선이지만 꼭짓점이 $(0, 0)$에서 $(2, 3)$으로 옮겨진 것처럼 다른 모든 점들도 x축의 방향으로 2만큼, y축의 방향으로 3만큼 이동했어요. 그리고 축의 방정식도 $x=0$에서 $x=2$로 바뀌었지요.

물론 수직방향부터 이동한 후 수평방향으로 이동해도 최종 위치는 같으므로 평행이동의 순서는 중요하지 않답니다.

이차함수 $y=a(x-p)^2+q$의 그래프는 직선 $x=p$를 축으로 하고, 점 (p, q)를 꼭짓점으로 하는 포물선입니다.

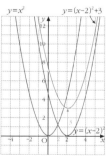

$y=ax^2+bx+c$의 그래프

그래프를 쉽게 그리도록 식을 바꿔!

$y=a(x-p)^2+q$의 꼴로 나타내어진 이차함수 $y=2(x-1)^2-3$을 보면 $y=2x^2$의 그래프를 x축의 방향으로 1만큼, y축의 방향으로 -3만큼 이동한 것이므로 축의 방정식은 $x=1$이고 꼭짓점의 좌표가 $(1, -3)$인 아래로 볼록한 그래프라는 것을 금방 알 수 있어요. 즉 식으로 그래프의 특징을 알아내면 그래프를 보다 손쉽게 그릴 수 있죠.

그러면 $y=x^2-6x+11$과 같이 y를 x에 대한 이차식인 $y=ax^2+bx+c$의 꼴로 나타낼 때는 그래프의 특징을 어떻게 쉽게 알 수 있을까요? $y=x^2-6x+11$은 $x=0$일 때 $y=11$이므로 y절편이 상수항인 11임을 추출할 수 있습니다. 그렇지만 꼭짓점의 좌표는 바로 알 수 없어요.

그러면 이렇게 나타내어진 이차함수의 그래프를 쉽게 그리기 위해서는 어떻게 하면 좋을까요? 바로 주어진 식을 $y=a(x-p)^2+q$의 꼴로 바꾸어 나타내는 것입니다. 그러면 가장 중요한 정보인 꼭짓점의 좌표를 쉽게 구할 수 있고, 이를 통해 그래프도 쓱싹 그릴 수 있어요.

마치 이차방정식 $x^2-6x+11=0$의 좌변을 완전제곱식으로 바꾸어 $(x-3)^2+2=0$으로 변신시킨 것처럼 이차함수의 우변도 같은 스킬을 써서 바꾸면 이차함수 $y=x^2-6x+11$은 $y=(x-3)^2+2$가 됩니다.

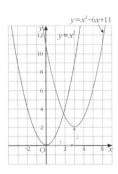

이렇게만 변신시켜 준다면 $y=x^2$의 그래프를 x축의 방향으로 3만큼, y축의 방향으로 2만큼 이동해 x축의 방정식이 $x=3$이고 꼭짓점이 $(3, 2)$인 아래로 볼록한 포물선을 그릴 수 있죠. 게다가 최초의 식 $y=x^2-6x+11$에서 y절편도 11인 걸 알았으니 그래프 그리기가 한결 쉬워졌습니다.

이차방정식과 이차함수의 관계

y가 0이 되면 이차함수가 이차방정식으로 변신

닮은 듯 다른 모습의 이차함수 $y=ax^2+bx+c$와 이차방정식 $ax^2+bx+c=0$은 어떤 관계가 있을까요? 우선 이차함수 $y=x^2-1$과 이차방정식 $x^2-1=0$부터 비교해봅시다.

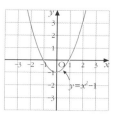

이차함수 $y=x^2-1$의 그래프는 $y=x^2$의 그래프를 y축의 방향으로 -1만큼 평행이동한 그래프이므로 꼭짓점의 좌표가 $(0, -1)$인 아래로 볼록한 포물선이죠?

컴퓨터로 그려진 이차함수 $y=x^2-1$의 그래프를 보니 x절편이 -1과 1이에요. 이차함수의 그래프가 x축을 지나면서 그려질 때 만나는 점의 x좌표는 어떻게 구할 수 있을까요? x축의 모든 점들의 y좌표는 항상 0이라는 사실을 이용하면 됩니다.

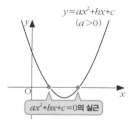

$y=ax^2+bx+c$
$(a>0)$

$ax^2+bx+c=0$의 실근

x축 위 모든 점의 y좌표가 0이므로 $y=x^2-1$에 $y=0$을 대입해보면 $0=x^2-1$이 됩니다. 변수 y가 없어지고 (x에 대한 이차식)$=0$의 꼴이 되었네요! 이차함수식이 순식간에 이차방정식이 되었어요. 이 이차방정식 $x^2-1=0$의 근을 구하면 $x=1$ 또는 $x=-1$이 됩니다. 그래서 이차함수 $y=x^2-1$의 그래프의 x절편이 -1과 1이 되는 것입니다. 좌표평면의 x축은 수직선이고 수직선 위의 점에는 반드시 한 실수가 대응하므로 x축과 만나는 점의 x좌표는 이차방정식의 실근이 됩니다.

다시 말해 이차함수 $y=ax^2+bx+c$의 그래프가 x축을 지나면서 그려질 때 만나는 점의 x좌표는 바로 이차방정식 $ax^2+bx+c=0$의 실근입니다.

능력 만렙인 식의 판별식

이차방정식의 근의 개수하면 떠오르는 것! 바로 판별식이죠?

이차방정식 $ax^2+bx+c=0$의 판별식 $D=b^2-4ac$에 따라 이차방정식의 근을 구분할 수 있습니다. $D=b^2-4ac>0$이면 실근이 2개, $D=b^2-4ac=0$이면 실근이 한 개(중근), $D=b^2-4ac<0$이면 허근을 2개 가져요.

그렇다면 이차방정식 $ax^2+bx+c=0$의 근에 따라 이차함수 $y=ax^2+bx+c$의 그래프는 어떻게 그려질까요?

$ax^2+bx+c=0$의 판별식 $D>0$이면 서로 다른 두 실근을 가지므로 이차함수의 그래프는 축과 두 점에서 만나야 합니다.

$ax^2+bx+c=0$의 판별식 $D=0$이면 이차방정식이 중근을 가지므로 이차함수의 그래프는 x축과 한 점에서 만나야 합니다.

마지막으로 $ax^2+bx+c=0$의 판별식 $D<0$이면 이차방정식이 서로 다른 두 허근을 가지죠? 이차방정식의 근이 있긴 하지만 이 근들은 모두 허수이고 x축의 점들은 모두 실수이므로 그래프는 x축과 만나지 않아요.

$a>0$이면 아래로 볼록한 그래프이고 $a<0$이면 위로 볼록한 그래프이므로 판별식으로 이차함수의 그래프와 x축의 위치 관계를 그리면 다음과 같아요.

판별식의 부호		$D>0$	$D=0$	$D<0$
이차방정식 $ax^2+bx+c=0$의 근		서로 다른 두 실근	중근	서로 다른 두 허근
이차함수 $y=ax^2+bx+$ 의 그래프	$a>0$			
	$a<0$			
이차함수의 그래프와 x축의 위치 관계		서로 다른 두 점에서 만난다	한 점에서 만난다 (접한다)	만나지 않는다

이차방정식의 판별식은 근의 개수와 종류뿐 아니라 이차함수의 정확한 그래프를 그리지 않더라도 x축과 만나는 점의 개수를 알 수 있게 만드는 능력 만렙의 식이랍니다.

분수와 레이저 빛의 만남

아름다운 음악에 맞춰 춤을 추는 분수나 형형색색의 물줄기를 볼 수 있는 분수 쇼를 본 적이 있나요? 분수대에서 뿜어져 나오는 분수의 물줄기와 직선으로 쏘아지는 레이저의 만남은 한 번쯤 볼만한 구경거리입니다.

포물선 모양의 분수의 물줄기와 레이저 빛이 만나는 위치는 어떻게 구하면 될까요? 분수의 물줄기의 모양이 포물선이고 레이저 빛은 직선이므로 이차함수와 일차함수를 이용하면 됩니다.

분수의 모양을 나타내는 이차함수 $y=-x^2+2$의 그래프와 레이저 빛을 나타내는 일차함수 $y=x$의 그래프가 만나는 점을 구해볼까요?

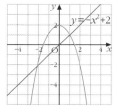

두 그래프가 만난다는 것은 특정한 x의 값에서 두 함수의 함숫값이 같다는 것입니다. 두 함수의 함숫값이 같으므로 두 그래프가 만나는 점의 x좌표는 이차방정식 $-x^2+2=x$의 근과 같아요.

$-x^2+2=x$를 이항해 정리하면 $x^2+x-2=0$이고 인수분해하면 $(x+2)(x-1)=0$이므로 $x=-2$ 또는 $x=1$이 됩니다.

두 그래프가 만나는 점의 x좌표를 알았으니 이제 y좌표를 구하는 건 너무 쉬운 일! 둘이 만나는 점은 이차함수 그래프 위의 점이면서 동시에 일차함수 그래프 위의 점이므로 두 식 $y=-x^2+2$, $y=x$ 중에서 계산하기 편한 식 아무 것에 좌표를 대입해 구할 수 있어요.

$y=x$를 이용해 만나는 점의 y좌표를 구해볼까요?

$x=-2$일 때 함숫값 $f(-2)=-2$이므로 만나는 점의 좌표는 $(-2, -2)$입니다.

$x=1$일 때 함숫값 $f(1)=1$이므로 만나는 점의 좌표는 $(1, 1)$입니다.

이처럼 점들의 위치를 구하는 핵심은 만나는 점의 좌표가 같음을 이용하는 것입니다.

이차함수 그래프와 직선의 위치 관계

그려보지 않고도 판별식으로 알 수 있어요

포물선과 직선을 아무렇게나 놓으면 만나는 점이 몇 개 생길까요? 두 군데서 만나기도 하고 아예 만나지 않기도 하지만 아주 절묘하게 딱 한 점에서 만나는 경우도 있습니다.

만약 이차함수의 식과 직선의 방정식만 주고 이 두 식의 그래프가 만나는 점의 위치 관계를 묻는다면 어떻게 하면 될까요? 꼭 그래프를 그려봐야 할까요? 일단 만나는 점이 있다면 그 점의 x와 y의 좌표가 각각 같을 테니 이 사실을 이용해봅시다.

예를 들어 이차함수 $y=x^2-x-2$와 직선의 방정식 $y=2x-1$이 있을 때 만약 두 그래프가 만나는 점이 있다면 그 점의 y좌표는 서로 같습니다. $x^2-x-2=2x-1$로 놓고 정리하면 $x^2-3x-1=0$이므로 이 식의 근이 그 점의 x좌표가 됩니다.

자, 그런데 만약 점의 개수만 알고 싶고 구체적인 좌표를 굳이 구할 필요가 없다면 판별식을 간단히 이용하면 되겠지요?

$D=(-3)^2-4\times1\times(-1)=9+4=13 \rightarrow D>0$이므로 서로 다른 두 실근을 가집니다. 즉 이차함수 $y=x^2-x-2$의 그래프와 직선 $y=2x-1$이 만나는 두 점의 x좌표가 실수이므로 서로 다른 두 점에서 만납니다.

위와 같이 구하는 과정에서 만약 판별식 $D=0$이면 만나는 두 점의 x좌표가 중근을 가지므로 절묘하게 딱 한 점에서 만난다는 뜻입니다. 이와 같은 경우 '두 그래프는 접한다'고 해요.

마지막으로 판별식 $D<0$이면 방정식이 허근을 가지므로 두 그래프는 만나지 않습니다. 결국 그려보지 않고도 두 그래프가 만나는 점의 x좌표의 개수를 구하고 싶다면 판별식 D로 알 수 있습니다.

이차방정식의 판별식의 부호	$D>0$	$D=0$	$D<0$
이차함수의 그래프와 직선의 위치 관계			
	서로 다른 두 점에서 만난다	한 점에서 만난다 (접한다)	만나지 않는다

이차함수의 최댓값

포물선의 가장 높은 곳

18세기 유럽 정복을 목표로 전쟁을 일으켰던 프랑스의 나폴레옹이 이탈리아를 정복하고 독일을 공격하고 있을 때였어요. 강 건너편의 독일군에게 대포를 쏘라고 명령했는데 어떤 것은 강에 떨어지고, 어떤 것은 너무 멀리 날아가 지나쳐버렸어요. 화가 난 나폴레옹은 대포를 정확하게 쏘기 위해 먼저 강의 폭을 알아낸 다음 포탄이 움직이는 모양을 연구했습니다.

나폴레옹의 고민과 같이 이차함수의 그래프를 그리다 보면 "포물선이 얼마나 높이 올라갈까?"라는 생각이나 "포물선이 가장 높이 올라가는 데 얼마만큼의 시간이 필요할까?"라는 의문이 생깁니다. 나폴레옹 군대가 대포를 정확하게 쏠 수 있었던 것처럼 이차함수의 식을 이용하면 포물선의 가장 높은 지점을 구할 수 있어요.

대포를 쏘는 경우 포탄이 가장 높이 올라갔을 때의 높이와 그때까지 걸리는 시간을 생각해봅시다. 대포를 쏘았을 때의 시간 x와 높이 y 사이의 관계식이 이차함수 $y = -x^2 + 2x + 2$라고 합니다. 이때, 그래프를 그리기 위해 완전제곱식이 있는 형태로 고쳐보면 $y = -(x-1)^2 + 3$이므로 꼭짓점이 $(1, 3)$인 위로 볼록한 그래프가 그려져요.

그래프인 포물선의 가장 높은 곳의 높이 $y = 3$이고, 이때 시간은 $x = 1$이에요. 이렇게 함숫값 중에서 가장 큰 값을 그 함수의 '최댓값'이라고 해요. 즉 가장 높이 올라갔을 때 y의 값입니다. 그러므로 $y = -(x-1)^2 + 3$의 최댓값은 3이에요.

특별한 언급이 없을 때 x의 값은 실수 전체가 되므로 위로 볼록한 이차함수의 그래프에서 최댓값은 꼭짓점의 y좌표가 됩니다.

만약 이차함수의 식에서 x^2의 계수가 양수이면 아래로 볼록한 포물선이 되어 최댓값을 가지지 않습니다.

이차함수의 최솟값

최댓값과 최솟값은 모두 꼭짓점의 y좌표

함숫값 중에서 가장 작은 값을 그 함수의 '최솟값'이라고 해요.

이차함수 $y = -(x-1)^2 + 3$과 같이 위로 볼록한 포물선의 그래프는 최솟값이 있을까요? 가장 작은 값이 없으므로 최솟값은 없습니다.

하지만 이차함수의 그래프가 아래로 볼록한 포물선이라면 어떨까요? 그래프 모양만 보아도 최솟값은 가장 볼록한 부분에서 찾을 수 있습니다.

이차함수 $y = x^2 - 2x - 2$의 그래프를 완전제곱식이 있는 형태로 나타내면 $y = (x-1)^2 - 3$이므로 꼭짓점이 $(1, -3)$이고 아래로 볼록한 그래프입니다.

이 그래프에서 함숫값 중 가장 작은 값은 꼭짓점을 보면 알 수 있죠? $x = 1$일 때의 함숫값 -3이 최솟값입니다. 그러나 가장 큰 값은 없으므로 $y = x^2 - 2x - 2$의 최댓값은 없어요.

$y = a(x-p)^2 + q$의 그래프에서 $a > 0$이면 아래로 볼록하고, $a < 0$이면 위로 볼록하죠? 그래서 x^2의 계수의 부호에 따라 최댓값이나 최솟값 중 하나의 값만 가지게 되는데 어쨌든 둘 다 꼭짓점의 y좌표입니다.

$a > 0$이면 $x = p$에서 최솟값 q를 갖고, 최댓값은 없습니다.

$a < 0$이면 $x = p$에서 최댓값 q를 갖고, 최솟값은 없습니다.

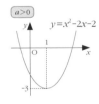

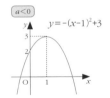

제한된 범위에서 이차함수의 최대, 최소

꼭짓점이 아니면 양 끝값에서 찾아라

이차함수의 최댓값과 최솟값을 구할 때 특별한 언급이 없으면 x의 값이 실수 전체일 때, 최댓값을 갖거나 최솟값을 갖습니다. 최대와 최소는 경제학, 경영학 등 많은 분야에서 사용되는데 현실 세계에서는 x의 값의 범위가 제한된 경우가 대부분입니다.

이차함수 $y=x^2-4x+2$의 최댓값과 최솟값을 구해볼까요?

$y=x^2-4x+2$를 완전제곱식이 있는 형태로 나타내면 $y=(x-2)^2-2$이므로 꼭짓점이 $(2, -2)$이고, 아래로 볼록한 포물선의 그래프이므로 최솟값은 -2이고 최댓값은 없습니다.

이제 x의 범위를 제한해볼까요?

만약 x의 값의 범위가 $1 \leq x \leq 4$이면 $y=x^2-4x+2$의 그래프 중 오른쪽 그림의 빨간색 실선 부분만 그려져요. 실선 부분의 함숫값 y의 범위는 $-2 \leq y \leq 2$가 됩니다.

즉 $x=4$일 때 최댓값은 2이고 $x=2$일 때 최솟값은 -2가 됩니다.

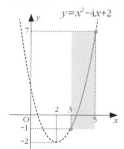

최댓값은 x의 제한된 범위의 끝값인 $x=4$일 때이고 최솟값은 꼭짓점에서 구해졌죠? 하지만 제한된 범위에 꼭짓점이 포함되지 않는 경우도 있어요.

x의 범위를 $3 \leq x \leq 5$라고 하면 그림과 같이 그래프가 그려지므로 꼭짓점의 x좌표가 제한된 범위에 포함되어 있지 않아요. 그래서 $x=3$일 때 최솟값 -1과 $x=5$일 때 최댓값 7을 갖게 됩니다.

따라서 x의 값이 제한된 경우 최댓값과 최솟값은 그래프를 이용해 제한된 범위의 양 끝점에서의 함숫값과 꼭짓점의 위치를 확인해 구할 수 있어요.

이차함수와 이차부등식

이차함수 그래프에서 이차부등식의 해 찾기

여름의 후끈한 열기 속에서 시원한 물이 뿜어져 나오는 분수를 보면 더위가 한 방에 날아갈 것 같죠? 바닥에 있는 분출구에서 하늘을 향해 올라가는 물줄기의 x초 후의 높이 ym의 분수의 모양은 아래 그래프와 같이 포물선 모양이에요. 물줄기가 지표면 위에 머문 시간을 아래 그래프를 보고 구해볼까요?

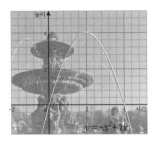

물줄기가 지표면 위에 머문 시간은 0초부터 4초 사이이죠?

위의 그래프에서 물줄기의 x초 후의 높이 ym 에 대해 $y=-x^2+4x$일 때, 물줄기가 지표면 위에 있을 때는 높이인 y가 양수일 때이므로 함숫값도 양수입니다. 따라서 $-x^2+4x>0$이에요.

이때의 시간은 $-x^2+4x>0$를 만족하는 값의 x범위인 0초와 4초 사이입니다. $-x^2+4x>0$와 같이 좌변이 x에 대한 이차식으로 나타내어지는 부등식을 'x에 대한 이차부등식' 이라고 하고 이 부등식의 해 $0<x<4$는 이차함수의 그래프를 이용해 구할 수 있어요.

이차부등식 $-x^2+4x<0$의 해를 구하려면 이차함수 $y=-x^2+4x$의 그래프에서 함숫값이 음수인 곳, 즉 x축보다 아랫쪽 부분에 그려진 그래프에 해당하는 x값 의 범위를 구하면 되겠죠? 이차부등식 $-x^2+4x<0$의 해는 $x<0$ 또는 $x>4$가 됩니다.

따라서 이차부등식 $ax^2+bx+c>0$를 만족하는 실근은 이차함수 $y=ax^2+bx+c$ 의 그래프가 x축보다 위쪽 부분에 있는 그래프에 해당하는 x값의 범위로 구할 수 있어요. 반대로 $ax^2+bx+c<0$을 만족하는 실근은 이차함수 $y=ax^2+bx+c$의 그래프가 x축보다 아래쪽 부분에 있는 그래프에 해당하는 x값의 범위로 구하면 됩니다.

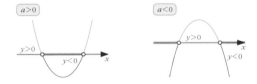

x절편이 2개일 때 이차부등식 풀기

포물선이 x축과 두 점에서 만날 때

까만 밤하늘에 다양한 색깔과 모양으로 아름다운 그림을 만들어내는 불꽃놀이는 어른, 아이 모두가 좋아하는 행사입니다. 여의도 한강공원에서 열리는 서울 세계 불꽃축제에서는 여러 국가의 불꽃놀이 팀이 참여를 하는데요, 미리 설정한 높이에서 폭죽을 터트리려고 하면 시간에 따른 높이를 알아야 가능하겠죠?

　지면에서 쏘아 올린 폭죽의 t초 후의 높이 m는 $=-5t^2+60t$로 나타낼 수 있다고 합니다. 이 높이가 160m 이상이 되는 시각 t의 범위는 어떻게 구할까요?

　높이 >160일 때 t의 값의 범위를 구하는 것이므로 $-5t^2+60t \geq 160$이어야 합니다. 그럼 같은 해를 갖는 이차부등식 $-5t^2+60x \geq 160$의 해를 구해봅시다.

　먼저 부등식의 성질을 이용해 식을 더 간단하게 만듭니다.

　우변의 160을 이항하면 $-5x^2+60x-160 \geq 0$이고 양변을 x^2의 계수 -5로 나누면 $x^2-12x+32 \leq 0$입니다. 이제 이차함수 $y=x^2-12x+32$을 이용해 다음 순서대로 이차부등식 $x^2-12x+32 \leq 0$의 해를 구하면 돼요.

　첫째, 이차함수의 그래프 $y=x^2-12x+32$가 x축과 만나는 점의 좌표를 포함해 그래프를 그립니다. 이때 이차함수 $y=ax^2+bx+c$의 그래프의 x절편은 이차방정식 $ax^2+bx+c=0$의 실근이죠? 이차방정식 $x^2-12x+32=0$의 좌변을 인수분해한 식 $(x-4)(x-8)=0$에서 구한 두 실근 4와 8을 이용해 그릴 수 있어요.

　둘째, 이차부등식 $x^2-12x+32 \leq 0$에서 함숫값이 0 이하인 곳을 찾아요.

　마지막으로 함숫값이 0 이하인 곳에서의 x의 범위를 구하면 $4 \leq x \leq 8$입니다.

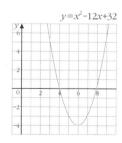
$y=x^2-12x+32$

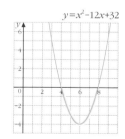
$y=x^2-12x+32$

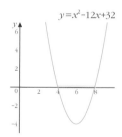
$y=x^2-12x+32$

포물선이 *x*축과 접할 때

이차부등식 $ax^2+bx+c>0$의 실근은 이차함수 $y=ax^2+bx+c$의 그래프를 이용해 구할 수 있습니다. 이때 포물선이 *x*축과 만나는 점을 포함해 그래프를 그리게 됩니다. *x*축과 서로 다른 두 점에서 만나면 이차방정식 $ax^2+bx+c=0$의 판별식 $D>0$이므로 두 실근 α, β를 이용해 두 점 $(\alpha, 0)$, $(\beta, 0)$을 그래프에 표시한 후 해를 구해요.

그런데 이차방정식 $ax^2+bx+c=0$의 판별식 $D=0$이면 이차함수 $y=ax^2+bx+c$의 그래프가 *x*축과 딱 한 점에서 만나겠죠? 예를 들어볼까요? 부등호는 $>$, $\geq$, $<$, $\leq$와 같이 4가지 경우가 있으므로 4가지 부등식의 해를 구해봅시다.

$x^2-4x+4>0$의 해를 구하려면 $x=2$인 부분을 제외하고 모든 함숫값이 양수이므로 $x\neq2$인 모든 실수가 이 이차부등식의 해가 됩니다.

$x^2-4x+4\geq0$라면 함숫값이 양수이거나 0이므로 모든 실수가 해가 됩니다.

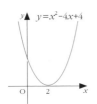

$x^2-4x+4<0$라면 함숫값이 음수인 부분이어야 해요. 하지만 함숫값이 음수인 부분은 없으므로 결국 해가 없습니다.

$x^2-4x+4\leq0$라고 하면 함숫값이 음수이거나 0인데 함숫값이 0인 부분만 있으므로 이 이차부등식의 해는 $x=2$입니다.

이처럼 그래프만 좌표평면에 잘 그리면 해를 쉽게 찾을 수 있습니다.

포물선이 x축과 만나지 않을 때

이차함수 $y=ax^2+bx+c(a>0)$의 그래프가 x축과 만나지 않을 때 이차방정식 $ax^2+bx+c=0$의 판별식은 $D<0$입니다. 이때, 그래프만 보아도 알 수 있듯이 y값인 함숫값은 모두 양수입니다.

이차부등식 $ax^2+bx+c>0$를 만족하는 x값의 범위를 구하려면 그래프에서 함숫값이 양수인 부분을 찾아야 해요. 그런데 그래프 전체의 함숫값이 양수이죠? 그래서 그래프의 모든 점에 대한 x의 값이 해가 됩니다. 즉 이차부등식 $ax^2+bx+c>0$의 해는 모든 실수가 됩니다.

마찬가지로 $ax^2+bx+c\geq0$의 해는 함숫값이 양수이거나 0인 x의 값을 구하는 것인데 함숫값이 0인 경우는 없으니 마찬가지로 해는 모든 실수입니다.

부등호의 방향이 바뀐 이차부등식 $ax^2+bx+c<0$와 $ax^2+bx+c\leq0$의 해는 어떨까요?

먼저 이차부등식 $ax^2+bx+c<0$의 해는 함숫값이 음수인 곳을 그래프에서 찾아야 해요. 음수인 곳이 있나요? 없습니다. 그래서 해는 없습니다.

마찬가지로 이차부등식 $ax^2+bx+c\leq0$의 해는 그래프에서 함숫값이 음수이거나 0인 부분의 x값이므로 그래프에 만족하는 부분이 없어 해도 없습니다.

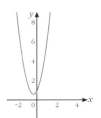

예를 들어 이차부등식 $3x^2+2x+1>0$의 해를 구해볼까요? 이차방정식 $3x^2+2x+1=0$의 판별식 $D=2^2-4\times3\times1<0$이므로 축보다 위쪽에 그려집니다. 즉 모든 함숫값이 양수예요. 그래서 이차부등식 $3x^2+2x+1>0$의 해는 모든 실수가 됩니다.

연립이차부등식

겹쳐지는 부분이 바로 해

선택의 순간 확신을 주는 부등식! 공원의 화단을 만들려고 하는데 둘레의 길이는 40m로 정해져 있지만 넓이는 96m² 이상이 되어야 합니다. 가로의 길이가 세로의 길이보다는 길게 만들고 싶을 때, 부등식을 이용하면 가로의 길이를 얼마 정도로 해야 할지 판단할 수 있게 됩니다.

우선 가로의 길이를 x라고 하면 세로의 길이는 $20-x$이죠? 가로의 길이가 세로의 길이보다 길어야하므로 $x>20-x$가 됩니다.

이때 넓이는 96m² 이상이므로 $x(20-x)\geq96$, 즉 $-x^2+20x\geq96$입니다.

2가지 식을 모두 만족해야 하므로 $\begin{cases} x>20-x \\ -x^2+20x\geq96 \end{cases}$와 같이 나타낼 수 있어요. 이렇게 연립부등식에서 차수가 가장 높은 부등식이 이차부등식일 때 이 연립부등식을 '연립이차부등식'이라고 해요.

연립이차부등식의 해는 연립일차부등식과 같은 방법으로 각 부등식을 푼 다음 공통부분을 수직선 위에 나타내어 구할 수 있어요.

이제 풀어볼까요?

$$\begin{cases} x>20-x & \cdots\cdots \text{㉠} \\ -x^2+20x\geq96 & \cdots\cdots \text{㉡} \end{cases}$$

부등식 ㉠의 해는 $x>10$이에요.

부등식 ㉡은 좌변을 인수분해하면 $(x-12)(x-8)\leq0$이므로 $8\leq x\leq12$입니다.

수직선을 이용하면 겹쳐지는 부분인 해가 쉽게 보이겠죠? 연립부등식의 해는 $10<x\leq12$이므로 가로의 길이는 10m 초과 12m 이하입니다.

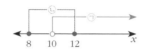

정의역, 공역, 치역

함수는 두 집합 사이 원소 대응의 관계

디지털 신기술로 인해 우리 주변의 스마트 환경은 놀라운 속도로 변화하고 있습니다. 가게에서 흥정하며 물건 값을 깎던 흔한 풍경은 사라지고 이제는 마트에서 물건을 고른 후 스스로 무인 계산을 하죠. 물건의 바코드나 QR코드를 찍으면 가격이 계산대 모니터에 나오게 됩니다. 물건에 따라 가격이 하나씩 정해지는 것이죠. 이때 물건에 대응되는 가격의 관계가 바로 함수입니다.

마트에서 구입한 라면, 우유, 과자의 가격이 각각 1000원, 1500원, 1500원이라고 해보죠. 이때 구입한 품목의 집합을 X, 가격의 집합을 Y, 이 함수의 이름을 f라고 하면, 집합 X의 각 원소에 집합 Y의 원소가 오직 하나씩 대응되는 함수예요. 기호로는 다음과 같이 나타냅니다.

$$f : X \rightarrow Y$$

집합 관계를 벤다이어그램으로 나타내듯이 함수도 그림으로 나타낼 수 있습니다.

마트의 수많은 물건 가격을 나타낸 집합 Y의 원소 중에서 X에서 날아온 화살을 받은 것은 1000과 1500뿐이에요.

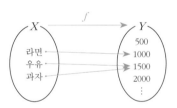

이때 X를 '정의역', Y를 '공역'이라고 하고, Y의 부분집합 중 화살을 받은 것만 모인 집합을 '치역'이라고 해요.

'y는 x의 함수이다'를 $y=f(x)$로 나타낼 수도 있고 x를 원소로 가지는 집합 X

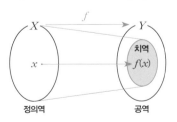

와 y를 원소로 가지는 집합 Y를 이용하여 $f : X \rightarrow Y$라고 나타낼 수도 있습니다.

함수인 관계를 대수적 관점으로는 $y=5x$와 같이 식으로 나타내지만 대상의 범위를 명확하게 정하는 집합적 관점으로는 집합과 집합 사이의 관계로 본답니다.

원소의 대응을 나타내는 순서쌍

그림으로 나타낸 함수 관계에서 어떤 정보를
추출할 수 있을까요?

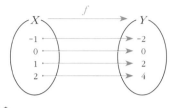

일단 정의역이 {-1, 0, 1, 2}이고 짝지어진
관계를 보니 $f(x)=2x$라고 할 수 있겠네요.
이때 각 원소 x와 그 함숫값 $f(x)$의 순서쌍
$(x, f(x))$를 구하면 다음과 같이 나타낼 수 있어요.

$$\{(-1, -2), (0, 0), (1, 2), (2, 4)\}$$

이렇게 함수를 순서쌍의 집합으로 나타내는 것을 '함수의 그래프'라고 해요.
그래프답게 그림으로 나타내고 싶다고요? 물론 가능합니다. 수학자 데카르트가
만든 좌표평면이 있기 때문이죠.

좌표평면에 함수의 그래프를 기하학적으로 나타내면 보기도 편하지만 두 변수
사이의 관계도 더 잘 보인답니다. 역시 데카르트의 인생작이라고 할 만하죠?

특히 $f(x)=2x$의 정의역과 공역의 원소가 실수이면 순서쌍들 사이가 점점 조
밀하게 채워지며 그래프가 실선이 돼요.

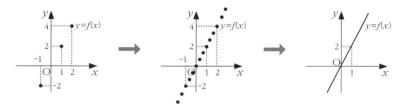

함수는 x의 값에 따라 y의 값이 하나만 정해지므로 y축에 평행한 직선만 그어
보면 함수의 그래프인지 아닌지 알 수 있어요.

따라서 정의역의 한 원소에 대해 y축과 평행한 직선을 그려 한 점에서 만날 때
에만 함수의 그래프가 됩니다.

일대일함수

일대일대응은 모두 일대일함수

세계 일주는 누구나 꿈꾸는 로망일지도 모릅니다. 집을 떠나 새로운 곳을 여행하는 상상만으로도 들뜨고 즐겁죠? 각자 가고 싶은 여행지를 하나 선택하고 그 여행지에서 가장 보고 싶은 것들을 조사해 그림으로 그려보았어요. 이때 두 함수 f와 g의 공통점과 차이점은 각각 무엇일까요?

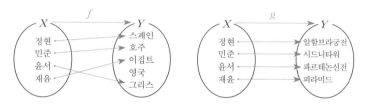

함수 f, g는 모두 정의역에서 공역으로 화살표가 나가서 정의역과 공역의 원소가 각각 하나씩만 짝지어 있어요. 그런데 함수 f는 공역의 원소 중 화살표를 받지 못한 영국이 남아 있네요.

하지만 함수 g는 정의역의 모든 원소에서 공역으로 화살표가 나갔을 때 공역의 원소 중 화살표를 받지 않은 원소가 하나도 없어요. 정의역과 공역의 원소가 모두 짝을 이루었죠? 즉 공역과 치역이 같아요.

그래서 함수 f, g의 공통점과 같이 정의역 X의 임의의 두 원소 x_1, x_2에 대해 $x_1 \neq x_2$이면 $f(x_1) \neq f(x_2)$일 때 그 함수는 '일대일함수'라고 해요.

이때 함수 g는 일대일함수이면서 치역과 공역이 같다는 어려운 조건까지 모두 만족하는 함수예요. 이렇게 일대일함수에 치역과 공역이 같다는 조건까지 추가하면 '일대일대응'이 돼요. 일대일대응은 모두 일대일함수입니다.

합성함수

2개의 함수를 하나로 표현하기

놀이공원에는 여러 가지 게임이 있지만 하고 싶은 건 제각기 다를 수 있습니다. 각자 원하는 게임을 선택한 후 티켓을 구입했어요. 서진이가 구입한 '과녁 맞히기'의 티켓 가격은 2000원입니다. 선택한 게임과 티켓 가격을 연결하는 함수 f, g에서 선택한 게임을 생략하고 함수를 표현하는 게 가능할까요?

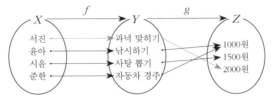

서진이가 과녁 맞히기를 선택해서 2000원짜리 티켓을 산 과정을 함수 f와 g의 함숫값으로 나타내었어요.

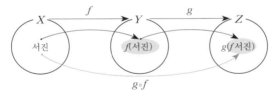

서진이가 선택한 게임은 $f($서진$)$이고 이 게임의 티켓 가격은 $g(f($서진$))$이에요. '서진 $\rightarrow g(f($서진$))$'이 되었죠? 그러면 '준한 $\rightarrow g(f($준한$))$'이 됩니다. 즉 X의 원소 x는 '$x \rightarrow g(f(x))$'가 되는 거예요. '이름 $\rightarrow$ 티켓 가격'이라는 새로운 함수를 얻을 수 있어요.

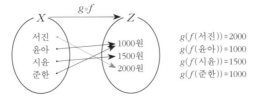

$g(f($서진$)) = 2000$
$g(f($윤아$)) = 1000$
$g(f($시윤$)) = 1500$
$g(f($준한$)) = 1000$

이처럼 친구들, 친구들이 선택한 게임, 티켓 가격의 집합을 각각 X, Y, Z라고 하고 두 함수를 f, g라고 하면 집합 X를 정의역, 집합 Z를 공역으로 하는 새로운 함수를 만들 수 있는데 이것을 f와 g의 '합성함수'라고 하고 기호로 $g \circ f$ 또는 $y = g(f(x))$라고 나타내요. 그리고 x의 함숫값은 $g \circ f(x)$로 나타낸답니다.

항등함수와 상수함수

항상 자기 자신이 나오는 함수, 항상 같은 값만 고집하는 함수

콩 심은 데 콩 나고 팥 심은 데 팥 나듯이 어떤 원소를 넣으면 자기 자신이 나오는 함수가 있어요. 바로 '항등함수'입니다.

항등함수는 정의역과 공역이 같고, 정의역의 그 어떤 원소를 넣더라도 항상 자기 자신이 나오는 함수입니다. $f(x)=x$인 함수인 거죠. 정의역을 실수라고 가정했을 때 항등함수의 그래프는 어떤 모양일까요?

빙고! 직선 $y=x$의 그래프가 됩니다.

항등함수보다 더 특별한 함수도 있습니다. 고집불통으로 항상 하나의 값만 고집하는 함수. 예를 들어 1, 2, 3,…어떤 것을 넣어도 항상 5만 나오고, 화살표도 5만 받고 있어요. 즉 치역의 원소가 단 하나만 있는 함수죠.

무엇을 넣더라도 항상 같은 값만 나오는 이 함수를 '상수함수'라고 해요. 상수함수는 정의역을 실수로 하면 상수함수는 항상 x축에 평행한 직선이 됩니다.

통신요금으로 월 정액제를 쓰고 있다면 통화 시간에 상관없이 통신요금이 항상 일정합니다. 이런 경우 통화 시간과 통신 요금은 상수함수가 됩니다.

역합수

정의역이 공역이 되고 공역이 정의역이 되는 함수

정수 2는 역수를 가집니다. 2의 역수란 2에 그 수를 곱할 때 1을 만드는 수이기 때문에 2의 역수는 $\frac{1}{2}$입니다. 함수에도 역수와 같은 역할을 하는 존재가 있습니다. 바로 '역함수'라는 것입니다.

명제의 '역'은 가정과 결론을 거꾸로 바꾸는데 이처럼 역(逆)은 '거꾸로'라는 뜻을 가집니다. 즉 정의역과 공역을 바꾸어 거꾸로 가는 함수가 역함수입니다.

하지만 모든 함수가 다 거꾸로 갈 수 있는 것은 아니에요. 공역에서 치역이 아닌 원소가 하나라도 있으면 거꾸로 갈 때 그 공역은 정의역이 될 수 없기 때문입니다. 정의역은 모든 원소가 다 함숫값을 가져야만 하니까요. 결국 일대일대응만이 역함수를 가집니다.

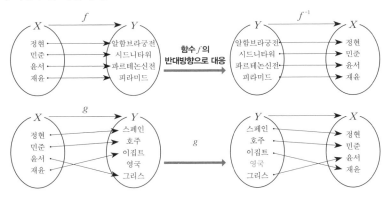

함수 f의 역함수는 기호로 f^{-1}와 같이 나타내요.

이때 $f^{-1} \circ f$나 $f \circ f^{-1}$는 정의역 → 치역 → 정의역으로 옮겨지며 처음 자신으로 되돌아오므로 결국 항등함수가 됩니다.

결국 어떤 함수의 역함수란 그 함수와 합성함수했을 때 항등함수가 되는 함수를 말한답니다.

PART4에서는 고대 문명의 발달과 함께 성장해 온 도형의 수학인 기하학에 대해서 익힙니다. 초등학교에서 배운 원이 고등학교에 이르면 방정식으로 재탄생하게 되는 신비한 체험도 하게 됩니다. 우리 주변의 사물을 추상화한 극강의 수학이기도 하지만 증명을 통해 수학적 사고의 힘을 길러주는 논리학이기도 합니다.

1. 실물을 찾아보며 개념을 익힌다.
도형의 개념을 익힐 때는 반드시 실물을 찾아 그 특징을 살펴보며 개념을 익히세요. 실제로 종이를 잘라 실험을 해보며 익힌다면 그 기억이 오래갈 것입니다. 컴퓨터 프로그램으로 여러 가지 도형의 특징을 살펴보는 방법도 추천합니다.

2. 증명은 기호로 쓰기 전에 말과 글로 먼저 해본다.
처음부터 너무 엄격하게 기호를 써서 멋지게 증명하려고 한다면 암기하기 급급해져 결국은 포기하게 됩니다. 절대 기호로 잘 쓰는 것이 목표가 아니기에 먼저 말로 설명해보고 그 말을 문장으로 써본 후 그 문장을 기호로 바꾸는 연습을 통해 공부하세요.

기하학은 중학교 3년 동안 2학기의 대부분을 차지하고 있습니다. 고등학교에서는 별도로 기하를 공부하기보다 중학교 때 배운 공부를 기초로 이를 함수와 관련지어 수준을 높여 배우게 됩니다. 따라서 중학교에서 개념의 잡아두어야 고등학교에 가서 걱정이 줄어듭니다. 암기보다는 이해하고 누군가에게 설명하는 방식으로 공부해 도형의 특징을 기억해주세요.

PART 4

기하

점, 선, 면

도형을 구성하는 기본요소

여러 가지 도형들의 가장 기본이 되는 요소는 무엇일까요? 삼각형일까요? 삼각형을 잘게 자르다 보면 선이 되고, 선을 다시 자르면 점들이 됩니다. 즉 도형을 이루는 기본이 되는 요소는 '점'입니다.

점은 흔히 '•'으로 표시해요. 이 점을 점점 확대해볼까요? 이렇게 만든 것도 점이라고 부를 수 있을까요?

점을 확대해서 원처럼 되었다면 이젠 더 이상 점이 아니겠죠? 점은 크기, 모양, 넓이가 없어야 합니다. 다만 위치를 나타낼 뿐입니다. 삼각형, 원 등은 어떤 도형인지 정의할 수 있지만, 점은 정의할 수 없어요.

사실 점은 우리 주위에서 쉽게 발견할 수 있어요. 밤하늘의 별을 떠올려보세요. 혹시 별이 움직인 자리를 본 적이 있나요? 별이 움직인 자리를 보면 사진처럼 곡선 모양이에요.

점을 찍어 그린 점묘화를 보면 선과 면이 아닌 수만은 점들로 이루어져 있어요. 이 점들이 모여 선이나 면을 만들어 작품이 됩니다.

점이 움직인 자리는 선이 되고 선이 움직인 자리는 면이 됩니다. 사각형, 원과 같은 평면도형이나 사각기둥, 원뿔과 같은 입체도형도 모두 점, 선, 면으로 이루어져 있어요. 그래서 점, 선, 면은 도형을 구성하는 기본요소가 됩니다.

교점과 교선

도형이 만나서 생기는 점과 선

헨젤과 그레텔이 산 속에서 맛있는 냄새에 이끌려 홀리듯 찾아갔던 과자로 만든 집. 만약 이렇게 과자로 집을 직접 만들려면 벽면과 벽면이 만나는 곳에 생크림을 발라 붙이고 초콜릿 펜으로 선과 선을 그려 창문을 그리고 기다란 초콜릿 과자로 울타리도 만들어야 할 겁니다.

벽과 벽이 만나는 부분인 선을 따라 생크림을 발라야겠죠? 이처럼 면과 면이 만나서 생기는 선을 '교선'이라고 해요. 창문의 가로선과 세로선이 만나는 부분과 바닥과 울타리의 초콜릿 과자가 만나 생기는 점은 '교점'이라고 하고요.

이때 교선은 어떤 도형과 도형이 만나냐에 따라 직선일 수도 있고 곡선일 수도 있어요.

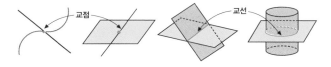

평면도형과 입체도형에서 교점은 꼭짓점이고, 입체도형에서 교선은 모서리가 되므로 사각뿔의 경우 교점은 5개이고 교선은 8개가 됩니다.

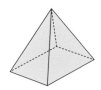

끝없이 뻗어나가는 선

하늘과 바다가 맞닿은 수평선은 끝없이 펼쳐져 있어요. 실제론 끝이 있겠지만 우리 눈에는 바다의 끝이 보이지 않듯 수평선의 끝도 보이지 않지요.

눈을 감고 상상해봅시다. 곧은 선이 있는데 그 선이 양 끝으로 한없이 한없이 계속 뻗어나갑니다. 바로 그런 선을 '직선'이라고 합니다.

우리나라 전통 부채를 보면 여러 개의 대나무 살에 한지가 붙어 있습니다. 부채의 중심점을 A라고 할 때 점 A를 지나는 부챗살은 여러 개입니다. 그렇지만 점 A와 점 B를 동시에 지나는 부챗살은 딱 하나뿐이죠?

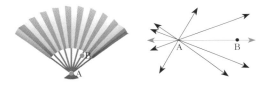

이처럼 서로 다른 두 점을 지나는 직선은 오직 하나뿐이에요. 즉 서로 다른 두 점은 하나의 직선을 결정합니다.

점은 크기가 없기 때문에 점이 모여 만들어진 선도 크기가 없어요. 직선도 선이니 크기는 없고 방향만 나타냅니다.

두 점은 직선 하나를 결정하므로 점 A와 점 B를 지나는 직선을 기호로 나타낼 때는 두 점의 이름 AB를 쓰고 그 위에 ↔를 붙여 $\overleftrightarrow{AB}$로 나타내요. 이때 두 점의 순서 상관없이 $\overleftrightarrow{BA}$라고 나타낼 수 있어요. 직선은 간단하게 영어 알파벳 소문자 $l, m, n, \cdots$등으로 나타내기도 합니다.

직선 l과 직선이 지나는 세 점 A, B, C가 있으면 같은 직선 l이라도 여러 다른 이름으로 나타낼 수 있습니다. 점 A와 점 B를 이용하면 $\overleftrightarrow{AB}$, 점 B와 점 C를 이용하면 $\overleftrightarrow{BC}$로 나타낼 수 있어요. 그래서 직선 l은 기호로 $\overleftrightarrow{AB}, \overleftrightarrow{BC}, \overleftrightarrow{CA}$ 등으로 다양하게 나타낼 수 있습니다.

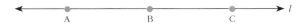

광선검처럼 한 쪽으로만 뻗어나가는 선

공상과학 영화를 보면 손잡이만 있는 검에서 광선이 쭉 뻗어나가고 주인공은 이 검을 휘두르며 결투하는 장면을 종종 볼 수 있습니다. 색색으로 빛나는 광선검은 손잡이를 시작으로 곧게 뻗어나가는 선으로 표현됩니다. 즉 한쪽으로만 빛이 끝없이 나아가는 것이죠.

광선검처럼 한 점 A에서 시작해 A와 다른 점 B의 방향으로 한없이 뻗어나가는 선을 '반직선'이라고 해요. 반직선은 시작하는 점과 뻗어나가는 방향이 있어서 시작점을 먼저 쓰고 뻗어나가는 점을 나중에 쓴 후 뻗어나가는 부분에 화살표를 표시해 $\overrightarrow{AB}$로 나타냅니다. $\overrightarrow{AB}$는 직선 AB 위의 점 A에서 시작해 점 B의 방향으로 뻗어나가는 직선 AB의 부분이에요.

$\overleftrightarrow{AB}$와 $\overleftrightarrow{BA}$는 같은 직선이에요. 그렇다면 $\overrightarrow{AB}$와 $\overrightarrow{BA}$는 어떨까요? $\overrightarrow{BA}$는 점 B에서 시작해 점 A의 방향으로 뻗어나가는 직선 AB의 부분이에요.

$\overrightarrow{AB}$와 $\overrightarrow{BA}$는 시작점이 다르고 방향도 다르므로 서로 다른 반직선이에요.

시작과 끝이 분명해 길이가 있는 선

선분 AB

A   B

사냥용 활에 현을 고정시켜 손가락으로 뜯어서 소리를 내던 하프는 인류의 오랜 역사와 함께 해 온 악기입니다. 하프에서 틀에 고정된 점 A, B를 잇는 현은 곧은 선이지만 직선도 반직선도 아닙니다. 시작부분과 끝부분이 정해져 있어서 한없이 뻗어나가지 않기 때문이죠. 이런 선은 '선분'이라고 해요. 직선 AB 위의 두 점 A, B를 포함해서 점 A에서 점 B까지의 부분을 선분 AB라고 하고 기호로는 $\overline{AB}$라고 씁니다.

점 A에서 점 B까지의 부분과 점 B에서 점 A까지의 부분은 동일하기 때문에 $\overline{AB} = \overline{BA}$입니다.

직선은 양쪽으로 끝없이 나아가고, 반직선은 한쪽으로 끝없이 나아가지만, 선분은 양 끝이 분명하게 있어요. 그래서 길이를 재어 나타낼 수 있죠.

$\overline{AB}$는 선분 AB라는 뜻도 되지만 선분 AB의 길이를 나타내기도 해요. $\overline{AB} = 2cm$이라고 하면 '선분 AB의 길이는 2cm이다'라는 뜻이에요. 그래서 $\overline{AB} = \overline{CD}$는 두 선분이 같은 선분이라는 뜻이 아니라 선분 AB의 길이와 선분 CD의 길이가 같다는 것이에요.

서로 다른 두 점 A, B 사이의 길이는 어떻게 구할까요? 두 점 A, B를 양 끝점으로 하는 선은 무수히 많아요. 그런데 이중 길이가 가장 짧은 것이 선분 AB입니다. 그래서 선분 AB의 길이를 두 점 A, B 사이의 거리라고도 해요.

A   B

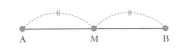

A   M   B

선분 AB 위의 점 중에서 양 끝점 A와 B로부터 같은 거리만큼 떨어져 있는 점은 선분 AB의 중점이라고 부릅니다.

한 점에서 만나는 두 반직선이 이루는 도형

셀카를 찍을 때는 자연스럽게 카메라를 슬쩍 올려서 찍게 되죠? 이리저리 각을 바꾸다 보면 미남, 미녀가 되는 나만의 얼짱 각도를 찾을 수 있어요!

이렇게 생활 속에서 흔히 사용하는 '각'이라는 용어도 정의가 있을까요? 각은 우리 주위에서 쉽게 찾아볼 수 있어요. 부채를 접었다 펴봅시다. 부채의 중심 O 에서 시작하는 두 반직선 OA와 OB로 이루어진 도형을 각 AOB라 해요. 이때 점 O를 각의 꼭짓점이라 하고 $\overrightarrow{OA}$, $\overrightarrow{OB}$를 각의 '변'이라고 해요.

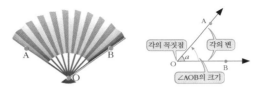

꼭짓점 O와 각의 변 위의 두 점 A, B를 이용해 기호로 ∠AOB 또는 ∠BOA로 나타내거나 간단하게는 꼭짓점만 써서 ∠O라고 나타냅니다. 아니면 두 각의 변 사이에 영어 알파벳 소문자 a를 쓰고 이 각을 ∠a라고 나타내기도 해요.

변 OB를 변 OA까지 회전한 양을 ∠AOB의 크기라고 하는데, 만약 각의 크기 가 30°라면 기호로는 ∠AOB=30°라고 나타냅니다. ∠AOB는 각의 이름 또는 그 각의 크기를 나타냅니다.

조금 더 디테일하게 보면 두 반직선 OA와 OB로 이루어 진 각은 큰 것과 작은 것 2개입니다. 특별한 말이 없으면 보 통 ∠AOB라고 할 때에는 크기가 작은 쪽을 의미합니다.

각의 분류

크기에 따라 느낌도 이름도 다른 각

부채를 접고 폈을 때 달라지는 각의 크기처럼 각의 크기는 저마다 다르고 각의 크기에 따라 부르는 이름도 달라요. ∠AOB에서 두 변 OA와 OB가 점 O를 중심으로 서로 반대쪽에 있으면 한 직선이 되죠? 이럴 때 ∠AOB를 '평각'이라고 해요. 평각의 크기는 180°입니다.

$$∠AOB = 180°$$ $$∠AOB = 90°$$

평각의 반인 90°는 '직각'이라고 불러요. 그리고 90°를 기준으로 0°보다 크고 90°보다 작은 각을 '예각'이라고 부릅니다. 예를 들어 20°, 37°, 89°와 같은 각으로 직각보다 작아 예리하고 날카롭게 느껴지는 각이에요.

90°보다 크고 180°보다 작은 각은 '둔각'이라고 합니다. 100°, 135°, 170°와 같은 각이에요. 직각보다 크므로 넓고 둔하게 느껴지는 각입니다.

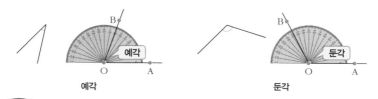

예각   둔각

 한 가지 더! 카메라 렌즈

사람의 눈은 정면을 바라본 상태에서 좌우로 50°정도를 더 볼 수 있어요. 이를 '시야각'이라고 해요. 그래서 눈으로 볼 수 있는 범위는 한정적입니다. 하지만 카메라는 우리의 눈과 다르게 렌즈에 따라 시야각보다 더 넓게 보거나 더 좁게 볼 수 있어요. 사람과 곤충의 시야각은 각각 각의 크기가 다르고, 그에 따라 보이는 모습도 다릅니다. 물고기가 물 속에서  수면을 보는 것처럼 만든 어안렌즈는 시각이 180°를 넘기 때문에 물건을 보면 사진이 둥글게 보입니다.

맞꼭지각

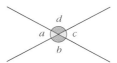

서로 마주보는 교각

가위를 가만히 움직여보면 두 손잡이가 만드는 각에 따라 가위날도 같은 각을 만드는 것을 알 수 있습니다. 종이를 자르고 싶으면 손잡이를 펼쳤다 오므리면 되죠. 왜 그럴까요?

가위의 비밀을 풀기 전에 종이를 한번 접어봅시다. 준비한 색종이를 두 번 접고 펼치면 서로 다른 두 직선이 한 점에서 만날 때 교점이 생기듯이 종이 한가운데 하나의 점이 생기면서 4개의 각이 생겨요. 색종이에 생긴 4개의 각처럼 두 직선이 만나 생긴 각을 '교각'이라고 해요.

이제 두 직선이 만나서 생기는 각의 크기를 비교하기 위해 네 각을 가위로 잘라봅시다.

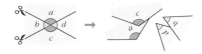

교각 중에서 $\angle a$와 $\angle c$, $\angle b$와 $\angle d$와 같이 서로 마주 보는 각끼리는 딱맞게 포개집니다. 이 각들을 '맞꼭지각'이라고 해요.

눈대중으로 맞꼭지각의 크기가 서로 같은 것 같지만 좀더 논리적인 설명이 필요하겠죠?

맨 처음 색종이에 직선을 그렸으므로 직선 위의 두 각 $\angle a$와 $\angle b$의 크기의 합은 평각 $180°$가 돼요. 마찬가지로 $\angle b$와 $\angle c$의 크기의 합도 평각이에요. 따라서 $\angle a + \angle b = \angle b + \angle c$이므로 결국 $\angle a = \angle c$에요. 두 맞꼭지각은 크기가 항상 같습니다.

가위의 손잡이가 이루는 각과 가위 날이 이루는 각이 맞꼭지각으로 서로 같기 때문에 가위질이 보다 편리한 거랍니다.

수직으로 만나요

다리의 하중을 견디는 케이블이 매달려 있는 다리를 본 적이 있죠? 땅 속에 고정된 주탑은 다리와 수직으로 만납니다. 만약 수직이 아니면 양쪽으로 뻗은 케이블이 균형을 이루지 못하겠죠?

좌표평면도 x축과 y축이 서로 수직으로 만나는데요. 서로 다른 직선이 만나서 생기는 각을 '교각'이라고 하므로 이렇게 수직으로 만나 생기는 교각은 $90°$, 즉 직각입니다. 이처럼 두 직선의 교각의 크기가 $90°$일 때 두 직선은 '직교한다'고 해요.

두 직선 AB와 CD가 직교할 때 교각이 직각이면 └로 표시하고 기호로 $\overleftrightarrow{AB} \perp \overleftrightarrow{CD}$와 같이 나타내요. 그리고 두 직선 중에서 한 직선을 나머지 직선의 '수선'이라고 해요. 직선 AB는 직선 CD의 수선이고 직선 CD는 직선 AB의 수선이에요.

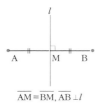

$\overline{AM}=\overline{BM}, \overline{AB} \perp l$

선분 AB의 중점을 M이라고 하면 점 M을 지나는 직선은 무수히 많아요. 하지만 점 M을 지나면서 선분 AB에 수직인 직선은 단 하나만 존재하는데 이 직선 l을 선분 AB의 '수직이등분선'이라고 해요. 이때 $\overline{AM}=\overline{BM}$이고 $\overline{AB} \perp l$입니다.

만약 다리의 주탑에서 왼쪽으로 300m 떨어진 지점 A에 케이블을 달면 오른쪽으로도 300m 떨어진 지점 B에 케이블을 달아야 합니다. 따라서 다리의 주탑은 다리 위의 선분의 수직이등분선이 되는 거랍니다.

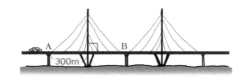

수선이 직선 또는 평면과 만나는 점

제자리에서 더 멀리, 더 높이 뛰어볼까요? 우선 팔을 앞뒤로 흔들다가 뛰어올라 멋지게 착지합니다. 이제 기록을 재는 일만 남았네요. 멀리뛰기 기록은 발구름선과 가깝게 착지한 발뒤꿈치에서부터 발구름선까지의 거리를 재면 됩니다. 발뒤꿈치에서 발구름선까지의 거리는 어떻게 구하는 걸까요?

발구름선을 직선 *l*이라고 하고 발뒤꿈치의 위치를 P라고 하면, 멀리뛰기 착지 위치가 점 P이므로 직선 *l* 위에 있지 않은 점이에요. 점 P에서 직선 *l*까지 수선을 그으면 수선과 직선 *l*의 교점이 생겨요. 이 교점 H를 점 P에서 직선 *l*에 내린 '수선의 발'이라고 해요.

점 P에서 직선 *l* 위에 그을 수 있는 선분은 $\overline{PA}$, $\overline{PB}$, $\overline{PC}$, $\overline{PD}$와 같이 수없이 많습니다. 그렇지만 이 중 길이가 가장 짧은 선분은 점 P와 수선의 발 H를 이은 $\overline{PH}$뿐입니다. 이 선분의 길이를 '점 P와 직선 *l* 사이의 거리'라고 해요.

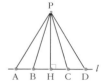

따라서 멀리뛰기에서 발뒤꿈치에서 발구름선까지의 거리는 발뒤꿈치의 위치를 나타내는 점 P와 수선의 발인 점 H까지의 선분 PH의 거리로 구할 수 있어요.

마찬가지로 평면 A 밖의 한 점 P에서 평면에 수선을 그으면 교점이 생깁니다. 평면과 수선이 만나는 점 H도 수선의 발이 되고, 평면 A와 점 P를 이은 선분 PH는 점과 평면 사이의 거리가 됩니다.

점과 직선의 위치 관계

직선의 위에 있거나 그렇지 않거나

네트를 사이에 두고 두 팀이 공을 바닥에 떨어뜨리지
않기 위해 서로 공을 손으로 쳐서 넘기는 배구 경기는
언제나 박진감이 넘칩니다. 상대편 선수가 스파이크로
공을 넘겼을 때, 공이 코트 경계선의 어디에 있느냐에
따라 경기의 승패가 갈리기도 하죠.

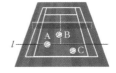

배구공과 코트 경계선처럼 수학에서도 점과 직선의 위치 관계를 나누어 생각
합니다.

위 그림에서 공 A는 직선 *l* 위에 있고, 나머지 공 B, C는 직선 *l* 위에 있지 않죠?
공의 위치를 점으로 생각하면 점 A는 직선 *l* 위에 있고, 점 B, C는 직선 *l* 위에 있
지 않아요. 그래서 점과 직선의 위치 관계는 다음과 같이 2가지로 생각합니다.

그리고 '점이 직선 위에 있다'는 '직선이 점을 지난다'와 같은 뜻이에요. 마찬
가지로 '점이 직선 위에 있지 않다'는 '직선이 점을 지나지 않는다'와 같은 뜻이
됩니다.

평면에서 두 직선의 위치 관계

만나거나 만나지 않거나

지평선까지 이어지는 기찻길의 철로를 내다보면 마치 한 점에서 만나는 것 같아 보입니다. 하지만 가까이 가보면 언제나 철로는 평행하죠. 철로 위의 어느 지점에서 반대편 철로까지의 거리를 구해보면 그 거리는 항상 같기 때문에 절대로 만나지 않습니다.

그렇다면 평면에서 두 직선의 위치 관계는 어떤 것이 있을까요? 책상 위에 연필과 볼펜을 놓았을 때 둘의 위치 관계를 보면 알 수 있어요.

먼저 연필과 볼펜이 교차하게 놓을 수 있죠? 이와 같은 위치 관계는 '한 점에서 만난다'고 합니다.

다음으로 연필을 놓고 그 위에 겹치도록 볼펜을 놓았어요. 그러면 볼펜이 보이지 않겠죠? 이처럼 직선 2개를 겹치도록 놓을 때는 '두 직선이 일치한다'고 합니다.

연필과 볼펜이 한 점에서 만나거나 겹쳐질 때 두 직선은 만나게 돼요.

기찻길 철로와 같이 만나지 않는 경우는 연필과 볼펜을 나란히 놓았을 때예요. 연필과 볼펜의 거리가 일정하죠? 책상의 넓이와 연필, 볼펜의 길이는 정해져 있지만, 평면이나 직선은 무한히 뻗어 있는 상태입니다. 연필과 볼펜을 직선으로 생각해 연장하면 두 직선은 만나지 않고 항상 평행합니다. 이와 같은 위치 관계를 '평행하다'고 하고 두 직선을 '평행선'이라고 해요. 두 직선을 l, m이라고 할 때 평행하다는 것을 기호로 $l /\!/ m$이라고 나타냅니다.

공간에서 두 직선의 위치 관계

한 평면에 있지 않은 두 직선은 꼬인 위치

기찻길 철로가 서로 평행하게 나란히 가듯 한강의 청담대교는 복층 대교로서 1층의 지하철 철로와 2층의 자동차 도로가 나란히 놓여 있습니다. 우리 주변의 도로 상황을 보면 공간에서의 직선의 위치 관계를 엿볼 수 있어요.

사거리의 좌우 차선으로 움직이는 차와 상하 차선으로 움직이는 차의 경로를 그려보면 교차로에서 서로 만나게 됩니다. 마치 책상 위의 연필과 볼펜이 한 점에서 만나는 것과 같아요.

같은 차선을 지나가는 두 차의 경로는 책상 위에 연필과 볼펜을 겹쳐놓은 것과 같으므로 일치합니다.

청담대교의 지하철과 자동차의 경로는 어떨까요? 일정한 거리를 두고 나란히 움직이므로 평행합니다.

국군의 날 행사에서 펼쳐지는 블랙이글스 에어쇼에서와 같이 교차하는 두 비행기의 직선 경로는 만나지도 않고 평행하지도 않죠? 공간에서 이러한 두 직선은 '꼬인 위치'에 있다고 합니다. 이때 꼬인 위치의 두 직선은 한 평면 위에 있지 않습니다.

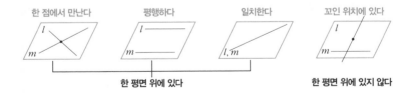

한 점에서 만난다   평행하다   일치한다   꼬인 위치에 있다

한 평면 위에 있다   한 평면 위에 있지 않다

공간에서
직선과 평면의 위치 관계

사장교 속 면과 직선

'바다 위의 하이웨이'라는 별명을 가진 인천대교는 우리나라에서 가장 긴 다리로 유명합니다. 특히 다리 한가운데에 있는 사장교는 교각 없이 주탑에 여러 개의 케이블을 직접 연결해 다리의 상판인 도로를 지탱하도록 만들었어요.

교각 없이 바다 위에 세워진 사장교에서 평면과 직선의 위치 관계를 알 수 있습니다. 도로의 중앙선과 케이블을 직선, 도로면을 평면으로 생각하고 위치 관계를 살펴봅시다.

먼저 도로의 중앙선은 도로면에 포함되어 있어요. 직선이 평면에 포함되는 경우입니다.

한편 주탑에 연결된 수많은 케이블은 도로면과 모두 한 점에서 만나요. 직선이 평면과 한 점에서 만나는 경우입니다.

그런가 하면 사장교의 2개의 주탑 끝끼리 잇는 직선을 하나 생각하면 도로면과 일정한 거리를 두고 나란히 있어요. 직선과 평면이 평행한 경우입니다.

이 경우에도 두 직선이 평행할 때 사용했던 기호 '∥'를 그대로 가져와 사용합니다. 예를 들어 직선 n과 평면 P가 평행하다면 $n \parallel P$와 같이 나타내요.

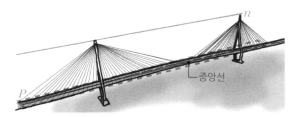

공간에서 직선과 평면의 위치 관계는 아래 그림과 같이 3가지로 나타낼 수 있습니다.

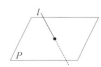

직선과 평면의 수직

한 직선이 평면 위의 모든 직선과 직교하는 경우

축구 경기에서는 공이 수비하는 선수의 몸에
맞고 골라인 밖으로 완전히 나갔을 때 공격
팀에 코너킥의 기회를 줍니다. 이때 코너킥
을 차는 선수는 가까운 코너 깃대를 찾아가

깃대 아래에 그려진 부채꼴 내에 공을 놓고 차야 합니다. 코너 깃대는 직사각형
축구장의 꼭짓점에 수직으로 세워져 있습니다.

여기서 코너 깃대를 직선, 축구장을 평면으로 생각하면 직선과 평면이 수직으
로 만나는 위치 관계를 생각할 수 있습니다.

코너 깃대와 축구장이 만나는 한 점을 생각하면 이 점은 결국 축구장인 평면
위의 한 점입니다. 이 점을 지나는 축구장 위의 직선은 사실 무수히 많습니다. 그
리고 이 모든 직선들은 코너 깃대와 수직입니다.

이렇게 한 직선과 평면이 한 점에서 만날 때 그 점을 지나는 평면 위의 모든 직
선과 수직이면, 한 직선과 평면은 '서로 수직이다' 또는 '직교한다'라고 합니다.

두 직선이 직교할 때 기호 '⊥'를 이용해 나타내듯이 직선과
평면이 수직인 경우도 마찬가지입니다. 예를 들어 직선 l과 평
면 P가 수직일 때 기호로 $l \perp P$와 같이 나타내요. 이때 직선 l을
평면 P의 '수선'이라고 합니다.

만약 어떤 직선이 평면과 직교하는지 금방 알기 어렵다면 평면 위의 아무 두
직선을 찾아 이 직선과 수직인지 확인해보면 됩니다.

동위각과 엇각

같은 위치의 각과 엇갈린 위치의 각

약속 장소로 이동할 때 도로 사정에 따라 도착 시각을 예측하기 어려울 때 지하철을 이용하면 약속 시간을 맞추기 쉽습니다. 그런데 복잡하고 낯선 역에 도착해 출구를 찾다 보면 헷갈리는 경우가 종종 있어 때로 약속 시간에 늦기도 합니다.

서울의 종로3가역도 출구가 많은 역 중 하나인데요. 1번 출구는 ㉮에서 왼쪽 위에 있다고 하면 10번 출구는 ㉯에서 1번 출구와 같은 방식으로 왼쪽 위에 있습니다. 마찬가지로 14번 출구는 ㉮에서 오른쪽 아래

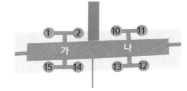

에 있으므로 ㉯에서 같은 방식으로 찾은 오른쪽 아래는 12번 출구가 됩니다.

한편 2번 출구는 ㉮에서 오른쪽 위에 있을 때 13번 출구는 ㉯에서 왼쪽 아래이므로 서로 엇갈려 있어요. 마찬가지로 14번 출구는 ㉮에서 오른쪽 아래에 있으므로 ㉯에서 서로 엇갈려 있는 곳은 왼쪽 위에 있는 10번 출구가 됩니다.

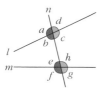

지하철의 출구가 같은 위치이거나 엇갈린 위치에 있는 것과 같이 한 평면 위에 두 직선 l, m이 다른 한 직선 n과 만나서 생기는 8개의 교각에서도 같은 위치나 엇갈린 위치를 찾을 수 있어요.

$\angle a$와 $\angle e$, $\angle b$와 $\angle f$, $\angle c$와 $\angle g$, $\angle d$와 $\angle h$와 같이 같은 위치에 있는 각을 각각 서로 '동위각'이라고 해요.

한편 $\angle b$와 $\angle h$, $\angle c$와 $\angle e$와 같이 엇갈린 위치에 있는 각을 각각 서로 '엇각'이라고 해요.

평행선에서 동위각과 엇각

평행선에서 동위각과 엇각의 크기

프랑스를 대표하는 상징물인 에펠탑은 1889년에 지어진 이후 40년간 세계 최고의 높이를 자랑했어요. 300m가 넘는 높이의 철탑이 쓰러지지 않고 똑바로 서 있을 수 있었던 이유 중 하나는 각 단끼리 서로 평행하게 지었기 때문이에요.

두 직선이 평행하다는 것은 어떻게 알 수 있을까요?

삼각자 2개만 이용하면 평행선이 가지고 있는 성질을 알 수 있어요. 2개의 삼각자 중 하나는 고정해 놓고, 나머지 하나의 삼각자를 고정된 삼각자의 변을 따라 움직이며 2개의 직선을 그립니다. 삼각자를 움직여 그린 두 직선은 일정한 거리를 두고 그렸으므로 서로 평행해요.

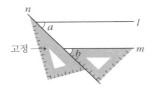

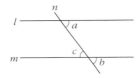

이때 고정된 삼각자의 변을 직선 n이라고 하면 평행한 두 직선 l, m과 만나므로 교각이 생깁니다. 이때 생기는 $\angle a$와 $\angle b$는 서로 크기가 같아요.

게다가 $\angle b$와 $\angle c$는 맞꼭지각이므로 $\angle b = \angle c$입니다. 즉 평행한 두 직선에 대해 동위각의 크기가 서로 같고, 엇각의 크기도 서로 같아요.

반대로 한 직선에 동위각의 크기가 같도록 두 직선을 그리면 두 직선은 평행합니다. 물론 한 직선이 서로 다른 두 직선과 만나서 이루어진 엇각의 크기가 서로 같으면 두 직선은 역시 서로 평행합니다.

착시

내 눈이 잘못된 걸까?

제주도에는 신기한 도깨비 도로가 있어요. 분명 내리막길에 자동차를 세웠는데 오히려 자동차가 저절로 위로 올라가는 길이죠. 실제 도로의 경사도를 조사해보면 내리막길이 아니라 오르막길이지만 주변 지형의 영향으로 사람들의 눈에 내리막길로 보이는 것이라고 해요.

평면에 그려진 그림에서도 같은 경험을 할 수 있어요.

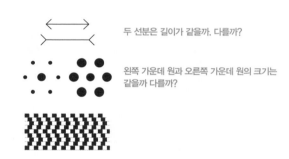

두 선분은 길이가 같을까. 다를까?

왼쪽 가운데 원과 오른쪽 가운데 원의 크기는 같을까 다를까?

우리 눈에 보이는 것과는 달리 실제로 길이를 재보면 첫 번째 그림의 두 선분의 길이는 같고, 두 번째 그림의 가운데 두 원의 크기도 같아요.

동위각과 엇각의 크기가 같으면 두 직선이 서로 평행하므로 각도기를 사용해 직선 *l*에 의해 만들어지는 동위각이나 엇각의 크기를 재보면 이 그림에서 가로선들은 서로 평행하다는 것을 알 수 있어요.

사물을 인지하는 과정에서 물체의 길이, 넓이, 방향, 각의 크기나 모양 등이 주변의 다른 선이나 모양에 영향을 받아 실제와 다르게 보이는 시각적 착각, 이것을 '착시'라고 합니다.

자와 컴퍼스만으로 도형을 그리는 방법

인류 최초의 대학인 '아카데메이아'를 세운 고대 철학자 플라톤은 인재를 키우기 위해 철학, 수학, 천문학, 음악 등을 이곳에서 가르쳤어요. 특히 수학을 정신 수양에 꼭 필요한 공부라 여기고 강조했지요. 직선과 원을 세상에서 가장 완벽한 도형이라고 여겨 직선은 눈금 없는 자, 원은 컴퍼스를 이용해 이 세상 모든 도형을 그리는 것을 매우 중요하게 생각했습니다. 이렇게 눈금 없는 자와 컴퍼스만을 이용해 도형을 그리는 것을 '작도'라고 해요.

실제 길이를 재는 것보다 눈금 없는 자와 컴퍼스를 이용해 도형 자체의 성질을 탐구하는 것이 더 가치있다고 생각했어요. 특히 그리스 수학자들은 남다르게 꼼꼼히 따지고 증명하기를 좋아했어요. 그래서 그리스 수학자 탈레스는 작도를 이용해 여러 가지 정리를 증명하려고 했습니다. 탈레스와 같은 사고 과정이 있었기에 그리스의 아름다운 파르테논 신전이 설계되고 별의 움직임도 관측할 수 있게 된 것이랍니다.

작도에서 눈금 없는 자는 두 점을 지나는 선분이나 선분의 연장선을 그리는 데 사용돼요. 그리고 컴퍼스는 원을 그리거나 선분의 길이를 옮기는 데 사용되지요.

예를 들어 선분 AB와 길이가 같은 선분 CD를 작도하고 싶다면 3단계만 거치면 됩니다.

먼저 눈금 없는 자를 이용해 직선 *l*을 긋고, 직선 위에 한 점 C를 잡습니다.

그 다음엔 컴퍼스로 선분 AB의 길이를 재는 거지요.

마지막으로 점 C를 중심으로 하고 $\overline{AB}$를 반지름으로 하는 원을 그려 직선 *l*과 만나는 점을 D라고 하면 선분 AB와 길이가 같은 선분 CD가 그려집니다.

선분 AB의 길이의 2배가 되는 선분도 직선 *l*의 길이를 연장한 후 선분 AB의 길이를 두 번 옮겨 그려 작도할 수 있어요.

각의 작도

선분의 길이를 이용해 각의 크기 옮기기

각의 크기는 어떻게 비교할까요? 각도기로 크기를 재면 쉽게 비교할 수 있죠? 하지만 그리스 수학자들은 그렇게 하지 않았어요. 가장 간단하고 완전한 도형인 직선과 원만으로 작도하여 도형 그리기를 중요시한 이들은 각의 크기를 잴 때도 작도를 이용했어요. 두 각이 있을 때 한 각을 다른 각으로 옮겨 그려 크기를 비교한 것이죠.

각을 작도하려면 아래와 같은 5단계를 거치면 됩니다.

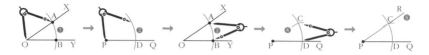

∠XOY와 크기가 같은 각 ∠CPD를 작도하기 위해서 먼저 점 O를 중심으로 하는 원을 그린 후, 반직선 OX와 반직선 OY와의 교점을 각각 A, B라고 합니다.

두 번째로 반직선 PQ의 점 P를 중심으로 아까 그린 것과 같은 길이로 원을 그리고 $\overline{PQ}$와의 교점을 D라고 합니다.

세 번째로 선분 AB의 길이를 컴퍼스로 잽니다.

네 번째로 점 D를 중심으로 선분 AB를 반지름으로 하는 원을 그려 아까 그려 놓은 원과 만나는 점을 점 C라고 합니다.

마지막으로 점 P에서 점 C를 지나는 직선을 그으면 ∠XOY와 크기가 같은 ∠CPD를 작도하게 됩니다.

선분의 길이의 2배를 작도할 수 있는 것처럼 ∠XOY와 크기가 같은 ∠RPQ를 반직선 PQ에 그린 후 다시 반직선 PR위에 ∠XOY와 크기가 같은 각을 다시 작도하면 각의 크기가 2배가 되는 각을 작도할 수도 있습니다.

피라미드 속에 담긴 작도

엄청난 규모를 자랑하며 오차 없이 반듯하게 지어진 피라미드! 과연 세계 7대 불가사의 중 하나일 만하죠? 피라미드의 밑면은 한 변의 길이가 약 230m로 거의 완벽한 정사각형 모양이에요. 그런데 어떻게 이런 거대한 피라미드를 네모반듯하게 지을 수 있었을까요?

작도할 때는 눈금 없는 자와 컴퍼스만 이용하는 것처럼 고대 이집트 사람들은 말뚝과 긴 밧줄을 이용했어요.

말뚝과 긴 밧줄로 어떻게 정사각형을 그릴 수 있었을까요?

먼저 말뚝 2개를 줄로 맨 다음 임의의 점에 말뚝을 박고 줄을 팽팽히 당겨 나머지 말뚝을 건너편 땅에 박아요. 끝점을 표시한 다음, 다시 첫 번째 말뚝을 빼서 끝점에 옮기고 같은 방법으로 줄을 팽팽히 당겨 나머지 말뚝을 또다시 건너편 땅에 박아요. 말뚝의 줄의 길이만큼 두 번 옮겨졌죠? 선분의 길이의 2배를 작도하기 위해 컴퍼스를 두 번 옮긴 것과 같은 거랍니다. 이런 과정을 반복해서 이집트 사람들은 230m나 되는 정사각형의 한 변의 길이를 만든 것이죠.

피라미드 밑면인 정사각형을 만들려면 직각도 필요해요. 정사각형의 한 변을 선분 AB라고 할 때, 선분 AB의 연장선을 긋고 말뚝을 한 번 더 옮겨 점 C를 표시해요. 그다음 선분 BC보다 긴 줄을 묶은 두 말뚝 중 한쪽 말뚝을 점 C에 꽂고 밧줄을 컴퍼스처럼 사용해 반원을 그려요. 그리고 점 D로 한쪽 말뚝을 옮기고 같은 반원을 한 번 더 그려요. 두 반원이 만나는 점 E와 점 B를 연결해요. 그러면 선분 AC와 직선 EB는 서로 수직이에요.

이때 말뚝의 길이만큼 점들을 표시했으므로 선분 BC와 선분 BD의 길이는 같아요. $\overline{AC}\perp\overleftrightarrow{EB}$이고 $\overline{BC}=\overline{BD}$이므로 직선 EB는 선분 CD의 수직이등분선이네요.

이집트 사람들은 이렇게 말뚝과 긴 밧줄만으로 네 변의 길이가 같고, 네 각이 직각인 정사각형인 피라미드 밑면을 완성했답니다.

작도 가능과 불가능

3대 작도 불가능 문제

이슬람 여행을 하다 보면 건축물의 벽이나 바닥, 난간이나 카펫에서 기하학적인 패턴들을 많이 발견할 수 있어요. 이슬람 사람들은 우주의 질서와 조화의 원리를 찾으려고 유클리드, 피타고라스와 같은 고대 수학자의 저서를 연구하고 기하학적 패턴들을 연구했지요. 이런 패턴을 만들 때 가장 기본적인 도형인 원을 균등하게 분할 작도해 꼭짓점이 6개, 8개, 10개 등을 갖는 별을 작도했어요.

간단한 작도의 규칙을 가지고도 이슬람의 기하학 패턴과 같이 복잡한 여러 가지 도형들을 작도할 수 있습니다. 유클리드 원론에는 원에 내접하는 3, 4, 5, 6, 15각형과 각의 이등분선에 대한 작도 방법이 소개되어 있어요. 작도 가능한 것을 연구하면서 단순하게 보이지만 작도는 불가능한 것들도 연구하게 되었죠. 예를 들어 정다각형의 경우 7, 9, 11, 13각형은 작도가 불가능합니다.

고대 그리스 시대부터 오랜 시간 동안 많은 수학자들이 노력했지만 작도에는 성공하지 못한 '3대 작도 불가능 문제'가 있어요.

이 불가능의 문제는 바로 임의의 각의 삼등분선 작도, 원과 넓이가 같은 정사각형 작도, 정육면체 부피의 2배가 되는 정육면체 작도 문제입니다.

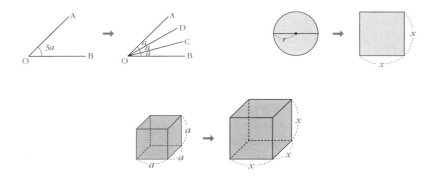

삼각형

다각형의 기본도형

도형을 구성하는 기본요소는 점, 선, 면이
죠? 이 3가지를 가지고 도형을 만들 수 있
어요. 만약 점이 2개만 있으면 선분이나 직

선을 만들 수 있지만 다각형을 만들 수는 없어요. 하지만 점이 3개가 되면 다각형
을 만들 수 있어요. 마찬가지로 직선 2개로는 다각형을 만들 수 없지만 3개의 직
선으로는 삼각형을 만들 수 있어요.

그래서 가장 작은 개수의 점이나 선으로 만들 수 있는 삼각형을 기본도형이라
고 해요. 기본도형인 삼각형은 무엇으로 구성될까요?

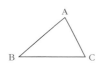

삼각형을 이루는 선분 AB, BC, CA를 '변'이라고 하고 이
변이 서로 만나는 점 A, B, C를 삼각형의 '꼭짓점'이라고 해
요. 삼각형에 대한 모든 정보를 알려주는 삼각형의 세 변과
세 꼭짓점을 '삼각형의 6요소'라고 해요. 그리고 꼭짓점을 이
용해 삼각형 ABC를 기호로 △ABC라고 해요.

이때 기호 △는 삼각형의 모양을 형상화한 것으로 도형을 나타내기도 하고 동
시에 삼각형 ABC의 넓이를 나타내기도 해요. 따라서 △ABC=15라고 하면 삼각
형 ABC의 넓이가 15라는 뜻이 됩니다.

 한 가지 더! 트러스 구조

막대에 구멍을 뚫어 이은 후 삼각형과
사각형을 만들어 손가락으로 위에서 아
래로 누르면, 사각형은 모양이 옆으로
기울어져 변하지만 삼각형은 변하지 않

아요. 모양과 크기가 정해지면 다른 모양으로 변하지 않는 삼각형의 성질 때문에 튼
튼한 구조물이나 건축물을 만들 때는 철재나 목재를 삼각형 형태로 배열한 후 연결해
뼈대 구조를 만들어요. 이를 '트러스 구조'라고 하며 이 구조를 가진 대표적인 건축물
로는 파리의 에펠탑이 있습니다.

삼각형의 대변과 대각

마주 보고 있는 변과 각

'마의 바다'라고 불리는 버뮤다 삼각지대를 아나요?
버뮤다제도를 점으로 하고 플로리다와 푸에르토리
코를 잇는 선을 변으로 하는 삼각형의 해역이에요.
이 해역에서는 비행기나 배의 사고가 자주 일어날
뿐 아니라 배나 비행기의 파편도 발견되지 않는다고
해요. 그 이유는 아직도 미궁에 빠져 있답니다.

　　삼각형 ABC에서 ∠A와 마주 보고 있는 변은 BC예요. 변 AB와 마주 보고 있
는 각은 ∠C이구요. '마주 본다'라는 뜻의 한자 '대(對)'를 이용해 마주 보는 변을
'대변(對邊)', 마주 보는 각을 '대각(對角)'이라고 해요.

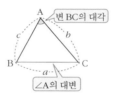

　　그러니 △ABC에서 ∠A의 대변은 $\overline{BC}$이고, $\overline{BC}$의 대각은 ∠A입니다.

　　△ABC의 변의 길이를 기호로 표시할 때 ∠A의 대변인 $\overline{BC}$의 길이를 a, ∠B의
대변인 $\overline{AC}$의 길이를 b, ∠C의 대변인 $\overline{AB}$의 길이를 c라고 해요.

　　세 점 A, B, C를 이어 삼각형을 만들려고 해요.

　　두 점 B, C를 잇는 선 중 가장 길이가 짧은 것은 선분 BC이
죠? △ABC에서 변 BC와 나머지 두 변의 길이를 비교하면
$\overline{AB}+\overline{AC}>\overline{BC}$가 돼요. 즉 세 변이 주어질 때 삼각형을 이루려
면 두 변의 길이의 합이 나머지 변의 길이보다 반드시 커야만
해요.

세 변만으로 삼각형 작도하기

세 변의 길이가 주어졌을 때

삼각형의 6요소인 세 점과 세 변이 모두 주어져야만 삼각형을 작도할 수 있을까요? 아닙니다. 이 중 특정한 3가지만 있으면 삼각형을 작도할 수 있어요.

먼저 길이가 서로 다른 3개의 막대로 삼각형을 만들어볼까요?

우선 길이가 가장 긴 막대를 아래에 놓고 나머지 2개의 막대를 놓아 2가지 삼각형을 만들었어요. 같은 막대인데 서로 다른 삼각형이 나온 것 같죠?

하지만 삼각형을 뒤집었을 때, 모양이 같아지면 이 둘은 같은 걸로 생각합니다. 특정한 3가지로 삼각형을 만들면 출발을 어떻게 하든 삼각형은 단 하나로 결정됩니다.

우선 삼각형의 세 변의 길이 a, b, c가 주어졌을 때 작도가 가능합니다.

먼저 직선 l을 긋고, 그 위에 선분 a와 길이가 같은 선분 BC를 잡아요.

다음으로 점 B를 중심으로 반지름의 길이가 c인 원을 그려요.

이번에는 점 C를 중심으로 반지름의 길이가 b인 원을 그려 좀 전에 그린 원과 만나는 점을 A라고 해요.

두 점 A와 B, 두 점 A와 C를 각각 이으면 삼각형 ABC가 작도됩니다.

이렇게 세 변의 길이가 주어지면 단 한 개의 △ABC를 작도할 수 있어요.

단, 긴 변을 그린 후 나머지 두 변을 그릴 때 두 변의 길이의 합이 가장 긴 변보다 작거나 같으면 원들이 서로 만나지 않아 삼각형이 만들어지지 않기 때문에 '(가장 긴 변의 길이)<(나머지 두 변의 길이의 합)'의 조건은 먼저 체크해 두어야 합니다.

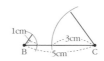

두 변의 길이와 끼인각의 크기가 주어졌을 때

두 변의 길이와 각의 크기가 주어졌을 때도 삼각형의 작도가 가능합니다. 이때 주어진 각은 반드시 끼인각이어야 해요. 끼인각이란 각이 두 변으로 이루어졌을 때, 두 변 사이의 각을 말합니다.

❶   ❷   ❸   ❹

두 변의 길이가 b, c이고 ∠A를 끼인각으로 하는 삼각형을 작도하려면 먼저 ∠A와 크기가 같은 각을 작도합니다.

다음으로 점 A를 중심으로 하고 반지름의 길이가 c인 원을 그려 ∠A의 한 변과의 교점을 B라고 하고, 같은 방법으로 점 A를 중심으로 하고 반지름의 길이가 b인 원을 그려 ∠A의 다른 한 변과의 교점을 C라고 해요.

마지막으로 두 점 B와 점 C를 이으면 삼각형 △ABC가 작도됩니다.

만약 지금의 작도 순서인 '각→변→변'이 아니라 순서를 바꾸어 '변→각→변'으로 작도해도 같은 모양의 삼각형이 작도됩니다.

하지만 주어진 각이 끼인각이 아니면 어떻게 될까요? 아래 두 그림은 두 변의 길이가 같고 한 각의 크기가 같은 삼각형입니다. 이때 크기가 같은 각이 주어진 두 변 사이의 끼인각이 아니죠? 끼인각이 아니면 삼각형이 하나로 정해지지 않습니다.

한 변의 길이와 양 끝 각의 크기가 주어졌을 때

한 변의 길이와 그 양 끝 각의 크기가 주어진 경우에도 삼각형을 작도할 수 있답니다.

한 변의 길이 a와 그 양 끝 각이 주어졌을 때 △ABC를 작도하려면 먼저 한 직선을 긋고, 그 위에 길이가 a인 선분 BC를 작도해요.

다음으로 점 B를 중심으로 하나의 각을 작도하고 같은 방법으로 선분의 반대쪽인 점 C에서 나머지 한 각을 작도해요.

마지막으로 두 각의 반직선의 교점을 A라고 하면 △ABC가 작도됩니다.

지금처럼 '변→각→각'의 순서로 작도했지만 '각→변→각'의 순서로 바꾸어 작도를 해도 같은 삼각형이 작도됩니다.

이렇게 삼각형의 6요소 중 특정한 3가지만 주어지면 삼각형이 하나로 작도됩니다.

완전히 포개어 겹쳐지는 도형

여러 가지 색의 화살표가 똑같은 모양을 한 그림이 있습니다. 색상은 다르지만 크기와 모양이 똑같다는 것은 어떻게 알 수 있을까요? 모든 화살표를 오린 후 포개었을 때 완전히 포개어 겹쳐지면 모든 화살표가 같다고 할 수 있어요.

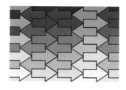

이처럼 한 도형을 모양과 크기를 바꾸지 않고 다른 도형과 완전히 포갤 수 있을 때, 이 두 도형을 서로 '합동'이라고 합니다. △ABC와 △DEF가 서로 합동일 때 기호 '≡'를 사용해 '△ABC≡△DEF'로 나타내요.

두 삼각형 ABC와 DEF를 서로 포개었을 때 포개어지는 꼭짓점과 꼭짓점, 변과 변, 각과 각은 서로 짝을 이루죠? 이렇게 대응하는 점은 대응점, 대응하는 변은 대응변, 대응하는 각은 대응각이라고 합니다. 예를 들어 점 A와 점 D가 포개어지므로 점 A의 대응점은 점 D이고, 변 AB와 변 DE가 포개어지므로 변 AB의 대응변은 변 DE이고, 각 A와 각 D가 포개어지므로 각 A의 대응각은 각 D가 됩니다.

이때, 두 도형이 완전히 포개어지므로 세 대응변의 길이가 각각 같고, 세 대응각의 크기도 같습니다.

작도와 합동조건

3가지만 알아도 합동을 알 수 있어요

삼각형 ABC와 합동인 삼각형 DEF를 작도하려면 어떤 것을 알아야 할까요? 삼각형의 요소를 모두 알아야 할까요? 물론 다 알면 당연히 작도가 가능하겠지만 최소 3가지만 알아도 삼각형은 하나로 결정되기 때문에 합동인 삼각형을 작도할 수 있습니다.

△ABC의 요소인 $\overline{AB}$, $\overline{BC}$, $\overline{CA}$, ∠A, ∠B, ∠C 중 다음과 같은 조합으로 3가지를 알면 삼각형은 하나로 결정됩니다.

"세 변의 길이" ⋯▸ $\overline{AB}$, $\overline{BC}$, $\overline{CA}$, ∠A, ∠B, ∠C

"두 변의 길이와 그 끼인각" ⋯▸ $\overline{AB}$, $\overline{BC}$, $\overline{CA}$, ∠A, ∠B, ∠C

"한 변의 길이와 그 양 끝 각의 크기" ⋯▸ $\overline{AB}$, $\overline{BC}$, $\overline{CA}$, ∠A, ∠B, ∠C

이렇게 두 삼각형의 6요소 중 특정한 3가지만 같으면 두 삼각형은 합동이므로 이를 체크하면 두 삼각형이 합동일지 알 수 있어요. 이것을 '삼각형의 합동조건'이라고 해요.

조금 더 간단히 기호로 나타내면 어떨까요? '세 대응변의 길이가 각각 같으므로 합동이다'와 같이 말하는 대신 SSS라고 말해도 무슨 조건인지 알아듣는다면 참 편리할 겁니다.

변 ⋯▸ Side, 각 ⋯▸ Angle

삼각형의 변과 각의 각 첫 글자를 따서 S와 A를 이용하는 방법입니다.

먼저 대응하는 세 변의 길이가 모두 같으면 두 삼각형은 'SSS합동'이라고 해요. 두 번째로 대응하는 두 변의 길이가 같고, 그 끼인각의 크기가 같으면 'SAS합동'이라고 해요. 마지막으로 대응하는 한 변의 길이가 같고, 그 양 끝 각의 크기가 같으면 'ASA합동'이라고 합니다.

합동조건과 나폴레옹

ASA합동조건으로 전쟁에서 승리한 나폴레옹

프랑스의 황제 나폴레옹은 수학을 좋아했을 뿐 아니라 수학적 재능도 무척 뛰어났어요. 수학이 있어야 성능 좋은 무기를 만들고, 전쟁에서 이길 수 있는 군사 전략을 세울 수 있다고 생각했던 그는 수학자 양성 학교를 세우고 수학자들과 친하게 지내며 전쟁 중에도 틈틈이 수학 문제를 풀었어요.

프랑스군과 독일군이 국경에서 강을 사이에 두고 싸우게 되었어요. 대포로 포탄을 쏘아 승기를 잡으려 했으나, 포탄이 강에 떨어지거나 적진보다 멀리 떨어지는 바람에 난감한 상황을 맞게 되었습니다. 강의 폭을 정확히 알지 못했기 때문이죠. 이때 수학을 좋아하는 나폴레옹이 직접 이 문제를 해결했다고 합니다.

나폴레옹은 그림과 같이 강가에 똑바로 서서 쓰고 있던 모자의 챙을 강 건너의 지점 A와 일직선이 되도록 만들었어요. 이때 강의 폭이 선분 AB가 되고 나폴레옹의 눈높이가 선분 BC가 되어 삼각형 ABC가 만들어지게 됩니다.

그 다음 나폴레옹은 뒤로 돌아서서 반대편에 모자의 챙과 일직선이 되는 지점 D를 찾아 삼각형 DBC를 그렸어요. 그리고 강의 폭 $\overline{AB}$의 길이와 같은 $\overline{DB}$의 길이, 즉 강의 폭을 구해 포를 정확히 쏘아 전쟁에서 승리했습니다.

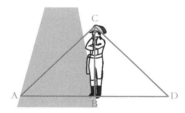

어떻게 $\overline{AB}$의 길이와 $\overline{DB}$의 길이가 같은 걸까요?

△ABC와 △DBC를 비교하면 그 이유를 알 수 있어요. 두 삼각형을 공유하는 나폴레옹의 눈높이까지의 선분 BC는 두 삼각형에 공통으로 들어가 있으므로 그 길이가 같아요. 그리고 BC가 땅과 이루는 각 $90°$이므로 $\angle ABC = \angle DBC$가 돼요.

그리고 자신의 모자챙으로 만든 각의 크기가 같아지도록 했어요. 두 삼각형은 ASA 합동조건에 의해 합동이 됩니다. 따라서 $\overline{AB} = \overline{DB}$가 됩니다.

삼각형의 합동조건을 이해하고 있는 나폴레옹 덕분에 강 건너까지의 거리를 구하고 전쟁에 승리할 수 있었답니다.

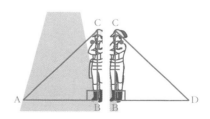

평면도형

평면 위에 그려진 도형

투수가 던진 공을 타자가 치고 베이스로 돌아오는 야구 경기장에는 다양한 도형이 숨어 있습니다. 홈플레이트와 1루, 2루, 3루 베이스는 정사각형 모양, 야구장의 내야와 외야를 구분하는 곡선, 투수가 있는 마운드는 원, 홈플레이트는 오각형으로 이루어져 있습니다.

평면인 야구 경기장 위에 그려진 곡선, 사각형, 원, 오각형을 '평면도형'이라고 해요. 우리 주변에 있는 물건들의 색과 폭을 제외하고 본다면 마름모 모양의 옷걸이, 네모난 탁자, 동그란 시계, 화장실 타일 등에서 평면도형을 쉽게 찾을 수 있어요.

평면도형 중에는 원이나 사각형과 같이 시작하는 점과 끝나는 점이 같은 도형이 있어요. 그래서 둘러싸인 부분을 기준으로 안과 밖을 구분할 수 있고 넓이를 구할 수 있어요. 이런 도형을 '닫힌 도형'이라고 합니다. 닫힌 도형과 달리 열린 도형은 시작하는 점과 끝나는 점이 다르므로 안과 밖을 구분할 수 없답니다.

고대 이집트, 인도, 중국 등에서 수학을 토지의 측량에 사용하면서 평면도형의 연구는 자연스럽게 탄생했어요. 이집트에서 공부하고 돌아온 탈레스는 실용 중심의 기하학에서 논증 과정을 거치는 수학을 연구하면서 평면도형의 성질에 관한 연구를 했습니다. 측량 기술에서 출발한 기하학이 학문으로 자리 잡게 된 것이죠. 이후 탈레스의 제자인 피타고라스가 논증 기하학을 발전시키고 이 내용을 유클리드가 『원론』에서 집대성하게 됩니다. 지금 우리가 배우는 평면도형에 관한 거의 모든 내용은 유클리드 기하학의 기본 개념과 성질의 일부랍니다.

3개 이상의 선분으로 둘러싸인 도형

세계 여러 나라에는 다양한 표지판이 있어요. 표지판에 표시된 도형 중 다각형은 어떤 것일까요? 바로 팔각형의 정지표지판, 삼각형의 자전거도로 표지판과 사각형의 야생동물 보호 표지판이에요. 이 표지판과 같이 도형 중에서 선분만으로 둘러싸인 평면도형을 '다각형'이라고 해요. 이때 선분이 3개이면 삼각형, 선분이 4개이면 사각형, 선분이 n개인 다각형이면 n각형이라고 합니다.

다각형을 이루는 각 선분을 다각형의 '변'이라고 하고, 변과 변이 만나는 점을 다각형의 '꼭짓점'이라고 합니다.

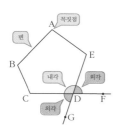

다각형의 이웃하는 두 변으로 이루어진 각 중 도형의 안쪽에 있는 각을 다각형의 '내각'이라고 합니다. 내각(內角)의 한자 뜻대로 안에 있는 각이죠. 그럼 밖에 있는 각은 무엇일까요? 바깥에 있다고 해서 '외각(外角)'이라고 해요. 외각도 두 변에서 찾을 수 있어요. 우선 외각을 찾기 위해서는 다각형의 한 꼭짓점에서 이웃하는 두 변 중에서 한 변의 연장선을 그어요. 그러면 연장하지 않는 다른 한 변과 연장선이 이루는 각이 생깁니다. 이 각을 '내각의 외각'이라고 해요. 예를 들어 오각형의 한 꼭짓점 D의 두 변 CD, ED의 연장선을 긋고 위의 점을 각각 점 F, G라고 할 때 ∠D는 내각이고 ∠CDG, ∠EDF는 ∠D의 외각이에요.

∠D의 외각이 ∠CDG, ∠EDF인 것과 같이 한 꼭짓점에서 두 변 중 어떤 변을 연장하느냐에 따라 외각이 2개가 나오죠? 하지만 두 각이 맞꼭지각으로 그 크기가 같으므로 외각은 2개 중 하나만 생각해요. 이때 외각과 내각의 크기의 합은 $180°$가 됩니다.

한 점에서의 대각선의 개수

자기 자신 제외! 이웃하는 두 점 제외!

보행자가 많은 교차로에서는 보행자가 여러 방향으로 편리하게 길을 건널 수 있도록 대각선으로 횡단보도를 설치합니다. 이처럼 교차로에서 설치할 수 있는 대각선은 몇 개일까요? 교차로와 횡단보도를 간단한 도형으로 나타내고 대각선을 그려보면 2개를 그릴 수 있어요. 즉 교차로가 사거리이면 2개의 교차로를 설치할 수 있습니다.

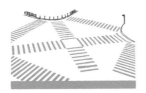 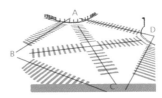

다각형에서 긋는 대각선은 다각형의 두 꼭짓점을 이은 선분이죠? 다각형의 모든 꼭짓점에서 연결되는 점을 찾아봅시다. 우선 자신과 연결하지는 않으므로 제외하고, 이웃하는 꼭짓점과 연결하면 다각형의 변이 되므로 역시 제외합니다. 이제 남은 것은 제외된 3개의 점을 뺀 나머지 이웃하지 않는 꼭짓점들이에요.

이제 사각형, 오각형, 육각형의 한 꼭짓점에서 대각선을 그려볼까요?

각 도형의 꼭짓점과 한 점에서 그은 대각선을 보면 자기 자신과 이웃하는 2개의 점을 제외한 점들과 연결되었죠? 즉 n각형의 꼭짓점 n개가 있을 때 3개를 제외한 나머지 점들과 대각선을 그을 수 있어요. 따라서 다각형의 한 꼭짓점에서 그을 수 있는 대각선의 개수는 '(꼭짓점의 개수)-3'입니다. 예를 들어 사각형의 한 꼭짓점에서 그을 수 있는 대각선의 수는 4-3=1이므로 한 개의 대각선을 그렸어요.

그렇다면 삼각형에서 대각선을 그을 수 있을까요? 아닙니다. 삼각형은 꼭짓점이 3개이므로 대각선의 수는 3-3=0이에요. 대각선은 변의 개수가 4개 이상인 다각형부터 그릴 수 있습니다.

다각형의 대각선의 개수

중복되는 수만큼 나누기

그리스의 수학자 피타고라스는 수학, 음악, 천문학, 철학 등을 연구하는 모임인 피타고라스 학파를 조직했어요. 국가나 단체마다 상징하는 징표나 국기가 다른 것처럼 피타고라스 학파의 징표로 오른쪽 그림과 같은 휘장을 만들었지요. 정오각형의 모든 대각선을 그으면 별모양이 생기고 신기하게도 그 안에 정오각형이 또 생깁

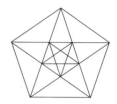

니다. 게다가 선분의 비는 사람들이 아름답다고 느끼는 황금비랍니다.

피타고라스 학파의 휘장처럼 정오각형의 모든 대각선을 그어볼까요?

오각형의 꼭짓점은 5개이고 한 점에서 그을 수 있는 대각선의 수는 $5-3=2$예요. 각 꼭짓점에서 대각선을 2개씩 그을 수 있으므로 모든 대각선의 수는

(꼭짓점의 수)×(한 점에서 그을 수 있는 대각선의 수)

일 것 같아요. 하지만 실제로 오각형의 대각선의 수는 $5 \times 2 = 10$이 아닙니다. 각각의 대각선은 양 끝 꼭짓점에서 중복되어 세어져요. 그래서 중복되는 2로 나눈 $\frac{5 \times 2}{2} = 5$가 전체 대각선의 수가 됩니다.

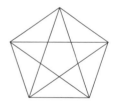

따라서 n각형의 한 꼭짓점에서 그을 수 있는 대각선의 수는 $n-3$이고 꼭짓점의 수는 n이에요. 결국 n각형의 모든 대각선의 개수는 $n(n-3)$을 2로 나눈 $\frac{n(n-3)}{2}$개가 됩니다.

삼각형의 내각의 크기의 합은 평각

삼각형은 3개의 내각을 가지고 있어요. 초등학생 때 삼각형을 직접 오려 세 내각의 꼭짓점에 모았을 때 한 직선 위에 세 내각이 모이는 것을 본 기억이 있을 겁니다. 어떤 삼각형이라도 세 내각의 크기의 합을 구하면 $180°$가 되지요.

 하지만 눈으로 본 것만으로는 항상 삼각형의 내각의 크기의 합이 $180°$라고 판단하긴 어렵습니다. 수학자 탈레스가 논리적으로 증명했듯 평각 $180°$와 평행선의 성질을 이용해 삼각형의 내각의 크기의 합이 $180°$가 되는 것을 증명할 수 있습니다.

 우선 삼각형 ABC의 꼭짓점 A를 지나면서 변 BC와 평행한 직선 PQ를 그어봅니다.

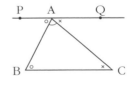

 두 직선이 평행하면 두 직선과 한 직선이 만날 때 엇각의 크기가 같죠? 그래서 $∠B = ∠PAB$이고 $∠C = ∠QAC$예요.

 삼각형의 내각의 크기의 합은 $∠A+∠B+∠C$이므로 $∠A+∠B+∠C = ∠A+∠PAB+∠QAC$가 돼요. $∠A+∠PAB+∠QAC$는 결국 직선 PQ 위의 세 각이므로 $180°$, 즉 $∠A+∠B+∠C=180°$입니다.

 삼각형의 세 각을 잘라 한 꼭짓점에 모아보면 $∠C$의 외각이 $∠A+∠B$예요. 삼각형의 한 외각의 크기는 그와 이웃하지 않는 두 내각의 크기의 합과 같아요.

 그래서 아래의 오른쪽 그림에서 $∠DBA = 80°+40° = 120°$입니다.

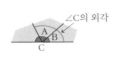

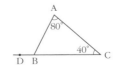

다각형의 내각의 크기의 합

다각형을 삼각형으로 나누어 생각하기

기본도형인 삼각형을 이용하면 다른 다각형의 내각의 합을 구할 수 있어요. 삼각자를 차례로 이어서 사각형과 오각형, 육각형을 만들어봅시다.

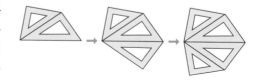

삼각형의 내각의 합은 180°예요. 삼각자를 2개 이어붙인 사각형의 내각의 합은 삼각형이 2개이므로 180°×2=360°이고 3개 이어붙인 오각형의 내각의 합은 삼각형이 3개이므로 180°×3=540°, 4개 이어붙인 육각형의 내각의 합은 삼각형이 4개이므로 180°×4=720°가 됩니다. 다각형의 삼각자의 수를 보면 다각형의 한 꼭짓점에서 그을 수 있는 대각선의 개수보다 한 개 많다는 것을 알 수 있어요.

이렇게 다각형의 내각의 크기의 합은 한 꼭짓점에서 대각선을 그어 나눈 삼각형의 개수에 따라 결정됩니다. n각형의 한 꼭짓점에서 그을 수 있는 대각선의 수는 $(n-3)$이므로 삼각형의 수는 $(n-2)$예요. 그래서 n각형의 내각의 크기의 합은 $180° \times (n-2)$가 됩니다.

다각형을 삼각형으로 나누어 내각의 크기의 합을 구할 때 대각선으로 삼각형을 나누는 것 외에 다른 방법도 있을까요? 물론입니다.

예를 들어 육각형의 내부에 있는 점에서 각 꼭짓점을 잇는 선분을 그어 6개의 삼각형으로 나누었어요. 6개의 삼각형의 내각의 합은 180°×6이 됩니다.

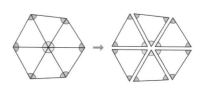

그런데 6개의 삼각형의 내각의 합 부분에서 빨간색으로 표시된 6개의 각도 포함되죠? 내부의 한 점을 꼭짓점으로 하는 이 6개의 각은 육각형의 내각이 아니에요. 그래서 이 각만큼을 빼주어야 합니다. 즉 180°×6-360°=720°가 되죠. 한 꼭짓점에서 대각선을 그려 구한 내각의 크기의 합인 180°×4=720°와 똑같죠? 내각이 아닌 각을 빼주는 번거로움 때문에 보통 한 꼭짓점에서 대각선을 그어 삼각형으로 나눈 다음 내각의 크기의 합을 구합니다.

다각형의 외각의 크기의 합

외각을 한 점으로 모으면 항상 360°

사방이 4개의 벽으로 구성된 방이 있습니다. 만약 이 4개의 벽이 점점 가운데로 밀려들어 온다면 어떻게 될까요? 벽이 끝까지 점점 밀려온다면 방에 사람이 있을 수 있는 공간은 완전히 없어지고 점만 남게 되겠죠? 이 과정을 잘 생각해보면 사각형의 외각의 크기의 합을 직관적으로 구할 수 있습니다.

가장 간단한 다각형인 삼각형부터 차례로 생각해봅시다.

삼각형의 각 변에 연장선을 그어 외각을 표시한 후 외각을 오려내고 외각의 꼭짓점이 한 점에서 만나도록 모으면 세 외각의 크기의 합은 360°가 되죠.

마찬가지로 사각형과 오각형의 각 변에 연장선을 그어 외각을 표시한 후 오려내 한 점에서 모이도록 하면 외각의 크기의 합이 역시 360°가 되는 것을 알 수 있어요.

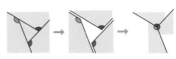

사각형   오각형

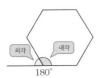

이제 다각형의 외각의 크기의 합이 왜 360°가 되는지 논리적으로 설명해봅시다. 다각형의 한 내각에 대한 외각은 변의 연장선을 그어 변과 연장선이 이루는 각이에요. 한 꼭짓점에서 외각과 내각의 합은 180°가 되므로 n각형의 모든 내각과 외각의 크기의 총합은 $180° \times n$이 되죠.

$$(n각형의 내각의 크기의 합) + (n각형의 외각의 크기의 합) = 180° \times n$$

이제 n각형의 외각의 크기의 합을 구해보면
$$(n각형의 외각의 크기의 합) = 180° \times n - (n각형의 내각의 크기의 합)$$
$$= 180° \times n - 180° \times (n-2)$$
$$= 180° \times 2 = 360°$$

이므로 n의 값과 관계없이 모든 다각형의 외각의 크기의 합은 360°입니다.

정다각형의 한 내각과 한 외각의 크기

각의 개수만큼 나누어 생각하기

동그란 모양의 축구공은 2가지 도형으로
만들어졌습니다. 정오각형의 5개의 변에
정육각형을 붙이고 정육각형의 6개의 변에
정육각형과 정오각형을 붙여서 만들어요.

　정오각형과 정육각형과 같이 변의 길이가 모두 같고, 각의 크기도 모두 같은
다각형을 '정다각형'이라고 해요. 정다각형은 변의 수에 따라 '정'을 붙여 정삼
각형, 정사각형, 정육각형 등으로 부릅니다.

　　　　　　정오각형은 내각의 합은 $180° \times (5-2) = 540°$예요. 그리
　　　　　고 크기가 같은 각이 5개 있기 때문에 한 내각의 크기는
　　　　　$540° \div 5 = 108°$가 되겠죠? 그리고 한 꼭짓점에서 외각과 내각
의 합은 $180°$가 되므로 외각은 $72°$가 돼요. 내각의 크기가 모두 같으니까 나머지
다른 외각의 크기도 모두 $72°$가 됩니다.

　따라서 정다각형은 그 내각의 크기가 모두 같으므로 정다각형의 한 내각의 크
기는 내각의 크기의 합을 꼭짓점의 개수로 나누어주면 됩니다. 내각의 크기의 합
이 $180° \times (n-2)$인 정n각형의 꼭짓점의 수는 n이므로

　(정n각형에서 한 내각의 크기)$= \dfrac{180° \times (n-2)}{n}$예요.

　그리고 내각의 크기가 같으므로 외각의 크기도 모두 같아요. 정다각형의 외각
의 크기의 합 $360°$이므로 (정n각형에서 한 외각의 크기)$= \dfrac{360°}{n}$예요.

한 점에서 거리가 같은 점들로 이루어진 도형

고대 그리스의 수학자들이 안정된 느낌, 대칭과 균형을 이루며 합리적인 미(美)의 이상으로 생각한 도형은 무엇일까요? 바로 '원'입니다. 이 완벽한 대칭성 때문에 인류 최고의 발명품 중 하나인 바퀴도 발명될 수 있었죠.

원의 중심에서 일정한 거리에 있는 점들로 이루어진 도형을 '원'이라고 합니다. 보통 컴퍼스를 이용해 그리지만, 실의 한쪽 끝을 고정하고 다른 끝을 회전시켜 그리면 원이 되기 때문에 언제 어디서든 간단히 만들 수 있어요.

원의 중심을 O라고 하고 원 위의 한 점을 A라고 할 때 원의 중심에서 원 위의 한 점까지의 거리 $\overline{OA}$를 이 원의 반지름이라고 해요. 그리고 원 위의 두 점 A, B를 잇는 선분 AB가 원의 중심 O를 지날 때 이 선분을 '원의 지름'이라고 해요.

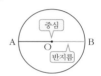

반지름이 같은 원은 합동이어서 원의 크기는 반지름에 따라 정해진다고 생각하면 됩니다. 그런데 반지름을 구하려면 원의 중심을 찾아야 하는 번거로움이 있어요. 하지만 원을 사이에 두는 평행한 두 직선 사이의 거리 $\overline{AB}$로 원의 지름을 구하면 매

우 쉽게 구할 수 있습니다. 예로부터 원의 크기는 반지름보다는 지름과 연결해 많이 생각했기 때문에 원주의 길이에 대한 지름의 길이의 비(比)인 원주율 π도 생각하게 되었어요.

$$(원주율) = (원의 둘레) \div (원의 지름)$$

흔히 맨홀 뚜껑과 같은 도형도 원이라고 부르지만 엄밀히 말하자면 이러한 도형은 '원판'이라고 부른답니다.

🚌 **한 가지 더! 맨홀 뚜껑이 원형인 이유**

길을 가다 땅바닥에 보이는 맨홀 뚜껑은 땅 속에 묻은 수도관이나 하수관을 검사하거나 청소를 하기 위해 사람들이 드나들도록 만든 구멍이에요. 원의 지름은 어느 방향에서 재도 그 길이가 같으므로 원의 한쪽에 힘을 주어도 뚜껑이 구멍으로 절대 빠지지 않아요. 만약 삼각형과 사각형과 같은 다른 도형으로 만든다면 뚜껑이 자주 빠져 위험하겠죠? 게다가 원 모양은 굴려서 이동시키기도 쉽습니다.

부채꼴

원의 호와 반지름으로 이루어진 도형

공작새가 꼬리 깃털을 펼쳐 부채모양을 만들면 그 화
려함에 탄성을 보내게 됩니다. 그리스 신화에는 공작
새와 얽힌 이야기가 나옵니다. 백 개의 눈을 가진 아
르고스가 죽자 헤라는 이를 불쌍히 여겼습니다. 그래
서 헤라는 자신을 상징하는 공작새의 꼬리 깃털에 아
르고스의 백 개의 눈을 붙였다고 해요. 아름답기만 한
공작새의 깃털에 조금은 슬픈 사연이 깃들어 있죠?

깃털을 펼쳤을 때의 부채 모양은 원에서 찾아볼 수 있어요.

원 위의 두 점 A, B를 잡고 원을 따라 그려봅시다. 그러면 원의 위를 따라 점 A
에서 점 B로 그리거나 또는 원 아래를 따라 점 C를 지나 점 B까지 그리거나 2가
지로 나뉘게 되죠? 이렇게 원 위의 두 점이 있으면 두 부분으로 나뉘는데 이 두
부분을 각각 '호'라고 합니다. 이때 양 끝점이 A, B인 호를 호 AB라 하고 기호로
$\overparen{AB}$로 나타내요. 일반적으로 $\overparen{AB}$는 점 A, B로 나뉘는 두 부분 중 길이가 짧은 쪽
을 나타냅니다. 그래서 긴 쪽의 호를 나타낼 때는 호 위의 한 점 C를 잡아 $\overparen{ACB}$라
고 나타냅니다.

원 O에서 호 $\overparen{AB}$와 두 반지름 OA, OB로 이루어진 도형이 있죠? 마치 공작새
가 꼬리 깃털을 펼쳤을 때의 모양처럼 부채 모양이어서 이 도형을 부채꼴 AOB
라고 해요. 그리고 부채꼴 AOB에서 ∠AOB
를 호 AB에 대한 중심각, $\overparen{AB}$를 ∠AOB에
대한 호라고 한답니다.

활꼴

활 모양의 도형

원 위의 두 점 A, B로 원이 두 부분으로 나뉘어 생기는 호는 원의 일부분이에요. $\overline{CD}$와 같이 원의 두 점을 잇는 선분을 '현'이라고 하고 선분 기호를 이용해 $\overline{CD}$로 나타냅니다. 원의 중심을 지나는 현을 그리면 이 현은 원의 지름으로 원에 그릴 수 있는 현 중 가장 길어요. 지름이 원의 일부분은 아니듯 현도 마찬가지입니다.

원 위의 두 점을 이은 선분이 현이라면 그 두 점을 지나는 직선은 '할선'이라고 합니다.

호와 현으로 이루어진 도형을 볼까요? 이 도형은 마치 활과 닮아서 '활꼴'이라고 합니다. 현 하나를 그리면 2개의 활꼴이 만들어져요.

그렇다면 부채꼴과 활꼴은 항상 다른 모양일까요?

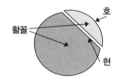

아니에요. 원의 지름을 현으로 하는 활꼴을 그리면 반원이 됩니다. 게다가 두 반지름과 호로 이루어졌기 때문에 두 반지름이 이루는 중심각의 크기가 $180°$인 부채꼴도 돼요. 즉 반원은 활꼴이면서 동시에 부채꼴이 됩니다.

부채꼴의 호의 길이

부채꼴의 호의 길이와 중심각의 크기는 정비례

원 모양의 색종이를 한 번 접으면 반달 모양이 되죠? 이때 중심각의 크기는 $180°$ 입니다. 이 종이를 한 번 더 접으면 중심각의 크기가 $90°$인 부채꼴이 되죠. 또 한 번 더 접으면? 중심각의 크기가 $45°$인 부채꼴이 되겠지요.

원주의 $\frac{1}{8}$

$360°$의 $\frac{1}{8}$

이런 방식으로 색종이를 세 번 접은 다음 펼치면 원은 8등분이 됩니다. 이때 등분된 부채꼴의 모양은 모두 같습니다. 그래서 중심각의 크기도 $360°$의 $\frac{1}{8}$로 같고, 호의 길이도 원주의 $\frac{1}{8}$로 모두 같아요.

이번에는 반대로 접은 종이를 펴볼까요? 세 번 접은 종이를 처음 한 번 펼치면 펴지기 전 모양의 2배가 되어 있죠? 마찬가지로 중심각의 크기도 2배가 되고 호의 길이도 2배가 돼요.

이 상태에서 한 번 더 펴면 반원이 되어 있죠? 반원의 중심각은 종이를 세 번 접었을 때 부채꼴의 4배가 되었으므로 중심각의 크기도 4배가 되고 호의 길이도 4배가 됩니다. 중심각의 크기가 $45°$일 때 호의 길이를 5라고 하면 중심각의 크기가 $45°×4=180°$이므로 호의 길이는 $5×4=20$이 됩니다. 즉 $45°:5=180°:20$의 관계가 성립하죠.

이렇게 중심각의 크기가 2배, 3배, 4배,…가 되면 부채꼴의 호의 길이도 2배, 3배, 4배,…가 돼요. 즉 부채꼴의 호의 길이는 중심각의 크기에 정비례합니다.

부채꼴의 넓이

부채꼴의 넓이와 중심각의 크기는 정비례

원 모양의 피자를 똑같은 크기로 등분해 나누어 먹으려
해요. 원의 중심을 지나는 지름으로 잘 잘라야 싸우지
않겠죠? 이때 등분된 조각 피자는 360°를 8로 나누었으
므로 중심각이 45°인 부채꼴이고 모두 같은 모양이에요.
결국 각 조각의 넓이는 같아요.

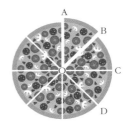

이번에는 이 피자를 4등분 해볼까요? 부채꼴 하나의
중심각은 360°를 4로 나누었으므로 중심각이 90°가 됩니다. 이때 피자 한 조각이
부채꼴 AOB에서 부채꼴 AOC로 크기가 2배가 되었죠. 8등분한 피자 한 조각의
넓이가 10이라고 하면 8등분한 피자 2조각의 넓이는 20이 됩니다. 중심각의 크
기가 2배가 되면서 넓이도 2배가 되었어요.

중심각과 호의 길이와 마찬가지로 중심각의 크기가 2배, 3배, 4배,…가 되면 부
채꼴의 넓이도 2배, 3배, 4배,…가 돼요. 즉 부채꼴의 넓이는 중심각의 크기에 정
비례한답니다.

 한 가지 더! 현의 길이와 중심각의 크기

한 원에서 부채꼴의 호의 길이와 넓이는 각각 중심각의 크기에 정비례합니다. 하지만
현의 길이는 중심각의 크기에 정비례하지 않아요. 그림에서 중심각의 크기를 2배 하
더라도 현의 길이는 2배가 안 되고 그보다 작은 것을 알 수 있어요.

넓이를 반으로 나누는 선

종이에 삼각형 ABC를 그려서 오려냈어요. 자를 사용하지 않고 선분 BC 위에 중점을 찾으려고 해요. 어떻게 하면 될까요? 점 B와 점 C가 만나도록 선분 BC를 접으면 되겠죠? 접히는 부분이 바로 변 BC의 중점이 됩니다. 이 점을 M이라고 하고 꼭짓점 A와 이어 선분 AM을 그렸어요. 이렇게 삼각형의 한 꼭짓점과 그 대변의 중점을 이은 선분을 삼각형의 '중선(中直)'이라고 해요.

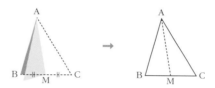

삼각형은 꼭짓점이 3개 있죠? 그래서 삼각형의 중선도 3개가 됩니다.

중선 AM으로 삼각형 ABC가 2개로 나뉘어집니다. 이때, 두 삼각형의 넓이는 어떻게 될까요?

점 M은 중점이므로 나누어진 2개의 삼각형의 밑변은 각각 원래의 밑변 BC의 길이의 절반이에요. 밑변 BC의 길이를 10이라고 하면 각각 5가 되는 것이죠. 삼각형의 높이를 6이라고 하면 중선으로 나누어진 두 삼각형의 높이도 똑같이 6이 되죠?

(삼각형의 넓이)$=\frac{1}{2}\times$(밑변의 길이)$\times$(높이)이므로 나누어진 작은 2개의 삼각형의 넓이를 구하면 $\frac{1}{2}\times5\times6$이에요. 원래 삼각형의 넓이가 30이었으므로 이 2개의 삼각형의 넓이는 딱 절반이 됩니다. 즉 중선은 삼각형의 넓이를 이등분하는 성질을 가지고 있어요.

이등변삼각형

두 변의 길이가 같은 삼각형

액자에 사진을 넣어 줄로 매달아 벽에 걸려고 해요.
액자 양쪽이 수평이 되기 위해서는 줄의 양쪽이 균
형을 이루어야 합니다. 세탁소 옷걸이의 양쪽이 균형
을 이루는 것과 마찬가지로요.

액자의 줄, 옷걸이와 같이 좌우 균형을 이루는 삼각형이 있어요. 바로 두 변의
길이가 같은 '이등변삼각형'이랍니다. 이등변삼각형은 놓인
모양과 관계없이 길이가 같은 두 변의 대각이 밑각이에요. 길
이가 같은 두 변의 끼인각이 꼭지각이고 꼭지각의 대변이 밑
변이 됩니다.

이번엔 거꾸로 생각해봅시다. 두 내각의 크기가 같은 삼각형
은 이등변삼각형이 될까요? 그럴 것도 같지만 확신을 갖기 위
해선 논리적인 증명이 필요합니다.

∠B = ∠C인 삼각형 ABC에서 각 A의 이등분선을 그려 대변 BC와의 교점을
D라고 합시다. 이때 각 A의 이등분선 $\overline{AD}$는 ∠A를 똑같은 크기로 이등분하기 때
문에 ∠BAD = ∠CAD가 됩니다.

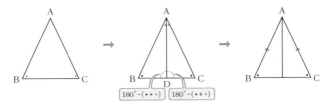

두 삼각형 △ABD와 △ACD를 볼까요?

우선 $\overline{AD}$는 공통입니다. 다음으로 • = ∠B = ∠C, ᵕ = ∠BAD = ∠CAD이고 삼
각형의 내각의 합이 180°이므로 결국 ∠BDA = ∠CDA입니다.

ASA합동 조건에 의해 △ABD≡△ACD이므로 $\overline{AB}=\overline{AC}$입니다. 즉 두 내각의
크기가 같은 삼각형은 이등변삼각형이 됩니다.

이등변삼각형의 두 밑각

도형에서 도망치는 길목

직사각형의 종이를 반으로 접고 선분 AB를 따라 오려서 삼각형 ABC를 만들면 이 삼각형은 이등변삼각형이에요. 이때 각 B와 각 C는 밑각으로 그 크기는 같습니다.

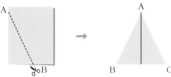

이등변삼각형의 두 밑각의 크기는 항상 같을까요? 그리스의 수학자 유클리드가 이것에 대한 증명을 했습니다.

유클리드는 수학자의 성경이라 불리는 13권짜리 『원론』이라는 책을 지었어요. 이 책으로 기하학의 체계를 잡았을 뿐 아니라 논리적 증명의 방법을 통해 수학 외에도 논리적인 사고가 가능하게 해주었죠.

이 책의 원론 1권의 정리 5가 바로 '이등변삼각형의 밑각이 서로 같다'입니다. 정리 1부터 4까지는 쉽지만, 정리 5부터는 어려워서 이 정리에서 떨어져 나가는 경우가 많았다고 합니다. 그래서 이 정리는 '도형에서 도망치는 길목'이나 '당나귀 다리'라는 별칭을 갖고 있습니다.

이등변삼각형의 두 변 AB와 AC의 길이가 같을 때 꼭지각 A의 이등분선을 그어 밑변 BC와의 교점을 D라고 합시다. 이때 삼각형 ABD와 삼각형 ACD는 어떤 관계인지 알면 두 밑각 B와 C의 크기를 비교할 수 있어요.

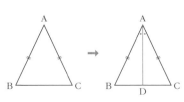

먼저, 삼각형 ABC는 이등변삼각형이므로 $\overline{AB} = \overline{AC}$예요. 그리고 $\angle BAD = \angle CAD$이고 $\overline{AD}$가 공통입니다. 즉 삼각형 ABD와 삼각형 ACD는 SAS합동이에요. 따라서 이등변삼각형의 두 밑각의 크기는 항상 같습니다.

이등변삼각형의 꼭지각의 이등분선

곧게 날아가는 화살촉 속 이등변삼각형

기원전 사냥을 하거나 적을 공격할 때 날카로운 무기를 사용했습니다. 무기는 주로 돌을 가지고 손으로 쥐기 편한 삼각형 모양으로 만들었어요.

무기가 점점 더 정교해지면서 먼 거리에 있는 목표물도 맞출 수 있는 화살을 사용하게 되었는데요. 바로 이 화살 안에 이등변삼각형이 숨어 있습니다. 화살대 앞부분인 삼각형 모양의 화살촉! 삼각형의 뾰족한 부분이 날아가는 화살촉의 공기 저항을 작게 만들고 길이가 같은 두 변 덕분에 완벽한 균형을 이루며 날아갈 수 있습니다.

화살촉의 꼭지각의 이등분선은 화살대와 이어집니다. 그러면 이등변삼각형의 꼭지각의 이등분선은 밑변과 어떤 관계가 있을까요? 이등변삼각형 ABC에서 알아봅시다.

꼭지각의 이등분선 AD를 그려 밑변 BC와의 교점을 D라고 합니다.

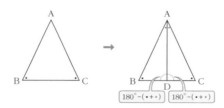

△ABD와 △ACD를 비교해보면

$\overline{AB} = \overline{AC}$, • = ∠B = ∠C, • = ∠BAD = ∠CAD이므로 ASA합동 조건에 의해 △ABD≡△ACD(ASA합동)이에요.

따라서 $180° - (\cdot + \cdot) = ∠BDA = ∠CDA$, $\overline{BD} = \overline{CD}$가 됩니다.

이때 △ABC 내각의 합이 180°이므로 $2(\cdot + \cdot) = 180°$, $\cdot + \cdot = 90°$입니다. 즉 $∠ADB = 180° - (\cdot + \cdot) = 90°$이고, 이등분선 AD는 밑변 $\overline{BC}$의 수직이등분선이 됩니다.

따라서 이등변삼각형의 꼭지각의 이등분선은 밑변을 수직이등분합니다.

직각, 빗변, 그리고 다른 한 변

피라미드나 파르테논 신전과 같은 문명의 발생지에서는 흔히 웅장한 건축물이 세워지기 마련입니다. 이때 가장 중요한 과정은 건축물의 버팀목이 되는 기둥을 땅과 직각이 되도록 세우는 거예요. 그래서 옛날 목수는 반드시 직각 모양의 자를 가지고 다녔다고 합니다.

　삼각형의 합동 조건에서는 각의 크기나 변의 길이 중 특정한 3가지 조건이 필요하죠? 하지만 직각삼각형은 이미 한 각이 직각이라는 조건이 주어져 있으므로 2가지 조건이 더 필요하죠.

　∠C = ∠F인 두 직각삼각형 ABC와 DEF에서 $\overline{AB} = \overline{DE}$, $\overline{AC} = \overline{DF}$라고 합시다.

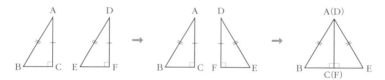

　△DEF를 뒤집어 길이가 같은 두 변 AC와 DF가 서로 겹치도록 놓으면 ∠ACB + ∠DFE = 90° + 90° = 180°가 되어 세 점 B, C(F), E는 한 직선에 있어요. 그래서 $\overline{AB} = \overline{AE}$인 이등변삼각형이 만들어집니다. △ABC와 △DEF는 합동입니다.

　따라서 빗변과 다른 한 변의 길이가 각각 같으면 두 직각삼각형은 합동입니다. 직각삼각형의 합동 조건도 약간의 영어 실력을 발휘하면 기호로 간단히 나타낼 수 있어요

변 ···→ Side, 각 ···→ Angle, 빗변 ···→ Hypotenuse, 직각 ···→ Right angle

　즉 두 직각삼각형에서 빗변의 길이와 다른 한 변의 길이가 각각 같을 때 RHS합동이라고 합니다.

RHA 합동조건

직각, 빗변, 그리고 다른 한 각

직각삼각형 모양은 우리 생활 주변에서 흔히 찾아볼 수 있습니다. 선반을 받치는 지지대나 벽에 기대어 있는 고가 사다리차 모습 등이 있죠.

사다리를 벽에 기대어 놓을 때도 직각삼각형을 발견할 수 있습니다. 길이가 같은 2개의 사다리를 이용해 높이가 같은 곳에 각각 못을 박아 현수막을 걸고 싶다면 직각삼각형을 이용해 두 사다리를 정확히 같은 위치에 기대어 놓으면 됩니다.

사다리의 길이가 서로 같을 때 바닥에서 두 사다리 끝까지의 높이를 같게 하기 위해서는 사다리와 바닥이 이루는 각의 크기를 서로 같게 하면 됩니다.

각 사다리가 기대어져 있는 벽과 바닥이 이루는 각인 ∠C와 ∠F의 크기가 직각이므로 △ABC와 △DEF는 직각삼각형이에요.

사다리의 길이가 같으므로 빗변 $\overline{AB}$와 $\overline{DE}$가 같아요. 그리고 사다리와 바닥이 이루는 각 ∠B와 ∠E의 크기도 같아요. 즉 두 직각삼각형의 빗변과 한 예각의 크기는 같습니다. 직각삼각형의 한 내각이 90°이므로 한 예각의 크기가 정해지면 다른 예각의 크기도 정해지죠? 그래서 ∠A = ∠D가 됩니다. 따라서 두 직각삼각형 △ABC와 △DEF는 ASA합동입니다.

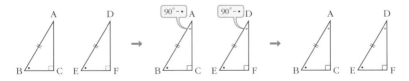

합동인 △ABC와 △DEF가 직각삼각형이고 빗변의 길이와 한 예각의 크기가 같으므로 RHA합동이라고 합니다.

피타고라스의 정리

빗변 길이의 제곱은 나머지 두 변 길이의 제곱의 합

직각삼각형에서 직각을 낀 두 변의 길이를 각각 a, b, 빗변의
길이를 c라 하면 항상 $a^2+b^2=c^2$이 성립해요. 이것을 '피타
고라스의 정리'라고 합니다. 피타고라스가 세계적 대스타가
된 건 뭐니뭐니 해도 바로 이 정리 덕분입니다.

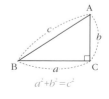

$$a^2+b^2=c^2$$

   건물을 지을 때 기둥이 바닥과 수직이 되는 것이 중요한데
요. 이집트인들은 같은 간격으로 12개의 매듭이 있고 양 끝이 붙어 있는 줄을 팽

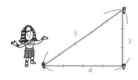

팽하게 잡아당겨 세 변의 길이의 비가 3 : 4 : 5인 직
각삼각형을 만들어 직각을 이용했다고 합니다. 하
지만 실용적인 사고를 하는 이집트인은 굳이 이 세
변의 길이의 비가 3 : 4 : 5인 삼각형이 직각삼각형
이 되는지는 따지지 않았죠.

   반면 철학적인 그리스인들은 달랐습니다. '왜'라는 궁금증을 갖게 된 거죠. 그
래서 피타고라스나 유클리드와 같은 수학자들은 직각삼각형이 되는 세 변의 관
계에 관해 연구했어요. 그 이후 현대에 이르기까지도 이 공식에 흥미를 느낀 다
양한 분야의 사람들이 각자 자신만의 방법으로 다양하게 증명했기 때문에 오늘
날까지 이 정리의 증명 방법은 400가지가 넘습니다.

   피타고라스 이전에 이미 이 성질이 존재했고 기록에 남아 있는 증명법은 수학
자 유클리드의 것이라는 의견도 분분합니다. 하지만 고대 작가인 플루타르크에
의해 이 정리를 발견한 피타고라스가 무척 기뻐했고, 이 영광을 신에게 돌리기
위해 소 100마리를 제물로 바쳤다는 이야기가 전해 내려
오고 있답니다. 그래서 후대 수학자들은 당시 평면을 정다
각형으로 채우려는 문제가 연구되고 있었으므로 이를 연
구하는 과정에서 피타고라스 정리를 적용하다가 이를 일
반화했을지 모른다는 추측을 했습니다.

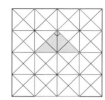

두 점 사이의 거리

피타고라스 정리로 두 점 사이의 거리 구하기

문명의 발달과 같이 성장한 기하학은 이집트와 그리스에서 서로 다른 형태로 발전했습니다. 이집트에서는 농지, 토목, 건축과 같은 분야에서 실용적인 수학이 발달했지만, 그리스는 알고 있거나 사용되던 도형의 성질들이 어떻게 나타나게 된 것인지 그 이유를 합리적으로 찾으려 노력했지요.

이렇게 발달하던 기하학이 데카르트의 좌표평면 등장 이후로 급속도로 발전하게 됩니다. 망원경이나 대포 등을 개발하기 위해 연구하던 선, 곡선, 도형 등의 기하학 연구가 유럽의 데카르트 평면좌표를 만나면서 대수학과도 연결된 것이죠. 그 결과 우리 주변을 둘러싼 모든 공간, 사물 등을 수식으로 표현할 수 있게 되었습니다.

두 점 $A(1)$, $B(-3)$ 사이의 거리인 $\overline{AB}$는 큰 수 1부터 작은 수 -3까지의 거리이므로 $\overline{AB}=1-(-3)=4$라고 구할 수 있습니다. 따라서 수직선 위의 두 점 $A(x_1)$, $B(x_2)$사이의 거리 $\overline{AB}$는 $\overline{AB}=|x_2-x_1|$라고 할 수 있어요.

$$\overset{A \cdots 1-(-3) \cdots B}{\underset{-3 \qquad\quad 1}{\longleftrightarrow}} \quad\Rightarrow\quad \overset{A \cdots x_2-x_1 \cdots B}{\underset{x_1 \qquad\qquad x_2}{\longleftrightarrow}} \qquad \overset{B \cdots x_1-x_2 \cdots A}{\underset{x_2 \qquad\qquad x_1}{\longleftrightarrow}}$$

좌표평면에서 두 점 $A(x_1, y_1)$, $B(x_2, y_2)$사이의 거리 $\overline{AB}$도 역시 좌표평면에 표시하고 구할 수 있어요. 우선 두 점 A, B를 잇고 두 점에서 각각 x축, y축에 평행한 직선을 그어요. 그리고 두 직선은 점 $C(x_2, y_1)$에서 만나요.

좌표평면에 직각삼각형이 그려졌죠? 이제 피타고라스 정리를 이용하면 두 점 사이의 거리를 구할 수 있습니다. 직각삼각형 빗변의 제곱은 다른 두 변의 제곱의 합과 같다는 사실을 이용하면 $\overline{AB}^2=\overline{AC}^2+\overline{BC}^2$이 됩니다.

$$\overline{AB}^2=\overline{AC}^2+\overline{BC}^2=|x_2-x_1|^2+|y_2-y_1|^2=(x_2-x_1)^2+(y_2-y_1)^2$$

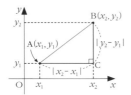

$\overline{AB}$는 $\overline{AB}^2$의 양의 제곱근이므로
$\overline{AB}=\sqrt{(x_2-x_1)^2+(y_2-y_1)^2}$이에요.
따라서 두 점 A, B 사이의 거리는
$\overline{AB}=\sqrt{(x_2-x_1)^2+(y_2-y_1)^2}$ 입니다.

각의 이등분선

각의 이등분선의 성질

정사각형인 색종이의 대각선을 접었다 펴면 접은 선이 생기게 되는데요. 이 선은 색종이를 모양이 똑같은 2개의 삼각형으로 나눕니다. 이렇게 어떤 것을 2개의 똑같은 양이나 모양으로 나누는 것을 '이등분한다'고 하고 이 선을 '이등분선'이라고 합니다.

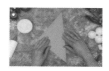

그렇다면 ∠AOB의 이등분선은 작도가 가능할까요?

먼저 점 O를 중심으로 적당한 원을 그려 두 반직선 OA, OB와 만나는 원의 교점을 각각 X, Y라고 합시다.

다음으로 두 점 X, Y를 중심으로 반지름의 길이가 같은 원을 그려서 두 원의 교점을 C라고 합시다.

마지막으로 두 점 O, C를 연결해 그린 반직선 OC가 ∠AOB의 이등분선이 됩니다.

각의 이등분선은 2가지 특징이 있습니다.

첫 번째로 ∠AOB의 이등분선 위의 한 점 P에서 그 각을 이루는 두 변까지 거리가 같습니다. 이것은 두 직각삼각형 OPA, OPB에서 빗변 OP의 길이가 같고 ∠POA = ∠POB이므로 △OPA≡△OPB(RHA합동)이기 때문이죠.

두 번째로 각을 이루는 두 변에서 같은 거리에 있는 점은 그 각의 이등분선에 있어요. 이것은 $\overline{AP}=\overline{BP}$이고 빗변 OP의 길이가 같은 직각삼각형이므로 △OPA≡△OPB(RHS합동)이기 때문입니다.

원과 접선

원과 한 점에서 만나는 직선

야구와 비슷한 경기인 소프트볼은 투수가 공을 던질 때 야구와 차이가 있습니다. 야구는 공을 쥐고 있다 던지지만, 소프트볼은 공을 쥔 팔을 풍차처럼 여러 차례 돌린 후 공을 던집니다. 놓여진 소프트볼은 회전하며 원을 그리는 것이 아니라 야구와 같이 포수를 향해 곧게 날아가요. 이때 소프트볼이 날아간 흔적을 '자취'라고 부릅니다.

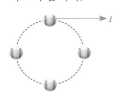

소프트볼을 놓기 전에는 원 모양으로 회전했지만 볼을 놓은 후의 자취를 보면 직선이에요. 소프트볼을 놓기 전의 모양을 원 O라고 하면 놓은 후의 자취인 직선은 l이에요.

공을 던지는 순간을 생각해볼까요? 이 순간에 공은 원 위에 있으면서 동시에 소프트볼이 날아가는 자취 위의 점이 됩니다. 즉 원 O 위의 점이면서 동시에 직선 l의 점이죠. 원과 직선이 접하는 점을 한자 접(接 접촉하다)을 이용해 '접점'이라고 해요. 그리고 이 점을 지나는 직선 l을 '접선'이라고 합니다.

원을 지나가는 모든 현의 두 끝점과 원의 중심을 이으면 신기하게도 모두 이등변삼각형입니다. 두 변이 원의 반지름이기 때문이죠.

원 O와 이등변삼각형 OAB가 있습니다. 이때 현 AB의 중점 M과 원의 중심 O를 이으면 두 삼각형 OAM, OBM이 생기죠? 이때 $\overline{OA}=\overline{OB}$, $\overline{AM}=\overline{BM}$, $\overline{OM}$은 공통이므로 $\triangle OAM \equiv \triangle OBM$(SSS합동)입니다. 따라서 $\angle OMA = \angle OMB = 90°$가 됩니다.

결국 현 AB와 선분 OM은 직각인데 만약 이 현을 조금씩 밑으로 내리면 어떻게 될까요? 현의 길이가 점점 짧아지다가 결국 한 점인 접점이 되겠죠? 따라서 접선은 반지름과 직교합니다.

직선 l이 원 O와 한 점에서 만날 때, 직선 l은 원 O에 접한다고 하고 l을 접선, T를 접점이라고 합니다. 그리고 $l \perp \overline{OT}$입니다.

삼각형의 외심

세 변의 수직이등분선과 만나는 한 점

연호, 은지, 준호 세 친구가 각자의 집에서 같은 거리에 있는 장소에서 만나기로 했습니다. 약속 장소는 어떻게 정할 수 있을까요?

우선 연호와 은지 두 친구의 집 A, B에서 같은 거리에 있는 약속장소 O를 △ABC에 표시해봅시다. 그러면 점 O에서 세 점 A, B, C에 이르는 거리가 같으므로 세 점을 지나는 원 O를 그릴 수 있죠.

△ABC의 세 꼭짓점이 모두 원 O에 있으므로 삼각형과 원은 접하고 있고 원은 삼각형의 밖에 접해 있죠? 한자 실력을 조금만 발휘해서 작명해볼까요?

외(外 바깥)와 접(接 붙어 있다)을 이용해 삼각형 밖에 붙어 있는 원은 '외접원'이 됩니다. 이때 원 O는 △ABC에 외접한다고 하고 삼각형의 외접원의 중심은 간단하게 줄여 그 삼각형의 '외심'이라고 합니다.

그럼 삼각형의 외심은 어떻게 정확히 찾을 수 있을까요? $\overline{OA}, \overline{OB}, \overline{OC}$에 의해 나누어진 세 삼각형을 이용하면 됩니다.

나누어진 3개의 삼각형 OAB, OBC, OCA는 $\overline{OA} = \overline{OB} = \overline{OC}$ 이므로 모두 이등변삼각형이에요. 그리고 이등변삼각형에서

꼭지각의 이등분선은 밑변을 수직이등분해요. 즉 외심은 각 변의 수직이등분선의 교점으로 구할 수 있어요. 보통 점은 대문자를 이용해서 나타내는데 흔히 외심을 '밖'이라는 뜻의 영어 'Out'의 첫 글자를 따서 O라고 한답니다.

다각형의 외접원

다각형의 모든 꼭짓점을 지나는 원

다각형의 모든 꼭짓점을 지나며 그 도형을 둘러싸고 있는 원을 '외접원'이라고 합니다.

삼각형은 반드시 외접원을 그릴 수 있습니다. 하지만 예각삼각형인지 둔각삼각형인지 직각삼각형인지에 따라 외심의 위치는 달라지죠. 예각삼각형인 경우는 삼각형의 내부에, 둔각삼각형인 경우는 삼각형의 외부에, 직각삼각형인 경우는 빗변의 중심에 외심이 있어요.

예각삼각형

둔각삼각형

직각삼각형

정오각형의 각 변에서 도형의 내부를 향해 수직이등분선을 그리면 하나의 교점이 생기는데, 이 점이 바로 정오각형의 외심입니다. 정오각형과 같은 정다각형은 항상 외접원을 그릴 수 있어요.

삼각형과는 달리 사각형을 비롯한 다각형은 외접원이 항상 존재하는 건 아니랍니다. 항상 외접원을 그릴 수 있는 삼각형은 참 신기한 도형인 셈입니다.

세 각의 이등분선과 만나는 한 점

삼각형 밖에 접하는 원이 있다면 삼각형 안에 접하는 원도
있습니다.

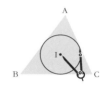

내(內 안)와 접(接 붙어 있다)을 이용해 삼각형 안에 붙어 있
는 원은 '내접원'이라고 합니다. 컴퍼스를 가지고 삼각형의
세 변에 접하도록 원만 그릴 수 있으면 대성공!

하지만 작도해보는 것만으로 내접원이 있다고 판단하면 안 되겠죠? 논리적으
로 증명이 되어야 설득력이 있겠죠?

먼저 적당한 보조선을 그려볼게요.

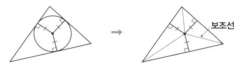

보조선을 그리고 나니 합동일 것만 같은 느낌의 삼각형이
세 쌍 보이죠? 이러한 느낌을 직관이라고 합니다. 직관이 맞
는지 확인해봅시다.

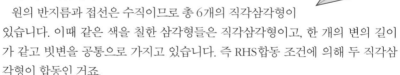

원의 반지름과 접선은 수직이므로 총 6개의 직각삼각형이
있습니다. 이때 같은 색을 칠한 삼각형들은 직각삼각형이고, 한 개의 변의 길이
가 같고 빗변을 공통으로 가지고 있습니다. 즉 RHS합동 조건에 의해 두 직각삼
각형이 합동인 거죠.

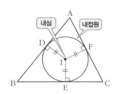

결국 삼각형에 그린 보조선은 이 삼각형의 세 내각의
이등분선이죠? 그래서 삼각형의 세 내각의 이등분선이
만나는 점이 '내심'이고 세 꼭짓점까지 이르는 거리가 같
아요. 흔히 내심을 '안'이라는 뜻의 영어 'In'의 첫 글자를
따서 I라고 기호를 붙입니다.

다각형의 내심

모래로 찾을 수 있는 도형의 내심

다각형의 모든 변에 내접하는 원을 '내접원'이라고 합니다. 그리고 이 원의 중심을 '내심'이라고 하죠. 그러면 모든 다각형이 내심을 가지고 있을까요?

이것은 모래를 이용한 실험에서 확인할 수 있어요. 우선 정다각형부터 내심을 구해봅시다.

두꺼운 종이로 정삼각형을 만든 후 그 위에 모래를 쌓고 정삼각형을 들어 올립니다. 모래는 삼각형의 각 변에서 가장 먼 지점에 가장 높이 쌓이게 되죠. 그리고 각 변에서 같은 거리만큼의 모래가 떨어지고 남은 모래는 능선을 만들어요. 이 세 능선의 중심이 정삼각형의 내심입니다. 같은 방법으로 정사각형과 정오각형도 실험해보면 내심이 존재하는 것을 직관적으로 알 수 있어요. 다른 모든 정다각형도 대칭이므로 항상 도형의 중앙에 내심이 존재합니다.

정다각형이 아닌 경우에는 어떨까요? 삼각형의 각의 이등분선은 항상 한 점에서 만나므로 내심이 존재합니다. 하지만 직사각형의 경우 정다각형과 다르게 각 꼭짓점의 이등분선이 한 점에서 만나지 않으므로 내심이 존재하지 않죠.

모든 삼각형과 정다각형에는 내접원을 그릴 수 있지만, 이외의 다각형은 항상 내접원을 그릴 수 있는 건 아니랍니다.

평행사변형

두 쌍의 대변이 평행한 사각형

놀이공원에 가면 짜릿한 놀이기구들이 많
죠? 그림의 놀이기구는 위아래로 움직이
지만 절대 옆으로 기울어지지 않아요. 비행
기 모양 기구를 지탱하고 있는 $\overline{AB}$와 $\overline{DC}$,
$\overline{AD}$와 $\overline{BC}$가 서로 평행하기 때문입니다.

사각형 ABCD를 기호로 나타내면 □ABCD입니다. 사각형
에서 마주 보는 변을 '대변', 마주 보는 각을 '대각'이라고 하
죠. 예를 들어 □ABCD에서 $\overline{AB}$와 $\overline{DC}$, $\overline{AD}$와 $\overline{BC}$는 각각 서로
대변이고 ∠A와 ∠C, ∠B와 ∠D는 각각 서로 대각이에요.

아래 그림과 같이 두 쌍의 대변이 각각 평행한 사각형을 '평행사변형'이라고
해요. 평행사변형 □ABCD에 대각선 AC를 긋고 △ABC와 △CDA를 봅시다.

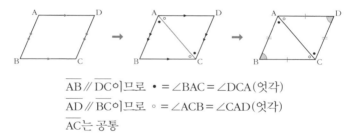

$$\overline{AB} /\!/ \overline{DC}\text{이므로 } \bullet = \angle BAC = \angle DCA\,(\text{엇각})$$
$$\overline{AD} /\!/ \overline{BC}\text{이므로 } \circ = \angle ACB = \angle CAD\,(\text{엇각})$$
$$\overline{AC}\text{는 공통}$$

ASA합동 조건에 의해 △ABC≡△CDA이므로 $\overline{AB} = \overline{DC}$, $\overline{BC} = \overline{AD}$, ∠B = ∠D
이고 또 ∠A = • + ∘ = ∠C예요.

따라서 평행사변형의 두 쌍의 대변의 길이는 각각 같고 두 쌍의 대각의 크기
가 같습니다. 이것을 기호로 나타내면 □ABCD에서 $\overline{AB} = \overline{DC}$, $\overline{BC} = \overline{AD}$이고
∠A = ∠C, ∠B = ∠D입니다.

평행사변형의 대각선

서로 다른 것을 이등분하는 두 선분

지진 피해를 예방하기 위해서는 지진이 발생해 건물이 흔들리더라도 금이 가거나 부서지지 않도록 더 굵은 철근을 넣거나 벽과 바닥을 두껍게 만들어 건물을 튼튼하게 짓는 내진 설계가 필수입니다. 높은 건물은 건물의 하중을 분산하기 위해 벽에 X자 모양의 보강재를 설치하기도 하죠.

평행사변형 ABCD에 X자 모양의 보강재를 설치하면 이는 곧 평행사변형의 대각선이 됩니다. 이러한 평행사변형의 대각선은 어떤 성질을 갖고 있을까요?

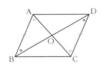

평행사변형의 두 대각선의 교점을 O라고 하면 △OAB와 △OCD에서 $\overline{AB} /\!/ \overline{DC}$이므로 ● = ∠ABO = ∠CDO(엇각), ○ = ∠BAO = ∠DCO(엇각)이고 $\overline{AB} = \overline{DC}$입니다. 따라서 ASA 합동 조건에 의해 △OAB ≡ △OCD(ASA 합동)입니다.

여기서 얻을 수 있는 결론 중 $\overline{OA} = \overline{OC}$, $\overline{OB} = \overline{OD}$가 있습니다.

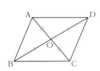

다시 말해 평행사변형의 두 대각선은 서로 다른 것을 이등분해요. 이것이 바로 보강재가 가진 힘의 원천입니다. 지진이 나서 평행사변형이 변형되어도 안을 받치고 있는 보강재는 서로 길이를 유지하며 버틸 수 있게 됩니다.

한 가지 더! 평행사변형의 넓이

평행사변형의 평행인 두 변을 밑변, 두 밑변 사이의 거리를 높이라고 해요. 평행사변형의 넓이는 (밑변의 길이)×(높이)로 구할 수 있어요.

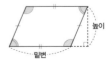

평행사변형이 되는 조건

어떤 사각형이 평행사변형이 되는 법

색종이 2장을 겹쳐놓은 후 삼각형을 그려 오리고, 크기가 같은 두 쌍의 각을 표시한 후 길이가 같은 변끼리 맞대어 □ABCD를 만들었어요. 합동인 두 삼각형을 맞대어 만들었으므로 $\overline{AB}=\overline{DC}$, $\overline{AD}=\overline{BC}$이에요.

□ABCD는 어떤 사각형일까요?

각을 표시한 두 쌍의 대응각이 서로 엇각이 되고 그 크기가 같으며 사각형의 대변이 각각 평행하므로 □ABCD는 평행사변형입니다.

두 쌍의 대변이 평행한 사각형이 평행사변형이지만 위에 만든 사각형처럼 두 쌍의 대변의 길이가 같아도 평행사변형이 된답니다.

이렇게 어떤 사각형이 평행사변형이 되려면 다음 조건 중 한 조건만 만족하면 됩니다.

직사각형

네 각의 크기가 모두 같은 사각형

이순신 장군은 임진왜란 당시 육지에서 병사가
타고 있는 배까지 통신수단으로 연을 사용했습니
다. 연마다 서로 다른 문양을 그려 공격 시간이나
방법을 전달한 것이죠. 군사 용도로 처음 사용되
었던 연은 설날이 되면 새해의 풍요를 기원하는
소망과 땅의 기운을 담아 하늘에 올려보냅니다.
조선시대는 물론 지금도 설날이 되면 연날리기를 즐겨요.

직사각형 ABCD

　방패연은 네 각이 직각이고, 마주 보는 두 쌍의 변이 평
행하면서 그 길이가 같아요. 또한 두 대각선의 길이가 같
고, 대각선이 서로 다른 대각선을 이등분합니다. 그래서 대
각선의 교점을 기준으로 상하좌우가 대칭을 이루기 때문
에 균형 잡기가 쉬운 연이에요.

　방패연과 같이 네 각의 크기가 모두 같은 사각형을 '직사각형'이라고 해요. 그
런데 네 각의 크기가 모두 같으면 두 쌍의 대각의 크기도 같으므로 직사각형이면
서 동시에 평행사변형이 되죠. 따라서 직사각형이면 평행사변형의 성질을 모두
만족합니다.

　직사각형 ABCD에서 두 대각선 AC, DB를 그어서 생긴 △ABC와 △DCB를 볼
까요?

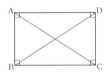 → 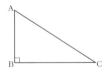　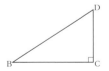

　직사각형은 평행사변형이므로 $\overline{AB} = \overline{DC}$이고 ∠ABC = ∠DCB = 90°이고 $\overline{BC}$는
공통이므로 △ABC ≡ △DCB(SAS 합동)이에요. 즉 $\overline{AC} = \overline{DB}$가 됩니다.

　따라서 직사각형의 두 대각선은 길이가 같고, 서로 다른 것을 이등분하는 성질
이 있습니다.

네 변의 길이가 모두 같은 사각형

가오리연을 만들기 위해 직사각형 모양의 종이를 반으로 접고, 접은 것을 다시 반으로 접어 종이가 네 겹으로 겹치게 합니다. 그리고 점선 AB를 따라 자른 다음 펼치면 어떤 모양이 만들어질까요? 바로 네 변의 길이가 모두 같은 사각형인 '마름모'가 만들어져요.

마름모 ABCD에서 두 대각선 AC, BD의 교점을 O라고 하면 ∠AOB, ∠BOC, ∠COD, ∠DOA의 크기는 어떨까요? 네 각 모두 90°로 같습니다.

△ABC와 △ADC에서 $\overline{AB}=\overline{AD}$, $\overline{BC}=\overline{DC}$, $\overline{AC}$는 공통이므로 SSS합동 조건에 의해 △ABC≡△ADC예요. 즉 $\overline{AC}$는 이등변삼각형 ABD의 꼭지각 ∠A의 이등분선이 되는 거지요. 이등변삼각형에서 꼭지각이 이등분선을 밑변을 수직이등분하므로 $\overline{AC} \perp \overline{BD}$예요.

마름모는 두 쌍의 대변의 길이가 각각 같아 평행사변형도 되므로 평행사변형의 성질까지 모두 만족합니다. 그렇기 때문에 마름모의 두 대각선은 서로 다른 것을 수직이등분한답니다.

정사각형

마름모이면서 직사각형인 사각형

야구장에는 다양한 도형이 곳곳에 숨어 있어요. 야구장의 4개의 베이스 라인으로 둘러싸인 지역은 정사각형입니다.

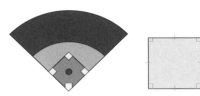

　정사각형은 네 변의 길이가 같으므로 마름모가 되면서 동시에 네 각의 크기가 같으므로 직사각형이기도 합니다. 정사각형은 마름모와 직사각형의 성질을 모두 가지고 있죠.

　　마름모와 직사각형이 가진 대각선의 성질도 동시에 가지기 때문에 정사각형의 두 대각선은 길이가 같고 서로 다른 것을 이등분합니다.

　그렇다면 거꾸로 어떤 사각형이 네 변의 길이가 모두 같고, 두 대각선의 길이가 서로 같으면 정사각형이라고 할 수 있을까요? 네 변의 길이가 같은 것은 마름모, 두 대각선의 길이가 서로 같은 것은 직사각형의 성질이므로 둘 다 만족하는 사각형인 정사각형이 됩니다.

　이외에도 다음과 같은 조건을 가진 사각형이라면 모두 정사각형입니다.

사다리꼴

한쌍의 대변이 평행한 사각형

사다리꼴이라는 말은 말 그대로 사다리 모양이라는 뜻입니다. 사다리꼴은 한쌍의 대변이 평행한 사각형입니다. 사다리꼴에서 평행인 두 변 중 위쪽에 있는 변을 '윗변', 아래쪽에 있는 변을 '아랫변'이라고 하고, 윗변과 아랫변 사이의 거리를 '높이'라고 해요.

조건이 매우 단순하기 때문에 사다리꼴의 모양은 다양합니다.

사다리꼴 중에서 아랫변의 양 끝 각의 크기가 서로 같은 사다리꼴은 특별히 '등변사다리꼴'이라고 해요. 등변사다리꼴 ABCD에서 점 D를 지나고, $\overline{AB}$에 평행한 직선을 볼까요?

이 직선이 $\overline{BC}$와 만나는 점을 E라고 하면 평행선과 동위각의 성질에 의해 ∠B = ∠DEC이므로 △DEC는 이등변삼각형입니다. △DEC가 이등변삼각형이므로 $\overline{DE} = \overline{DC}$이고 □ABED는 평행사변형이므로 $\overline{AB} = \overline{DE}$입니다.

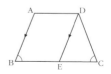

따라서 $\overline{AB} = \overline{DC}$이므로 등변사다리꼴의 평행하지 않은 한쌍의 대변의 길이는 항상 같습니다.

사각형의 관계

사각형에 조건을 더하거나 빼기

평면도형 콘테스트에 출전한 도형들이 자기소개를 합니다. 맨 먼저 사다리꼴(▱)이 나와 "저는 한쌍의 대변이 평행한 사각형인 사다리꼴이에요"라고 소개를 했어요. 다음 순서인 평행사변형(▱)은 앞서 등장한 사다리꼴의 소개를 조금 변형해 "저는 한쌍의 대변뿐만 아니라 다른 한쌍의 대변도 평행한 사각형인 평행사변형이에요"라고 소개했어요.

앞서 소개한 사다리꼴에 약간의 조건을 더했더니 평행사변형이 되었죠? 이처럼 사각형마다 성질이 약간씩 다르므로 조건을 더하거나 빼면 다른 사각형이 될 수 있습니다. 마찬가지로 평행사변형에 어떤 조건을 더하느냐에 따라 다른 사각형으로 변신할 수 있습니다.

평행사변형에 한 내각이 직각이라는 조건을 더하면 사각형의 모든 내각이 직각이 되므로 직사각형이 됩니다.

만약 평행사변형에 이웃하는 두 변의 길이가 같다는 조건을 더하면 사각형의 모든 변의 길이가 같으므로 마름모가 됩니다.

직사각형에 이웃하는 두 변의 길이가 같다는 조건을 더하거나 마름모에 한 내각이 직각이라는 조건을 더하면 정사각형이 됩니다.

이처럼 사각형이라고해서 다 같은 것이 아니라 모두 각자의 개성과 특징이 있답니다.

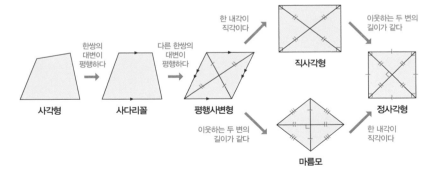

평행선과 넓이

넓이는 같지만 모양이 다른 도형

평행한 두 직선 사이에 서로 다른 모양의 세 삼각형이 있습니다. 밑변은 공유하지만 한 꼭짓점이 서로 다른 위치에 있다면 이 세 삼각형의 넓이는 과연 어떨까요? 모양이 달라 합동이 아니지만 넓이는 모두 같습니다. 바로 평행선 때문이에요.

$$(삼각형의 넓이) = \frac{1}{2} \times (밑변의 길이) \times (높이)$$

삼각형의 넓이는 밑변의 길이와 높이에 따라 변하죠? 세 삼각형의 밑변이 같고, 평행한 두 직선 사이의 거리는 일정하므로 높이도 같아요.

점 D를 지나고 $\overline{AC}$에 평행한 직선과 $\overline{BC}$의 연장선과 만나는 점을 E라고 할 때, □ABCD 와 △ABE의 넓이는 어떨까요?

우선 $\overline{AC} /\!/ \overline{DE}$이므로 평행선 사이의 삼각형

ACD와 ACE를 봅시다. 밑변 AC가 공통이고, $\overline{AC} /\!/ \overline{DE}$이므로 높이가 같아요. 즉 △ACD = △ACE예요.

□ABCD = △ABC + △ACD = △ABC + △ACE = △ABE

따라서 □ABCD = △ABE입니다.

평행선과 도형 사이의 관계를 이용하면, 모양은 다르지만 넓이가 같은 삼각형을 찾을 수 있습니다. 따라서 다각형의 넓이는 변하지 않으면서 모양이 다른 도형으로 바꿀 수 있습니다.

닮은 도형

크기는 다르지만 모양이 같은 도형

건물이나 다리, 도로 등을 만들 때 맨 처음 하는 일은 건물의 기능과 지형에 적합하도록 설계하는 것입니다. 그리고 본격적으로 공사를 시작하기 전 여러 상황을 예측해보기 위해 최종적으로 모형을 제작해보죠. 이 모형은 실제 크기를 $\frac{1}{200}$, $\frac{1}{500}$ 배로 축소해 만들기 때문에 크기는 다르지만, 모양은 완전히 똑같습니다. 그렇기 때문에 실제로 만들어질 전체 모습을 한눈에 살펴볼 수 있어요. 아파트 모델 하우스 로비에 전시한 축소 모형이 건물의 기능을 알리거나 단지의 배치를 전체적으로 볼 수 있게 하는 것처럼요.

우리 생활 주변에는 실제 사물과 똑같은 모양으로 축소 또는 확대해 만들어 놓은 것들이 많이 있어요. 핸드폰 사진이나 길찾기 앱에서 활용할 수 있는 확대와 축소 기능이나, 세계의 랜드마크를 미니어처로 만들어 모아 놓은 테마파크 등에서 볼 수 있어요.

도형에서도 확대하거나 축소한 도형들 사이에 관계가 있어요. 한 도형을 일정한 비율로 확대하거나 축소해 다른 한 도형과 모양과 크기가 같을 때, 이들 두 도형은 '서로 닮음 관계에 있다' 또는

'서로 닮았다'고 해요. 또 서로 닮음인 관계에 있는 두 도형은 '닮은 도형'이에요.

두 삼각형 ABC와 DEF가 크기는 다르지만 △ABC를 2배 확대하면 △DEF와 합동이에요. 즉 △ABC와 △DEF는 닮음입니다. 닮음을 기호로 나타내면 Similar(닮은)의 머리글자 S를 옆으로 뉘어서 쓴 ∽를 이용해 △ABC∽△DEF와 같이 나타냅니다.

대응변의 길이의 비

△ABC∽△DEF인 두 삼각형에서 점 A와 점 D, 점 B와 점 E, 점 C와 점 F는 각각 대응점이에요. 또 $\overline{AB}$와 $\overline{DE}$, $\overline{BC}$와 $\overline{EF}$, $\overline{CA}$와 $\overline{FD}$는 각각 대응변이고, ∠A와 ∠D, ∠B와 ∠E, ∠C와 ∠F는 각각 대응각이에요.

두 삼각형의 대응변과 대응각의 크기를 비교해볼까요?

서로 닮음인 두 도형에서 $\overline{AB}$를 2배 하면 $\overline{DE}$의 길이가 되고, $\overline{BC}$의 길이를 2배 하면 $\overline{EF}$가 되고, $\overline{CA}$의 길이를 2배 하면 $\overline{FD}$가 돼요. 즉 △ABC과 △DEF 의 대응변의 길이의 비는 1 : 2로 일정합니다.

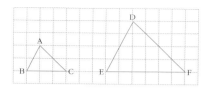

$$\overline{AB} : \overline{DE} = \overline{BC} : \overline{EF} = \overline{CA} : \overline{FD} = 1 : 2$$

서로 닮은 두 도형에서 대응변의 길이의 비를 두 도형의 '닮음비'라고 해요. △ABC와 △DEF의 경우 닮음비는 1 : 2라고 말해요.

이제 대응각의 크기를 비교하면 ∠A = ∠D, ∠B = ∠E, ∠C = ∠F임을 알 수 있어요.

도형을 확대하거나 축소할 때, 닮음 도형의 변의 길이는 일정한 비율로 변하지만 각의 크기는 변하지 않아요.

모양과 크기가 같아 닮음비가 1 : 1인 도형은 어떤 관계일까요? 합동이에요. 따라서 합동은 닮음 중 닮음비가 1 : 1인 특수한 경우입니다.

입체도형의 닮음비

대응변의 길이의 비

흔히 아기들을 보며 '엄마를 똑같이 닮았네' 라는 말을 합니다. 그럼 과일 통조림캔과 페인트 통도 닮아 보이나요? 비슷해 보인다면 두 입체도형은 닮은 도형일까요?

수학에서 '닮은 도형' 이란 일상생활에서 일란성 쌍둥이가 닮았다거나, 아이가 부모님을 닮았을 때 '닮았다' 고 표현하는 것과는 다릅니다.

과일 통조림캔과 페인트 통이 둘 다 원기둥 모양이긴 하지만 통조림캔을 확대했을 때 페인트 통과 합동이 되지 않으므로 닮음 도형이 아닙니다.

입체도형도 평면도형과 마찬가지로 일정한 비율로 확대 또는 축소해 다른 입체도형과 모양과 크기가 같아질 때, 이 두 입체도형은 서로 닮음인 관계에 있다고 합니다.

예를 들어 사면체 ABCD를 2배 확대해 사면체 A′B′C′D′가 되었을 때 두 도형은 닮음비가 1 : 2인 닮은 도형이에요.

이때 면 ABC에 대응하는 면 A′B′C′도 서로 닮은 관계에 있어요. 즉 입체도형의 대응하는 면은 닮은 도형이에요.

그렇다면 탁구공과 볼링공은 닮은 도형일까요? 찌그러지지 않고 구멍이 없는 구 모양이라고 했을 때 두 공은 반지름의 길이의 비를 닮음비로 하는 닮은 도형입니다.

두 직각이등변삼각형, 변의 개수가 같은 두 정다각형, 두 원, 두 구, 면의 개수가 같은 두 정다면체는 항상 닮은 도형입니다.

정다각형	원	구

닮은 도형의 넓이의 비

넓이의 비는 닮음비의 제곱

넓이가 100인 사진을 150% 확대해 인화하려고 해요. 확대할 종이의 넓이가 어
느 정도인지 알아야 인화지를 고를 수 있겠죠? 확대하기 전 사진과 확대한 후의
사진은 닮은 관계이므로 닮은 도형의 넓이의 비를 이용해 필요한 인화지를 고를
수 있어요.

한 칸의 가로와 세로의 길이가 각각 1인 모
눈종이 위에 그린 두 직사각형은 과연 무슨 관
계일까요? 이는 서로 닮은 도형이고 닮음비는
1 : 2입니다.

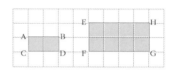

두 직사각형 ABCD, EFGH의 둘레의 길이의 비는 얼마일까요?

□ABCD의 둘레의 길이는 $2 \times (2+1) = 6$이고, □EFGH의 둘레의 길이는
$2 \times (4+2) = 12$이므로 $6 : 12 = 1 : 2$예요. 즉 둘레의 길이의 비는 닮음비와 같습니다.

그러면 두 직사각형의 넓이의 비는 얼마일까요?

두 직사각형의 넓이는 각각 $1 \times 2 = 2$, $4 \times 2 = 8$이므로 두 직사각형의 넓이의 비
는 □ABCD : □EFGH $= 2 : 8 = 1 : 4 = 1^2 : 2^2$이에요.

두 직사각형의 넓이의 비는 닮음비의 제곱과 같다는 것을 알 수 있어요.

넓이가 100인 사진을 150% 확대하면 두 사진의 닮음비는 2 : 3이 되므로 넓
이의 비는 $2^2 : 3^2$이 되겠죠? 확대된 사진의 넓이를 x라고 하면 $2^2 : 3^2 = 100 : x$,
$x = \dfrac{900}{4} = 225$가 됩니다. 확대할 인화지의 크기를 구했네요.

삼각형, 사각형, 원 등 두 평면도형에서 닮은 도형의 넓이의 비는 닮음비의 제
곱의 비와 같습니다.

닮은 도형의 부피의 비

부피의 비는 닮음비의 세제곱

한 변의 길이가 1인 정육면체 모양의 쌓기나무를 사용해 두 정육면체를 만들었
어요. 이때 두 정육면체는 닮음비가 2 : 3인 닮은 도형이에요.

두 정육면체의 겉넓이의 비는 얼마일까요?

작은 정육면체의 겉넓이는 $\square ABCD \times 6 = 2^2 \times 6 = 24$이고, 큰 정육면체의 겉
넓이는 $\square A'B'C'D' \times 6 = 3^2 \times 6 = 54$이므로
$24 : 54 = 4 : 9 = 2^2 : 3^2$이에요. 즉 닮음비의 제곱
과 같음을 확인할 수 있습니다.

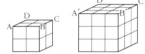

그러면 두 정육면체의 부피의 비는 얼마일까요? $8 : 27 = 2^3 : 3^3$입니다. 즉 닮음
비의 세제곱과 같습니다.

마트에서 파는 작은 사이즈 우유와 큰 사이즈 우유의 값을 비교해본 적이 있나
요? 200ml우유 5개의 가격이 보통 1000ml우유 한 개의 가격보다 높습니다. 작
은 팩으로 만들면 원가가 더 많이 들어가기 때문이에요.

예를 들어 작은 우유 8팩과 큰 우유 1팩에 들어있는 우유의 양이 같다고 하면
작은 우유와 큰 우유 한 팩의 부피의 비는 1 : 8이므로 두 팩의 닮음비는 1 : 2가
됩니다. 그러면 작은 우유 한 팩과 큰 우유 한 팩의 겉넓이의 비는 $1^2 : 2^2 = 1 : 4$예
요. 즉 작은 우유 한 팩을 만드는 데 필요한 종이의 양은 큰 우유 한 팩을 만드는
데 필요한 종이의 양의 $\frac{1}{4}$이 됩니다.

작은 우유 8팩과 큰 우유팩 한 개에 들어 있는 우유의 양이 같죠? 작은 우유 팩
으로 큰 우유 한 팩에 들어 있는 같은 양의 우유를 팔려면 큰 우유 팩의 종이의
양에 비해 $\frac{1}{4} \times 8 = 2$배의 종이가 필요해요. 필요한 종이의 양이 증가하므로 그만
큼 제작 비용도 더 들겠죠? 그래서 같은 양의 우유를 포장할 때, 소분된 포장 용
기로 사면 원가가 더 비싼 거랍니다.

정육면체의 배적 문제

주어진 정육면체의 부피의 2배가 되는 정육면체 작도하기

기원전 그리스 전역에 역병이 돌았어요. 당시는 의학이 발달하지 못한 시대였기 때문에 이것을 신의 노여움이라고 여겼습니다. 사람들은 신전에 가서 신의 계시를 듣기로 하고, 델피에 있는 아폴로 신에게 기도했어요. 아폴로 신은 그들의 정성에 감복해 "정육면체 모양의 제단을 그 부피의 2배가 되는 새로운 정육면체 모양의 제단으로 만들면 역병을 퇴치해주겠다"라고 했어요.

이 계시를 듣고 사람들은 새로운 제단을 만들었습니다. 하지만 역병이 전혀 진정되지 않았죠. 난처해진 원로원의 장로들이 저명한 수학자에게 그 원인을 규명해달라고 요청했어요. 수학자는 제단을 유심히 살펴보고 난 후 다음과 같이 말했습니다.

"당신들은 참 어리석군. 부피를 2배로 만들기 위해 각 변의 길이를 2배로 늘리면 된다고 생각하다니. 결국 부피가 8배가 되어 신의 노여움이 증가한 거라오."

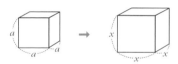

2배로 만들고 싶은 정육면체의 부피를 a^3이라고 하면 새로 만든 정육면체의 부피는 $2a^3$입니다. 이제 새로 만든 정육면체의 한 변의 길이 x를 구하면 돼요.

$$x^3 = 2a^3 \ \text{즉} \ x = \sqrt[3]{2}\,a$$

그런데 $\sqrt[3]{2}$는 작도할 수가 없었어요. 즉 주어진 정육면체의 부피가 2배인 정육면체를 작도할 수 없었던 거지요.

이 문제는 3대 작도 불가능 문제 중 하나로 거의 2000년 동안 풀리지 않다가 19세기에 이르러 작도할 수 없다는 사실이 증명됩니다.

이토록 단순해 보이는 문제 해결에 2000년이 넘는 세월이 걸렸어요. 하지만 이것을 해결하기 위해 원추곡선(원, 쌍곡선, 포물선 등), 3차 곡선, 4차 곡선 등이 발견되었고, 3차식과 같은 대수적인 영역의 발전에도 영향을 주었으니 작도 불가능 문제가 수학의 발전에 큰 가능성을 열어준 셈입니다.

세 쌍의 대응변의 길이의 비

막대 하나로 피라미드 높이를 구한 그리스의 수학자 탈레스! 그는 어떻게 피라미드 그림자와 막대의 그림자가 일정하게 변한다는 사실을 알았을까요? 그것은 바로 닮은 도형의 성질을 알고 있었기 때문입니다.

피라미드의 높이와 피라미드의 그림자의 길이를 두 변으로 하는 직각삼각형 ABC와, 막대의 높이와 막대의 그림자의 길이를 두 변으로 하는 직각삼각형 DEF는 서로 닮은 도형이에요.

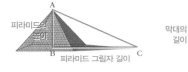

두 삼각형이 닮음인 것은 어떻게 알 수 있을까요? 닮음인 두 삼각형은 세 쌍의 대응변의 길이의 비가 일정하고 세 쌍의 대응각의 크기가 각각 같으므로 이 조건을 체크해보아야 알 수 있을까요?

사실은 합동에서 특정한 3요소만 같으면 합동인 걸 판단할 수 있는 것처럼 닮음도 일부만 체크해보면 서로 닮음임을 판단할 수 있어요.

여기에 닮음비가 $1:2$인 $\triangle ABC$와 $\triangle DEF$가 있어요. 두 삼각형이 닮음이면 일정한 비율로 확대 또는 축소했을 때 합동이 되어야 하죠?

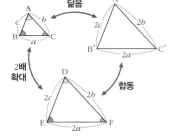

$\triangle ABC$의 세 변의 길이를 각각 2배로 한 $\triangle A'B'C'$를 그리면 세 대응변의 길이가 같으므로 $\triangle A'B'C' \equiv \triangle DEF$(SSS 합동)예요. 일정한 비율로 확대했을 때 합동이므로 $\triangle ABC \backsim \triangle A'B'C'$예요.

즉 세 쌍의 대응변의 길이가 같으면 두 삼각형은 닮음이고, 우리는 이것을 삼각형의 'SSS 닮음조건'이라고 부릅니다.

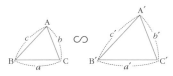

$a:a'=b:b'=c:c'$ (SSS 닮음)

SAS 닮음 조건

두 쌍의 대응변의 길이의 비와 끼인각의 크기

삼각형을 작도하려면 삼각형의 세 변의 길이
와 세 각의 크기를 모두 알아야만 할까요? 작
도를 통해 특정한 몇 가지만 알아도 삼각형이
하나로 결정되는 것을 알 수 있습니다. 이것을
이용하면 두 삼각형이 서로 닮은 도형인지도
알 수 있죠.

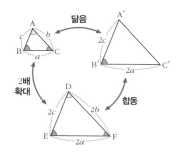

닮음비가 1 : 2인 △ABC와 △DEF에서
△ABC의 두 변의 길이를 각각 2배 확대하고
그 끼인각의 크기는 같도록 △A′B′C′를 그려볼게요. △A′B′C′와 △DEF는 대
응하는 두 변의 길이가 각각 같고, 그 끼인각의 크기가 같으므로 SAS 합동조건에
의해 △A′B′C′≡△DEF예요. 즉 △ABC ∽ △A′B′C′가 됩니다.

즉 두 쌍의 대응변의 길이의 비가 같고, 그 끼인각의 크기가 같으면 닮음이에
요. 우리는 이것을 삼각형의 'SAS 닮음조건'이라고 부릅니다.

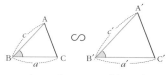

$a : a′ = c : c′$, $\angle B = \angle B′$ (SAS 닮음)

AA 닮음 조건

두 쌍의 대응각의 크기

삼각형의 합동 조건은, 대응하는 세 변의 길이가 각각 같은 SSS 합동, 대응하는 두 변의 길이가 각각 같고 그 끼인각의 크기가 같은 SAS 합동, 대응하는 한 변의 길이가 같고 그 양 끝 각의 크기가 각각 같은 ASA 합동이 있습니다.

그렇다면 지금까지 찾은 삼각형의 닮음 조건인 SSS, SAS 닮음조건 이외에 ASA 닮음 조건이 하나 더 있을 것 같죠?

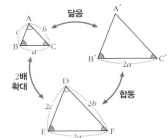

닮음비가 1 : 2인 △ABC와 △DEF에서 △ABC의 한 변의 길이를 각각 2배 확대하고 그 양 끝 각의 크기가 각각 같도록 △A′B′C′를 그려봅시다. 그러면 △A′B′C′은 △DEF와 대응하는 한 변의 길이가 같고 그 양 끝 각의 크기가 같으므로 △A′B′C′≡△DEF(ASA 합동)이에요. 즉 △ABC ∽ △A′B′C′입니다.

이때 △ABC와 △DEF의 두 쌍의 대응하는 각의 크기가 같죠? 그럼 나머지 한 각의 크기는 어떨까요? 삼각형의 내각의 합은 항상 180°이니 나머지 한 각은 당연히 같을 수밖에 없습니다.

$$\angle B = \angle B', \ \angle C = \angle C' \ \cdots\!\!\rightarrow \ \angle A = \angle A'$$

삼각형의 세 각의 크기가 같으면 변의 길이의 비와 상관없이 두 삼각형의 모양이 같아요. 즉 닮음이죠.

따라서 대응각의 크기는 두 쌍만 같아도 두 삼각형은 닮음이에요. 우리는 이것을 삼각형의 'AA 닮음조건'이라고 부릅니다.

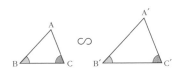

$$\angle B = \angle B', \ \angle C = \angle C' \ (\text{AA 닮음})$$

자기닮음의 반복

뽀글뽀글 파마머리를 한 듯한 채소 브로콜리! 비타민 C가
풍부해 몸에 좋을 뿐 아니라 재미있는 모습도 가지고 있어
요. 브로콜리를 자른 일부분과 전체를 비교해보면 작은 일
부분이 크기만 다를 뿐 전체 브로콜리와 매우 닮은 것을 알
수 있습니다.

　브로콜리와 같이 임의의 한 부분이 전체와 닮은 기하학 구조를 '프랙탈'이라고
합니다. 이 용어는 수학자 망델브로(Benoit Mandelbrot)가 처음 사용했는데, '부
서진'이라는 뜻의 라틴어 Fractus에서 유래되었어요.

　프랙탈은 해안선이나 눈의 결정, 나뭇가지 모양 등 자연에서 쉽게 찾을 수 있
어요.

대표적인 프랙탈의 예로 코흐 곡선(Koch Curve)이 있습니다.

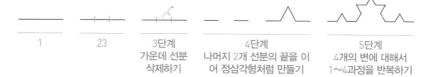

| 1 | 23 | 3단계
가운데 선분
삭제하기 | 4단계
나머지 2개 선분의 끝을 이
어 정삼각형처럼 만들기 | 5단계
4개의 변에 대해서
1~4과정을 반복하기 |

코흐의 곡선을 확장하면 코흐의 눈송이도 그릴 수 있답니다.

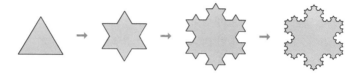

삼각형과 평행선

___월 ___일

평행선으로 닮은 삼각형 그리기

△ABC와 닮음인 삼각형을 쉽고 빠르게 그리는 방법은 무엇일까요? 작도를 이용해 변의 길이를 일정하게 확대하거나 각을 옮겨야 할까요? 물론 작도를 이용할 수도 있지만, 그것보다 더 쉽고 빠르게 그리는 방법이 있어요. 바로 평행선을 이용하는 것입니다.

△ABC의 변 $\overline{BC}$에 평행한 직선을 그려봅시다. 삼각형 내부에 두 변 AB, AC와 만나는 점 또는 연장선과 만나는 점을 각각 D, E라고 하면 $\overline{BC}/\!/\overline{DE}$이죠? 평행선만으로 닮음인 삼각형을 3개 더 찾았어요!

그림 1   그림 2   그림 3

그림 1과 그림 2의 두 삼각형은 ∠A가 공통이고 동위각의 크기가 같으므로 AA 닮음조건에 의해 닮음이에요. 마찬가지로 그림 3의 두 삼각형은 맞꼭지각과 동위각의 크기가 각각 같으므로 역시 AA 닮음조건에 의해 닮음입니다.

$$\triangle ABC \backsim \triangle ADE(\text{AA 닮음})$$

이때 닮음인 두 삼각형의 대응변의 길이의 비가 같으므로 다음이 성립합니다.

$$\overline{AB}:\overline{AD}=\overline{AC}:\overline{AE}=\overline{BC}:\overline{DE}$$

닮음인 삼각형을 찾을 수 있는 다른 방법이 없을까요? 역시 평행선을 하나 더 이용하는 방법이 있습니다. 점 E를 지나고 변 AB에 평행한 직선이 변 BC와 만나는 점을 F라고 하면 △ADE와 △EFC도 두 쌍의 동위각의 크기가 같아 AA 닮음조건을 만족해요. 그래서 $\overline{AD}:\overline{EF}=\overline{AE}:\overline{EC}$가 성립하게 됩니다.

삼각형의 중점연결정리

삼각형의 두 변의 중점 연결하기

프랙탈을 맘껏 느껴볼 수 있는 시에르핀스키 삼각형을 한번 만들어볼까요?

〔1단계〕정삼각형의 각 변의 중점을 선분으로 연결해 4개의 정삼각형으로 나눕니다. 그리고 한가운데 정삼각형을 지우면 작은 삼각형 3개로 이루어진 도형이 됩니다.

〔2단계〕남은 3개의 정삼각형에 각각 같은 방법으로 각 변의 중점을 선분으로 연결해 4개의 정삼각형으로 나누고, 한가운데 정삼각형을 지웁니다. 그러면 더 작은 삼각형 9개가 생겨요.

이와 같은 과정을 계속 반복해 만들어진 것이 바로 시에르핀스키 삼각형으로, 모든 삼각형은 닮은 도형입니다.

시에르핀스키 삼각형을 만들 때 삼각형의 두 변의 중점을 연결해서 다음 단계의 삼각형을 만들죠? 이때 삼각형의 두 변의 중점을 연결한 선분은 나머지 한 변과 평행하고 그 길이가 나머지 한 변의 길이의 $\frac{1}{2}$인 성질이 있습니다. 이 성질은 △ABC와 1단계에서 만든 삼각형을 비교하면 알 수 있어요.

△ABC에서 두 변 AB, AC의 중점을 각각 D, E라고 하면 $\overline{AD}:\overline{AB}=\overline{AE}:\overline{AC}=1:2$, ∠A는 공통이므로 △ADE ∽ △ABC(SAS 닮음)이죠?

△ADE와 △ABC가 닮음이므로 동위각인 ∠ADE, ∠ABC의 크기가 같아 $\overline{DE}\,/\!/\,\overline{BC}$이고 닮음비가 1 : 2이므로 $\overline{DE}:\overline{BC}=1:2$, 즉 $\overline{DE}=\frac{1}{2}\overline{BC}$예요.

이렇게 삼각형의 두 변의 중점을 연결한 선분의 성질을 이용하면 여러 가지 사각형에서 각 변의 중점을 연결해 만든 사각형의 종류를 알 수 있어요.

등변사다리꼴
→ 마름모

마름모
→ 직사각형

정사각형
→ 정사각형

오늘의 학습 완료

년

월   일

평행선에 의해 나누어진 선분의 길이의 비는 같다

일정한 간격으로 다리가 놓여 있는 사다리에서는 평행선을 찾을 수 있습니다. 사다리를 가로지르는 평행선을 l, m, n이라고 하고 이 평행선에 의해 나누어진 선분을 a, b, c, d라고 할 때 $a : b = c : d$의 법칙을 알면 다리 사이의 간격 x를 쉽게 구할 수 있어요.

평행한 세 직선 l, m, n과 직선 g의 교점을 각각 A, B, C, 직선 h의 교점을 각각 D, E, F라고 합시다. 그리고 두 점 A, F를 지나는 직선을 그려 직선 m이 만나는 점을 O라고 놓아요. 이제 △ACF와 △AFD에서 평행선이 보이죠? 삼각형의 평행선 사이의 선분의 길이의 비를 비교하는 중간 과정을 거치면 $a : b = c : d$ 법칙을 구할 수 있어요.

△ACF에서 $\overline{BO} /\!/ \overline{CF}$이므로 $\overline{AB} : \overline{BC} = \overline{AO} : \overline{OF}$이고 △AFD에서 $\overline{AD} /\!/ \overline{OE}$이므로 $\overline{AO} : \overline{OF} = \overline{DE} : \overline{EF}$이므로 결국 $\overline{AB} : \overline{BC} = \overline{DE} : \overline{EF}$임을 알 수 있어요.

이제 각 다리가 평행한 사다리에서 두 다리 사이의 거리 x의 값을 쉽게 구할 수 있겠죠? 오른쪽 그림에서 두 다리 사이의 거리를 구하면 $22 : 44 = x : 40, x = 20$이므로 사다리의 다리 사이의 거리는 20입니다.

넓이를 이등분하는 연직선 위의 무게중심

'무게중심'이란 어떤 물체가 있을 때, 물체의 전체 무게가 마치 한 점에 있는 것처럼 작용하는 점입니다. 즉 물체의 무게가 한 점에 모여 균형을 이루는 점이죠.

경주의 첨성대가 강진에도 무너지지 않았던 이유는 첨성대 아래쪽이 위쪽보다 길고, 자갈과 흙으로 채워져 있어서 무게 중심이 낮기 때문이에요.

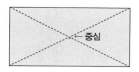

어떤 물체의 무게중심을 찾는 것이 쉬운 일은 아니지만 수학에는 무게중심을 구하는 간단한 원리가 있습니다. 선분의 무게중심은 선분의 중점에 있고, 도형의 무게중심은 도형의 넓이를 이등분하는 선 위에 있다는 것입니다. 예를 들어 직사각형의 대각선은 직사각형의 넓이를 이등분하므로 두 대각선의 교점이 직사각형의 무게중심이 됩니다.

일반적인 사각형의 경우 사각형 모양의 두꺼운 종이와 실, 추, 바늘을 이용해 무게중심을 구할 수 있어요. 바늘을 사각형 종이에 꽂고 추를 매단

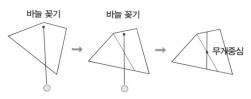

실을 바늘에 걸어 사각형과 함께 늘어뜨려요. 중력에 의해 추가 아래로 향하면서 사각형 위로 실이 지나는 곳이 보이죠? 이 선을 연필로 그으면 이 선은 사각형의 무게를 이등분합니다. 다시 바늘의 위치를 바꾸어 실이 지나가는 곳의 선을 그으면 사각형의 무게를 이등분하는 또 다른 선을 찾을 수 있어요. 이렇게 찾은 두 선은 '연직선'이라 부르고, 이 선들의 교점이 바로 사각형의 무게중심이 됩니다.

사각형 외의 다른 도형도 같은 방법으로 연직선을 찾아 무게중심을 찾을 수 있습니다.

삼각형의 무게중심

세 중선의 교점

삼각형을 이루는 면 전체의 무게가 일정하게 고루 분포되어 있으면 이 무게를 반으로 나누는 곳, 즉 넓이를 이등분하는 선 위에 무게중심이 있겠죠?

삼각형에서 중선을 그으면 삼각형의 넓이를 이등분하므로 삼각형의 중선을 그었을 때 중선이 만나는 점이 삼각형의 무게중심이 됩니다.

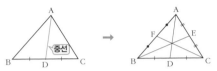

△ABC에서는 3개의 중선 $\overline{AD}$, $\overline{BE}$, $\overline{CF}$가 한 점에서 만나죠? 이 점이 바로 이 삼각형의 무게중심입니다. 무게중심은 세 중선의 길이를 각 꼭짓점으로부터 각각 2 : 1로 나누는 성질이 있어요. 왜 그럴까요?

〈그림 1〉

〈그림 2〉

〈그림 1〉과 같이 △ABC에서 두 중선 AD, BE의 교점을 G라고 하면 두 점 D, E는 각각 두 변 BC, AC의 중점이므로 $\overline{AB}$ // $\overline{DE}$, $\overline{AB}$ = $\overline{DE}$ = 2 : 1이에요. 두 삼각형 GAB와 GDE는 닮음비가 2 : 1인 닮은 도형이므로 $\overline{AG}$: $\overline{GD}$ = $\overline{BG}$: $\overline{GE}$ = 2 : 1이에요.

이번에는 〈그림 2〉와 같이 △ABC에서 두 중선 AD, CF의 교점을 G′라고 하면 두 점 D, F는 각각 두 변 BC, AB의 중점이므로 $\overline{AC}$ // $\overline{FD}$, $\overline{AC}$: $\overline{FD}$ = 2 : 1이에요. 마찬가지로 △G′AC ∽ △G′DF이므로 $\overline{AG'}$: $\overline{G'D}$ = $\overline{CG'}$: $\overline{G'F}$ = 2 : 1이에요.

점 G와 점 G′는 같은 점일까요? 다른 점일까요?

두 점 모두 중선 AD를 2 : 1로 나누는 점이므로 두 점 G와 G′은 같은 점입니다.

따라서 삼각형의 세 중선은 무게중심인 한 점에서 만나고 이 무게중심은 세 중선의 길이를 각 꼭짓점에서 2 : 1로 나눕니다.

삼각형의 수심

세 수선의 교점

고대 수학자들은 세모난 모양, 네모난 모양, 동그란 모양 등 다양한 사물을 요모 조모 뜯어보며 추상적인 도형을 추출해내고 이러한 도형이 가진 성질을 찾아냈어요. 그리고 '왜 그럴까'라는 의문을 논리적으로 해결하려고 했지요.

가장 간단한 기본도형인 삼각형조차 요모조모 뜯어보면 신기한 성질이 참 많습니다. 모든 삼각형이 외심과 내심, 무게중심을 갖는 것도 신기하지만 또 다른 특수한 점이 더 있는데요. 바로 '수심'입니다.

삼각형에는 꼭짓점이 3개 있죠? 이 세 꼭짓점에서 수선을 내리면 세 수선이 정확히 한 점에서 만나요. 바로 이 교점을 수심이라고 합니다. 이때 꼭

짓점에서 내린 수선과 변이 만나는 점이 수선의 발이고, 꼭짓점에서 수선의 발까지의 거리는 각 변에 대한 높이로 볼 수 있어요.

삼각형의 외심이 삼각형의 종류에 따라 다른 위치에 있듯 수심도 삼각형의 종류에 따라 서로 다른 위치에 있어요.

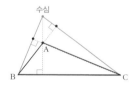

내심과 외심처럼 내접원과 외접원을 그릴 수는 없지만, 수심을 이용하면 특별한 삼각형을 그릴 수 있어요. 삼각형에서 세 수선을 그리면 3개의 수선의 발이 생깁니다. 이 수선의 발들을 연결해 삼각형을 그릴 수 있는데 발 '족(足)'을 써서 이 삼각형을 '수족삼각형'이라고

부릅니다. 수족삼각형은 예각삼각형 안에 내접하는 수많은 삼각형 중 둘레의 길이가 가장 짧다는 특징을 가집니다.

삼각형의 방심

세 중선의 교점

삼각형의 내심, 외심, 무게중심, 수심에서 끝났을 거라
방심하면 안 됩니다. 삼각형에는 무려 오심이 있답니다.
나머지 하나가 바로 '방심'이에요.

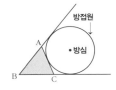

방심은 삼각형의 한 변과 나머지 두 변이 연장선과 접
하는 원의 중심입니다. 이 원은 삼각형에 접하고 있죠?
이 원의 위치를 한자로 쓰면 두 한자 방(傍 곁)과 접(接 붙어있다)이므로 이 원의
이름은 '방접원'이라고 합니다. 그리고 방접원의 중심을 '방심'이라고 한답니다.

그렇다면 방심은 어떻게 찾을까요? 방심은 삼각형의 한 내각과 다른 두 외각
의 이등분선의 교점이에요. 이 세 이등분선이 과연 한 점에서 만날까요? 지금까
지 배운 내용만으로 충분히 설명할 수 있어요. 원의 반지름이 모두 같은 것과 접
선과 반지름이 수직이라는 사실을 이용하면 되거든요.

다음의 3개의 그림에서 회색으로 색칠된 부분에는 접선과 반지름이 만나는 부
분이 직각이므로 보조선을 잘 그으면 2개의 직각삼각형으로 나뉘어요. 이때 두
삼각형의 빗변이 공통이고 나머지 한 변의 길이가 반지름으로 같으므로 RHS 합
동 조건에 의해 각 쌍의 삼각형들은 서로 합동입니다.

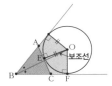 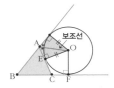 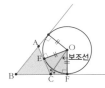

삼각형의 ∠B의 이등분선과 ∠A, ∠C의 이등분선이 한 점에서 만나는 것을 알
수 있어요.

삼각형의 오심 중 외심, 내심, 무게중심, 수심은 각 한 개씩이지만 방심은 3개라
는 특징이 있습니다.

생명을 살리기도 하는 참 기특한 도형

A4용지 한 장은 평면입니다. 이것을 차곡차곡 쌓으면 길이와 폭, 두께가 생기죠. 쌓인 종이와 같이 부피가 있는 도형을 '입체도형'이라고 합니다.

우리가 사는 세상은 입체도형으로 가득 차 있습니다. 지금 보고 있는 책, 물건을 쌓기 편하게 직육면체로 만든 상자들, 공정한 게임을 위한 도구인 주사위 등이 그 예입니다. 물레를 회전해 만든 도자기나 나무 막대로 감아서 만든 솜사탕의 모양도 모두 입체도형이에요.

잘 고안된 입체도형은 우리의 생명을 살리기도 합니다. 아프리카 어느 지역에 사는 사람들은 깨끗한 식수를 구하기 위해 하루 4~8시간씩 힘들게 물동이를 옮겨야 하는 생활을 했어요. 물을 넣는 용도로는 물통이 적당하지만 먼 거리를 옮기기에는 적합하지 않았죠.

그래서 물통을 기존의 것과는 전혀 다른 입체도형으로 만들었답니다. 바로 물통을 들지 않고 굴리면서 운반할 수 있는 모양으로 말예요. 이 물통은 도넛과 원기둥 모양의 입체도형을 결합한 형태로 '큐 드럼(Q drum)'이라고 합니다. 굴리면서 운반할 수 있어서 어린 아이라도 쉽고 빠르게 운반할 수 있어요. 게다가 기존의 물통보다 약 3배 정도의 물을 한번에 옮길 수 있으니 참으로 기특한 입체도형이 아닐 수 없습니다.

사방 팔방 모두 다각형으로 둘러싸인 도형

아래 그림은 우리 주위에서 쉽게 볼 수 있는 물건들이죠? 이 물건은 모두 입체도형인 물건이에요. 아래 물건 중에서 다각형 모양의 면으로만 둘러싸인 것은 무엇일까요?

① 　② 　③ 　④ 　⑤

①번과 ③번입니다. 이렇게 다각형 모양의 면으로만 둘러싸인 입체도형을 '다면체'라고 해요. ②는 다각형이 없고 ④번과 ⑤번은 밑면이 원이므로 다각형이 아닌 면이 있어 다면체가 아닙니다.

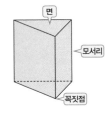

이때 다면체를 둘러싸고 있는 다각형을 다면체의 면, 다각형의 변을 다면체의 모서리, 다각형의 꼭짓점을 다면체의 꼭짓점이라고 해요.

다면체는 면의 개수에 따라 이름을 붙여 사면체, 오면체, 육면체,…라고 해요. 면의 개수가 한 개, 2개, 3개인 다면체는 존재가 불가능하겠죠? 적어도 4개의 면이 있어야 하므로 다면체 중에서 면의 개수가 가장 적은 것은 사면체예요.

사면체　　　　　오면체　　　　　육면체

다면체의 종류는 크게 각기둥, 각뿔, 각뿔대로 나뉩니다.

각기둥

밑면이 평행한 입체도형

'삼각기둥은 오면체이다'라는 말은 맞는 말일까요? 삼각기둥과 오면체는 서로 다른 입체도형을 부르는 것 같지만 사실 삼각기둥의 면이 5개이기 때문에 오면체라고도 부릅니다.

입체도형 중 위와 아래에 있는 면이 서로 평행하고 합동인 다각형으로 이루어진 도형을 '각기둥'이라고 해요. 그래서 아래 그림의 도형을 삼각기둥이라고 합니다. 이때 평행인 두 면을 밑면, 밑면에 수직인 면을 옆면, 두 밑면 사이의 거리를 높이라고 해요.

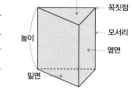

각기둥은 밑면의 모양에 따라 삼각기둥, 사각기둥, 오각기둥,…이라고 해요.

각기둥은 옆면이 항상 직사각형이라는 특징이 있어요. 그래서 모서리를 잘라 펼친 전개도를 그릴 때 옆면은 직사각형으로 그리고 마주 보는 면의 크기는 서로 같게 그려야 해요. 전개도에 합동이 2개의 밑면과 옆면으로 만든 직사각형이 있죠? 각기둥의 겉넓이는 이 전개도의 도형들의 넓이의 합으로 구할 수 있어요.

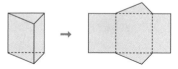

$$(각기둥의\ 겉넓이) = (밑넓이) \times 2 + (옆넓이)$$

한 가지 더! 정육면체의 전개도

모서리를 자르는 방법에 따라 입체도형의 전개도를 다르게 그릴 수 있어요. 예를 들어 정육면체의 전개도는 무려 11가지 종류가 있습니다.

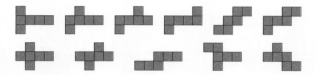

옆면이 삼각형인 입체도형

이집트의 피라미드는 밑면이 사각형이고 옆면은 삼각형 모양을 하고 있죠? 피라미드처럼 밑면이 다각형이고 옆면이 삼각형인 입체도형을 '각뿔'이라고 해요.

각뿔의 모든 옆면이 만나는 공통점을 '각뿔의 꼭짓점'이라고 하고 이 꼭짓점에서 밑면에 수직으로 그은 선분의 길이를 높이라고 해요. 각뿔의 이름도 밑면이 모양에 따라 삼각뿔, 사각뿔, 오각뿔,…이라고 부릅니다.

뿔의 겉넓이도 전개도를 이용해 구할 수 있어요. 예를 들어 사각뿔은 밑면이 사각형이고 옆면이 모두 삼각형으로 이루어졌죠? 따라서 각뿔의 겉넓이는 그 전개도에서 밑넓이와 옆넓이의 합으로 구할 수 있어요.

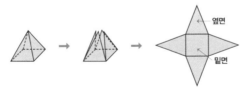

각뿔 모양은 티백에도 사용됩니다. 각뿔 모양 티백은 납작한 모양 티백보다 물에 닿는 면적이 넓어서 우려내는 범위가 넓어요. 게다가 티백의 내부도 납작한 모양보다 넓어서 찻잎 사이로 물이 잘 통과해 차가 잘 우러난답니다.

옆면이 사다리꼴인 입체도형

각뿔의 한 부분을 밑면에 평행한 평면으로 자르면 새로운 입체도형을 만들 수 있습니다. 이때 잘린 윗부분과 남은 아랫부분으로 2개의 입체도형이 만들어지는데, 위의 도형은 각뿔이고 아래의 도형은 각기둥도 아니고 각뿔도 아닌 희한한 입체도형이 됩니다. 이 도형을 '각뿔대'라고 해요. 각뿔대에서 서로 평행한 두 면이 밑면, 밑면이 아닌 면을 옆면이라고 합니다. 각뿔대는 밑면의 모양에 따라 삼각뿔대, 사각뿔대, 오각뿔대,…라고 부릅니다.

각뿔의 밑면에 평행하게 잘랐기 때문에 두 밑면은 서로 닮은 도형이고, 그 옆면은 모두 사다리꼴입니다.

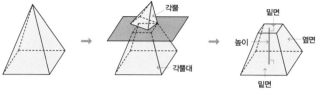

각기둥의 두 밑면은 합동이므로 각뿔대와는 차이점이 있죠? 하지만 공통점도 있어요. 삼각기둥의 면의 개수는 밑면 2개와 옆면 3개로 모두 5개예요. 마찬가지로 삼각뿔대도 밑면 2개와 옆면 3개로 삼각기둥과 똑같이

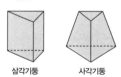

5개의 면을 가지고 있습니다. 꼭짓점과 모서리의 수도 비교해보면 꼭짓점은 6개, 모서리는 9개로 삼각기둥과 같아요.

즉 n각기둥과 n각뿔대는 모든 면의 수가 $n+2$이고 꼭짓점의 개수는 $2n$, 모서리의 수는 $3n$이라는 공통점을 가집니다.

정다면체

세상에 딱 5종류뿐인 정다면체

고대 그리스 시대를 대표하는 철학자인 '플라톤'을 아시나요? 플라톤은 철학자답게 세상의 모든 물질을 구성하는 4원소는 불, 흙, 공기, 물이고, 이들은 불명확한 형태로 무질서하게 움직인다고 생각했답니다. 신이 이 원소들에게 정다면체의 형태를 각각 부여하면서 조화로운 우주를 구성하기 시작했다고 믿었지요.

여기서 '정다면체'란 각 면이 모두 합동인 정다각형이고, 각 꼭짓점에 모인 면의 개수가 같은 입체도형을 말합니다. 그래서 완벽한 대칭 구조를 갖고 있죠. 플라톤은 불, 흙, 공기, 물이 각각 정사면체, 정육면체, 정팔면체, 정이십면체의 형태를 지니고 있고 그 모든 것이 구성된 우주가 바로 정십이면체의 형태를 띠고 있다고 본 것입니다.

그렇다면 플라톤은 왜 하필 정다면체 중에서 저 5개만을 골랐을까요? 그건 바로 정다면체는 이 세상에 5종류밖에 존재할 수가 없기 때문입니다.

가장 간단한 정다각형인 정삼각형부터 한 꼭짓점에 모아서 입체도형을 만들어보면 그 이유를 쉽게 알 수 있습니다. 한 내각이 60°인 정삼각형이 한 꼭짓점에 3개 모이면 정사면체, 4개는 정팔면체, 5개는 정이십면체가 만들어집니다.

다음으로 한 내각이 90°인 정사각형이 한 꼭짓점에 3개 모이면 정육면체, 한 내각이 108°인 정오각형이 한 꼭짓점에 3개 모이면 정십이면체가 됩니다. 그 외의 경우는 입체도형이 만들어지지 않기 때문에 더 이상 정다면체가 탄생할 수 없습니다.

| 정사면체 | 정팔면체 | 정이십면체 | 정육면체 | 정십이면체 |

축을 기준으로 회전시켜 만든 입체도형

물레가 회전하며 빚어지는 도자기! 손을 어떻게 움직이느냐에 따라 흙 반죽이 넓적한 그릇이 되기도 하고 호리호리한 꽃병도 되기도 합니다. 모양은 다 다르지만 회전해서 만들어진 도형도 입체도형이에요.

두꺼운 종이로 직사각형, 직각삼각형, 반원을 만들어 막대에 붙이고 이 막대를 축으로 빠르게 회전시켜보면 어떤 도형이 보일까요? 막대를 축으로 해 한 바퀴 돌려서 만들어진 도형은 원기둥과 원뿔, 구와 같은 입체도형입니다.

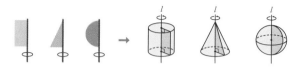

직사각형, 직각삼각형, 반원과 같이 평면도형을 한 직선 l을 축으로 해 회전 시킬 때 생기는 입체도형을 특별히 '회전체'라고 합니다. 이때 직선 l을 회전축이라고 해요.

원기둥 모양의 오이를 옆으로 놓고 잘라보면 단면이 원이 되죠? 오이를 잘라서 생긴 원처럼 입체도형을 평면으로 자를 때 생기는 면을 '단면'이라고 해요.

회전체인 원기둥, 원뿔, 구를 회전축에 수직으로 자르면 신기하게도 모두 원이 나옵니다. 만약 회전축을 포함하는 평면으로 자르면 어떤 모양이 나올까요? 막대에 붙인 종이에 따라 회전체의 모양이 다르게 나오듯 단면의 모양도 각각 직사각형, 이등변삼각형으로 다르게 나와요. 그리고 이 단면들은 축을 기준으로 접으면 일치하는 선대칭도형입니다.

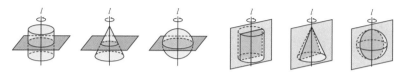

회전체 중 특이한 도형 하나 있는데 바로 '구'입니다. 구는 회전축도 무수히 많고 어느 방향으로 자르든지 항상 단면이 원이에요. 그리고 구의 중심을 지나는 평면으로 자를 때 가장 큰 단면이 나옵니다.

원기둥

직사각형을 1회전 시켜 만든 입체도형

위에서 본 모양이 원이고 옆에서 본 모양이 직사각형인 입체도형은 무엇일까요? 바로 원기둥입니다. 직사각형을 한 변을 회전축으로 하여 1회전 시킨 회전체인 원기둥은 음료수 캔 모양으로 우리에게 익숙한 도형입니다.

원기둥을 전개하면 두 밑면인 원과 휴지심을 자른 것과 같이 직사각형으로 펼쳐지는 옆면으로 그려집니다.

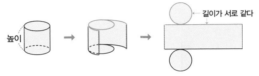

전개도를 이용하면 겉넓이를 구하기가 쉽죠? 이때 밑면의 둘레의 길이가 옆면인 직사각형의 가로의 길이와 같아요. 밑면의 반지름을 r, 높이를 h라고 하면 원기둥의 겉넓이 S는 $S = 2\pi r^2 + 2\pi rh$를 이용해 구할 수 있어요.

그런데 왜 음료수 캔은 원기둥 모양일까요? 재료비를 아끼고자 하는 제조업자의 마음을 읽는다면 그 이유를 쉽게 알 수 있어요.

예를 들어 삼각기둥, 사각기둥, 원기둥 모양으로 용기를 만들 경우를 비교해볼까요? 모든 용기에 같은 양의 액체를 담아서 비교해야 하니 밑넓이가 30cm^2이고 높이가 10cm인 기둥 모양의 용기라고 생각해봅시다.

이때 각 기둥의 밑면의 둘레를 구해보면 정삼각형의 둘레는 25cm, 정사각형의 둘레는 22cm이고, 원의 둘레는 19cm이므로

(삼각기둥의 겉넓이)$= 30 \times 2 + 25 \times 10 = 301$

(사각기둥의 겉넓이)$= 30 \times 2 + 22 \times 10 = 280$

(원기둥의 겉넓이)$= 30 \times 2 + 19 \times 10 = 250$ 이 됩니다.

같은 부피를 가지는 삼각기둥이나 사각기둥의 겉넓이보다 원기둥의 겉넓이가 훨씬 작죠. 그래서 같은 용량을 담는 용기를 만드는데 필요한 재료의 양이 적게 들어 훨씬 경제적입니다. 물론 구 모양으로 만들면 용기의 재료 면에서 가장 경제적이겠지만, 용기가 잘 굴러가 진열도 힘들고 덮개를 만들기도 어렵겠죠.

원뿔과 원뿔대

고깔처럼 생긴 도형과 종이컵처럼 생긴 도형

아이스크림콘이나 고깔모자처럼 생긴 입체도형은 원뿔입니다. 원뿔을 밑면에 평행한 평면으로 자르면 두 입체도형이 생겨요. 각뿔대와 마찬가지로 원뿔이 아닌 아래쪽의 입체도형이 원뿔대예요. 원뿔대는 두 밑면과 옆면을 가지고 있고, 원뿔의 밑면에 수직인 선분의 길이를 원뿔대의 높이, 회전해서 옆면을 만드는 선분을 '모선'이라고 해요.

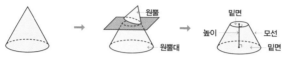

우리 주위에서 볼 수 있는 원뿔대 모양을 가진 것은 무엇일까요? 종이컵이나 컵라면 용기 등이 있죠. 종이컵을 음료수 캔처럼 원기둥으로 만들면 위아래로 쌓을 때 공간이 많이 필요해요. 하지만 원뿔대 모양이면 겹쳐서 쌓을 수 있어 공간 활용에 좋겠죠? 물건의 모양에도 저마다의 이유가 있어요.

원뿔과 원뿔대의 전개도를 그려봅시다.

아이스크림콘의 포장지를 펼치면 옆면은 부채꼴이 되고 밑면은 원이 되는 것처럼 원뿔의 전개도는 옆면의 부채꼴과 밑면의 원으로 이루어져 있어요. 따라서 원뿔의 겉넓이도 전개도에서 밑넓이와 옆넓이의 합으로 구할 수 있어요.

밑면의 반지름의 길이가 r이고, 높이가 h이면 원뿔에서 옆면인 부채꼴 반지름의 길이는 모선의 길이와 같고, 호의 길이는 밑면인 원의 둘레의 길이와 같으므로 겉넓이 S는 다음과 같아요.

$$S = \pi r^2 + \frac{1}{2} \times l \times 2\pi r = \pi r^2 + \pi r l$$

원뿔대는 원뿔을 잘랐을 때 아래쪽 도형이므로 옆면의 넓이는 위쪽의 원뿔의 옆면인 부채꼴만큼을 제외해서 구합니다.

다른 입체도형보다 작은 겉넓이를 가지는 구

구슬, 사탕, 축구공, 지구본 등 우리 주변에는 구 모양의 물건들이 많이 있습니다. 반원을 1회전한 회전체인 구는 이 반원의 중심이 구의 중심이 되고, 반원의 반지름이 구의 반지름이 돼요. 그리고 중심각이 90°인 부채꼴을 회전해 만들어진 회전체는 '반구'로 흔히 지구의 북반구, 남반구라고 부를 때도 씁니다.

겨울잠을 자는 동물들의 자는 모습을 본 적이 있나요? 겨울잠을 자는 곰, 다람쥐, 너구리, 뱀 등은 모두 몸을 동그랗게 구처럼 웅크리면서 잡니다. 그 이유는 구의 겉넓이에서 찾을 수 있습니다. 구는 똑같은 크기의 입체도형 중 가장 작은 겉넓이를 가지고 있어요. 동물들이 구처럼 몸을 동그랗게 웅크리고 자면 몸의 열을 가장 적게 빼앗기게 되므로 몸을 웅크리는 것입니다.

그렇다면 구의 겉넓이를 어떻게 구할까요?

구 모양의 오렌지를 반으로 자른 후 자른 단면의 원을 여러 개 그려볼게요. 그리고 이 오렌지의 껍질을 모두 벗기고 잘게 잘라 그린 원을 채워보면 구 모양의 오렌지 한 개의 껍질로 4개의 원을 꽉 채울 수 있어요. 즉 구의 겉넓이는 구의 중심을 지나는 평면으로 자른 단면인 원 넓이의 4배가 되는 거죠.

따라서 반지름이 r인 구의 겉넓이 S는 $4\pi r^2$이 되는 거랍니다.

$$S = 4 \times (\text{반지름의 길이가 } r \text{인 원의 넓이}) = 4\pi r^2$$

각기둥의 부피

(밑넓이)×(높이)

직사각형 종이 한 장의 넓이는 (가로의 길이)×(세로의 길이)로 구합니다. 이 종이를 여러 장 쌓은 후에는 부피가 생기므로 직육면체의 부피는 (가로의 길이)×(세로의 길이)×(높이)로 구하죠.

직육면체 모양의 빵을 반으로 잘라 생긴 삼각기둥은 직육면체 부피의 $\frac{1}{2}$이므로 다음과 같이 구할 수 있어요.

$$
\begin{aligned}
(삼각기둥의\ 부피) &= \frac{1}{2} \times (직육면체의\ 부피) \\
&= \frac{1}{2} \times (직육면체의\ 밑넓이) \times (높이) \\
&= (삼각기둥의\ 밑넓이) \times (높이)
\end{aligned}
$$

사각기둥, 오각기둥, 육각기둥을 다음 그림과 같이 삼각기둥으로 나누면 삼각기둥이 2개, 3개, 4개,…의 삼각기둥으로 나뉘어 삼각기둥의 부피의 합으로 구할 수 있어요.

이때 각기둥의 밑넓이는 나누어진 삼각기둥의 밑넓이의 합과 같습니다. 따라서 각기둥의 부피는 다음과 같이 구할 수 있어요.

$$(각기둥의\ 부피) = (밑넓이) \times (높이)$$

원기둥도 마찬가지로 같은 크기로 잘게 나누어 그림과 같이 재배열하면 사각기둥의 부피와 같아지므로 각기둥과 같이 부피를 구할 수 있습니다.

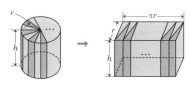

$$(원기둥의\ 부피) = (밑넓이) \times (높이)$$

뿔의 부피

$\frac{1}{3}$×(밑넓이)×(높이)

삼각형의 넓이는 $\frac{1}{2}$×(밑변의 길이)×(높이)로 구하죠? 삼각형의 밑변을 가로로 하고 높이를 세로로 하는 직사각형을 그렸을 때 직사각형의 넓이는 (가로의 길이)×(세로의 길이)가 됩니다. 즉 삼각형의 넓이는 직사각형 넓이의 $\frac{1}{2}$입니다.

$$(\text{삼각형이 넓이}) = \frac{1}{2} \times (\text{밑변의 길이}) \times (\text{높이})$$

직사각형의 넓이

　이러한 생각을 확장해보면 사각뿔의 부피도 사각기둥과 연관이 있음을 발견할 수 있습니다. 우선 사각뿔과 밑넓이와 높이가 각각 같은 사각기둥 모양의 그릇을 준비합니다. 사각뿔 모양의 그릇에 물을 가득 채운 다음 사각기둥 모양의 그릇에 물을 옮겨 부으면 세 번을 부어야 사각기둥이 가득 차게 됩니다. 즉 사각뿔의 부피는 사각기둥의 부피의 $\frac{1}{3}$이에요.

　마찬가지로 원뿔과 원뿔의 밑넓이와 높이가 각각 같은 원기둥 모양의 그릇에 원뿔에 가득 채운 물을 옮겨 부어도 세 번을 부어야 원기둥이 가득 찹니다. 즉 원뿔의 부피는 원기둥의 부피의 $\frac{1}{3}$이에요.

　따라서 뿔의 부피는 다음과 같이 구할 수 있어요.

$$(\text{뿔의 부피}) = \frac{1}{3} \times (\text{밑넓이}) \times (\text{높이})$$

구의 부피

$\frac{1}{3}$×(원기둥의 부피)

새콤달콤 맛있는 과일들은 대부분 둥근 모양이죠? 물론 바나나처럼 길쭉한 모양도 있긴 하지만 둥근 모양이 훨씬 더 많습니다. 햇빛을 골고루 받을 수 있고 과육과 과즙을 최대한 많이 저장할 수 있는 형태로 진화하다 보니 생존에 가장 적합한 둥근 모양이 되었다고 합니다.

그런데 왜 둥근 모양이 과육과 과즙을 가장 많이 저장할 수 있을까요?

이 비밀은 원뿔과 구, 원기둥의 특별한 관계를 들여다 보면 이해할 수 있어요. 구의 부피를 가장 간단하게 구하는 방법은 원기둥을 이용하는 거예요.

밑면의 반지름이 r이고 높이가 $2r$인 원기둥에 물을 가득 채운 후 반지름이 r인 구를 원기둥에 넣어봅니다. 그러면 딱 구의 부피만큼만 물이 넘치겠죠? 이때 원기둥에는 원래 높이의 $\frac{1}{3}$만큼만 물이 남아 있습니다. 즉 구의 부피는 원기둥의 부피의 $\frac{2}{3}$가 되므로 구의 부피는 $\frac{4}{3}\pi r^3$이 됩니다.

$$(\text{원기둥의 부피}) = \pi r^2 \times 2r$$

$$(\text{구의 부피}) = \frac{2}{3} \times (\pi r^2 \times 2r) = \frac{4}{3}\pi r^3$$

원기둥을 가득 채운 물 중 구의 부피를 뺀 나머지의 양이 원기둥의 $\frac{1}{3}$인데 이는 바로 원뿔의 부피와 같습니다. 즉 원뿔과 구, 원기둥 사이의 부피 관계는 $1:2:3$이라는 비가 성립해요.

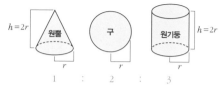

금관의 부피를 재는 방법을 연구하다가 부력의 원리를 발견하고 '유레카'를 외쳤던 아르키메데스는 이 세 도형의 부피 관계를 알고 너무나 기뻐서 자신의 묘비에 새기기까지 했답니다.

삼각비의 기원

깜깜한 밤하늘을 반짝반짝 수놓는 것은 바로 별입니다. 별은 어두운 밤의 여행자들에게 고마운 지도이기도 하죠. 옛날 사람들은 밤하늘의 별자리들이 어느 위치에서 얼마나 떨어져 있는지 어떻게 알 수 있었을까요? 실제로 별들 사이의 거리를 잴 수는 없지만, 수학 덕분에 그 거리를 계산해 낼 수 있답니다.

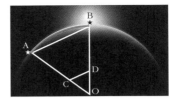

고대 천문학자들은 하늘을 하나의 구면으로 여겼어요. 그리고 구면 위에 별의 위치를 표시하려고 했죠. 두 별 A, B 사이의 거리를 구하기 위해서는 호에 대한 현의 길이 $\overline{AB}$를 계산해야 했습니다. 이때 사용한 것이 △OAB와 △OCD의 길이의 비였어요.

이렇게 삼각형의 세 변과 세 각 사이의 관계를 연구하고 이를 이용해 삼각형과 관계되는 문제를 해결하는 학문을 '삼각법'이라고 해요.

삼각법의 아버지라 불리는 그리스의 수학자 히파르코스(Hipparchos)는 두 별

현의 길이

사이의 거리를 구하기 위해 각의 크기가 필요하다고 생각하고, 원주를 360등분한 후 호에 대한 현의 길이를 계산한 표도 만들었어요. 이 표가 바로 직각삼각형에서의 삼각비의 기원이 되는 표랍니다.

삼각비

직각삼각형의 변의 길이의 비율

한 예각의 크기가 30°인 직각삼각형을 그려봅시다. 그 누가
그린 삼각형이라도 그 모든 삼각형들은 모두 AA 닮음조건
을 만족하는 닮음의 관계입니다.

　직각삼각형은 한 예각의 크기가 같으면 모두 닮음이에요. 직각삼각형의 이러
한 독특한 성질 때문에 '삼각비'가 탄생할 수 있었습니다. 삼각비가 뭐냐고요?
우리가 혼자 먹는 밥을 줄여서 '혼밥'이라고 하듯 글자 그대로 직각삼각형의 변
의 길이의 비율이에요.

　직각삼각형에서 직각과 마주 보고 있는 변을 '빗변', 삼각비를 구하고자 하는
예각과 직각을 양 끝 각으로 하는 변을 '밑변', 나머지 한 변을 '높이'로 정하면
삼각비를 구할 수 있습니다.

　∠A를 공통으로 하는 닮음인 두 직각삼각형 △ABC, △ADE가 있어요.

　빗변과 높이의 비인 $\frac{(높이)}{(빗변의 길이)}$의 값을 구해보면
$\frac{3}{5} = \frac{6}{10}$이므로 값이 같아요. 마찬가지로 $\frac{(밑변의 길이)}{(빗변의 길이)}$는
$\frac{4}{5}$로 같고, $\frac{(높이)}{(밑변의 길이)}$는 $\frac{3}{4}$으로 같아요. 닮음인 삼각
형에서 대응변의 길이가 같으므로 두 변의 길이의 비
가 같은 거죠. 그래서 같은 크기의 각을 가진 직각삼
각형은 모두 같은 삼각비를 가지게 됩니다.

　이때 각 A에 대해

$\frac{(높이)}{(빗변의 길이)}$를 ∠A의 '사인'이라 하고, 기호로 sin A라고 해요.

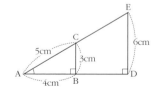

$\frac{(밑변의 길이)}{(빗변의 길이)}$를 ∠A의 '코사인'이라 하고, 기호로 cos A라고 해요.

$\frac{(높이)}{(밑변의 길이)}$를 ∠A의 '탄젠트'라 하고, 기호로 tan A라고 해요.

　위의 sin A, cos A, tan A를 통틀어 '∠A의 삼각비'라고 해요. 그림처럼 sin의 s,
cos의 c, tan의 t의 알파벳 필기체 쓰는 순서로 기억하면 편리합니다.

삼각비의 값

피타고라스 정리를 알면 삼각비가 보인다

다음 그림과 같은 직각삼각형에서 $\sin C$의 값을 $\dfrac{5}{13}$라고 했다면 맞는 걸까요?

그림만 보면 바닥에 놓인 변을 밑변, 세워져 있는

변을 높이라고 생각하기 쉽습니다. 그래서 삼각비를 구하고 싶은 각이 있다면 헷갈리지 않게 그 각을 왼쪽 아래에 오도록 한 뒤 삼각비를 구하면 편리합니다.

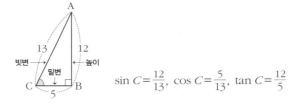

$$\sin C = \frac{12}{13}, \ \cos C = \frac{5}{13}, \ \tan C = \frac{12}{5}$$

물론 익숙해지면 기준이 되는 각만 보고도 바로 구하는 경지에 이르게 됩니다.

어떤 직각삼각형의 변의 길이를 몰라도 하나의 삼각비의 값을 알면 다른 삼각비도 구할 수 있는데요, 이때 피타고라스 정리가 결정적인 역할을 하게 됩니다.

예를 들어 $\cos A = \dfrac{3}{5}$일 때 다른 삼각비를 구하려면 먼저 주어진 삼각비의 값을 갖는 직각삼각형을 하나 그립니다. 누가 그린 직각삼각형이라도 같은 크기의 각을 가진 직각삼각형은 모두 같은 삼각비를 가지니까 상관없어요. 이제 피타고라스 정리를 이용해 나머지 한 변의 길이를 구합니다.

$$5^2 = \overline{BC}^2 + 3^2 \text{이므로} \ \overline{BC} = \sqrt{5^2 - 3^2} = 4$$

세 변의 길이를 모두 알게 되었으니 이제 다른 삼각비를 구할 수 있습니다.

$$\sin A = \frac{4}{5}, \ \tan A = \frac{4}{3}$$

45°의 삼각비

직각이등변삼각형의 삼각비

삼각형의 이름만으로 각의 크기를 알 수 있는 삼각형이 있습니다. 직각이등변삼각형도 그중 하나입니다. 직각이등변삼각형의 세 내각의 크기는 45°, 45°, 90°입니다.

정사각형에 대각선을 그으면 직각이등변삼각형이 만들어집니다. 한 변의 길이가 10인 정사각형이라면 피타고라스 정리를 이용해 대각선의 길이를 구할 수 있습니다.

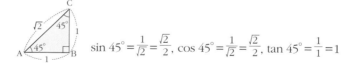

$$\overline{\mathrm{AC}} = \sqrt{\overline{\mathrm{AB}^2} + \overline{\mathrm{BC}^2}} = \sqrt{10^2 + 10^2} = \sqrt{200} = 10\sqrt{2}$$

이때 △ABC의 세 변의 길이의 비는 1 : 1 : √2가 돼요. 그리고 직각이등변삼각형은 모두 닮음이므로 세 변의 길이의 비가 1 : 1 : √2로 항상 같아요.

이제 △ABC의 45°의 삼각비의 값을 구할 수 있습니다.

$$\sin 45° = \frac{1}{\sqrt{2}} = \frac{\sqrt{2}}{2}, \ \cos 45° = \frac{1}{\sqrt{2}} = \frac{\sqrt{2}}{2}, \ \tan 45° = \frac{1}{1} = 1$$

한 가지 더! 사인의 어원

sin은 단어 'sine'이고 그 기원은 아라비아 수학에서 유래되었어요. 고대 인도에서도 그리스와 마찬가지로 천문학의 필요에 의해 삼각법이 발달했죠. 6세기의 인도의 수학자 아리아바타(Aryabhatiya)는 원의 중심각과 현이 만드는 삼각형의 반원의 길이를 계산한 표를 만들었어요. 이 반현의 길이

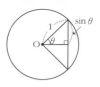

가 바로 삼각비의 값으로 이 표가 사인표와 같아요. 인도에서 반현을 뜻하는 jya로 쓰다가 이것을 아라비아에서 발음나는 대로 jiba로 썼고 나중에 jajb로 바꾸어 썼는데 이 단어가 작은 만(灣)을 뜻하고 있었어요. 이것이 유럽에 전해지면서 만을 뜻하는 sinus로 표기되면서 오늘날의 sine(사인)이 된 것입니다.

30°, 60°의 삼각비

정삼각형 안에 숨은 직각삼각형

삼각형의 이름만으로 각의 크기를 알 수 있는 삼각형으로는 정삼각형도 있습니다. 정삼각형은 직각삼각형이 아니지만 정삼각형에 적당한 보조선 하나만 그으면 직각삼각형을 발견할 수 있어요.

한 변의 길이가 2인 정삼각형의 한 내각에 이등분선을 그어요. 이제 직각삼각형이 보이죠? 이등변삼각형에서 꼭지각의 이등분선이 밑변을 수직이등분하므로 합동인 두 직각삼각형이 생겼어요.

정삼각형의 한 내각의 크기는 $60°$이고 $\overline{BC}$는 $\angle C$의 이등분선이므로 직각삼각형 $\triangle ABC$의 예각의 크기는 각각 $30°, 60°$예요. 이제 나머지 한 변 $\overline{BC}$의 길이를 구하면 $30°, 60°$의 삼각비의 값을 구할 수 있어요.

$$\overline{BC} = \sqrt{\overline{CA}^2 - \overline{AB}^2} = \sqrt{2^2 - 1^2} = \sqrt{3}$$

세 변의 길이의 비가 $\overline{CA} : \overline{AB} : \overline{BC} = 2 : 1 : \sqrt{3}$이므로 $60°$와 $30°$의 삼각비의 값을 구할 수 있습니다.

$$\sin 30° = \frac{1}{2} \qquad \sin 60° = \frac{\sqrt{3}}{2}$$

$$\cos 30° = \frac{\sqrt{3}}{2} \qquad \cos 60° = \frac{1}{2}$$

$$\tan 30° = \frac{1}{\sqrt{3}} = \frac{\sqrt{3}}{3} \qquad \tan 60° = \frac{\sqrt{3}}{1} = \sqrt{3}$$

예각의 삼각비

삼각비를 삼각형의 변의 길이로 나타내기

코페르니쿠스가 지동설을
주장하기 2000년도 더 전
에 고대 그리스의 아리스타
르코스는 행성의 운동은 지

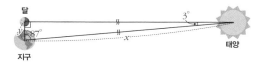

구가 아닌 태양이 우주의 중심에 있다고 가정할 때 더 정확하게 설명할 수 있다
고 말했습니다. 아리스타르코스는 반달 모양일 때, 지구와 달을 이은 직선과 달
과 태양을 이은 직선이 직각이므로 태양-지구-달이 이루는 각의 크기가 87°라
는 것을 관측했어요. 지구와 태양 사이의 거리를 x, 지구와 달 사이를 y라고 하면
$\sin 3° = \frac{y}{x}$로 지구, 달, 태양의 위치를 파악하려고 했습니다.

　$\sin 3°$와 같은 예각의 삼각비는 어떻게 구할까요? 원의 현의 길이나 반현의 길
이를 이용했던 그리스와 인도 수학자들의 방법에 그 해답이 있어요!

　우선 좌표평면 위에 반지름이 1인 사분원을 그린 후 $\angle BOC = 40°$가 되도록
$\overrightarrow{OB}$를 그려봅시다. 점 B에서 $\overline{OC}$에 내린 수선의 발을 A라 하면 $\triangle OAB$는 한 예
각의 크기가 40°인 직각삼각형이므로 $\sin 40°$, $\cos 40°$의 값을 구할 수 있습니다.

$$\sin 40° = \frac{\overline{BA}}{\overline{OB}} = \frac{\overline{BA}}{1} = \overline{BA}$$

$$\cos 40° = \frac{\overline{OA}}{\overline{OB}} = \frac{\overline{OA}}{1} = \overline{OA}$$

　반지름이 1인 사분원이므로 반지름 $\overline{OB} = 1$이죠? 그래서 결국 $\sin 40°$, $\cos 40°$
의 값은 각각 직각삼각형의 높이와 밑변의 길이와 같아요.

　$\tan 40°$도 직각삼각형의 변의 길이로 구할 수 있어요. 하지만 $\triangle OAB$에서 구하
면 $\tan 40° = \frac{\overline{AB}}{\overline{OA}}$이므로 아까처럼 분모가 1이 아니기 때문에 계산이 너무 복잡해
집니다. 분모를 1로 하는 직각삼각형을 그리면 선분 길이 하나만으로 삼각비의
값을 구하게 되니 점 C를 지나면서 $\overline{OC}$에 수직인 직선과 $\overrightarrow{OB}$가 만나는 점을 D로
하는 $\triangle OCD$에서 $\tan 40°$를 구합니다. $\tan 40° = \frac{\overline{CD}}{\overline{OC}} = \frac{\overline{CD}}{1} = \overline{CD}$이므로 $\triangle OCD$의
높이와 같아요.

　예각의 삼각비는 반지름이 길이가 1인 사분원을 이용하면 직각삼각형의 한 변
의 길이만으로 간단히 나타낼 수 있답니다.

직관적으로 구하는 0°의 삼각비의 값

반지름의 길이가 1인 사분원으로 예각의 삼각비의 값을 선분으로 나타냈습니다. 선분의 길이를 이용하면 0°의 삼각비의 값이 얼마일지 직관적으로 구할 수 있습니다.

한 예각의 크기가 $a°$인 직각삼각형 OAB와 OCD에서 삼각비의 값을 선분으로 나타내면 다음과 같습니다.

$$\sin a° = \overline{AB}, \quad \cos a° = \overline{OA}, \quad \tan a° = \overline{CD}$$

0°의 삼각비의 값을 구하기 위해 직각삼각형 OAB와 OCD에서 $a°$의 크기를 점점 0°에 가까워지게 하면서 $\overline{AB}, \overline{OA}, \overline{CD}$의 길이를 관찰해봅시다.

높이인 $\overline{AB}$는 점점 낮아지면서 0에 가까워져요! 이는 $\sin a°$가 0에 가까워진다는 뜻입니다.

밑변인 $\overline{OA}$는 점점 오른쪽으로 가면서 1에 가까워져요! 이는 $\cos a°$가 1에 가까워진다는 뜻입니다.

높이인 $\overline{CD}$는 점점 낮아지면서 0에 가까워져요! 이는 $\tan a°$가 0에 가까워진다는 뜻입니다.

따라서 0°의 삼각비의 값은 다음과 같이 정할 수 있습니다.

$$\sin a° = 0, \quad \cos a° = 1, \quad \tan a° = 0$$

90°의 삼각비

직관적으로 구하는 90°의 삼각비의 값

반지름의 길이가 1인 사분원 안의 예각삼각형으로 0°의 삼각비의 값을 구했듯이 이번에는 90°의 삼각비의 값을 구해봅시다.

$a°$의 크기를 90°에 가까워지도록 점점 크게 하면서 관찰해봅시다.

높이인 $\overline{AB}$는 점점 높아지면서 1에 가까워져요! 이는 $\sin a°$가 1에 가까워진다는 뜻입니다.

밑변인 $\overline{OA}$는 점점 왼쪽으로 가면서 0에 가까워져요! 이는 $\cos a°$가 0에 가까워진다는 뜻입니다.

높이인 $\overline{CD}$는 끝없이 높아져요! 이는 값을 정할 수가 없다는 뜻입니다.

따라서 90°의 sin, cos의 값은 다음과 같이 정할 수 있어요.

$$\sin 90° = 1, \quad \cos 90° = 0$$

 한 가지 더! 경사도

도로 표지판에서 볼 수 있는 경사도(%)는 경사각의 크기를 이용해 $100 \times \tan A$로 나타냅니다. 오른쪽 그림에서 경사각이 10% 이죠? $100 \times \tan A = 10$, $\tan A = 0.1$이므로 경사각의 크기는 약 $6°$가 됩니다.

또, 경사도가 100%라는 것은 $100 \times \tan A = 100$, $\tan A = 1$이므로 경사각의 크기가 $45°$임을 뜻합니다.

삼각비의 표

삼각비의 값이 적힌 표

sin 25°의 값을 알고 싶다면 계산기를
꺼내거나 핸드폰 어플을 사용하면 됩
니다. 계산기에서 sin 2 5 를 차례로
누르면 sin 25°의 값이 나타나요. 애써
삼각형을 그려 선분의 길이를 구할 필
요가 없습니다.

sin(25)

　요즘 같은 첨단 시대에는 컴퓨터도 많이 사용하고 모두 핸드폰을 소유하고 있
지만, 예전에는 이런 기기들이 없었기 때문에 삼각비의 값을 표로 만들어놓고 필
요할 때마다 찾아 사용했습니다.

　25°의 삼각비의 값을 삼각비의 표에서 찾아볼까요?

각도	사인(sin)	코사인(cos)	탄젠트(tan)
0°	0.0000	1.0000	0.0000
⋮	⋮	⋮	⋮
25°	0.4226	0.9063	0.4663
26°	0.4384	0.8988	0.4877
⋮	⋮	⋮	⋮

　sin 25°의 값을 구하기 위해서는 먼저 첫 세로줄에서 25°를 찾아요. 그리고 25°
에 해당하는 가로줄에서 sin의 세로줄과 만나는 칸에 적혀 있는 수를 찾습니다.

$$\sin 25° = 0.4226$$

　아까 계산기로 찾아놓은 값과 다르다고요? 그럴 수 있어요. 삼각비의 표에 있
는 값은 대부분 반올림해 소수 넷째 자리까지 구한 값이기 때문입니다. 하지만
보통 '='를 써서 삼각비의 값을 나타냅니다.

　같은 방법으로 cos 25°, tan 25°의 값을 각각 구하면 cos 25°=0.9063,
tan 25°=0.4663입니다.

　각이 25°일 때 사인의 값이 0.4226으로 하나 정해지죠? 사실 sin, cos, tan는 함
수의 개념이에요. sin 25°=0.4226이라고 하면 25°에 대응되는 함숫값이 0.4226
이라는 뜻으로, 훗날 삼각함수로 이어지게 됩니다.

근대 지도 속 슬픈 이야기

일본이 우리나라를 침략하기 전 조선 팔도를 누비며 보폭으로 거리를 재고, 주요 지형을 탐색하는 비밀 측량 요원을 보냈어요. 도둑 측량으로 한반도의 군사 지도를 완성했고, 얼마 뒤 완성된 지도를 바탕으로 군사 작전을 세워 한반도를 침략했습니다.

이후 1910년 한일강제 합병조약이 체결되자 근대 지도 기술이 발달했던 일본은 삼각측량법으로 지도를 그려 한반도 곳곳에 공장을 짓거나 철도를 개통하는 등 한반도 토지를 모두 빼앗을 계획으로 우리나라 400여 곳에 삼각점을 설치했다고 합니다. 과연 이 삼각점으로 어떻게 지도를 완성했을까요?

이미 거리를 알고 있는 일본의 두 지역과 우리나라 한 곳에 설치된 삼각점으로 거대한 삼각형을 그립니다. 만약 직각삼각형이 그려졌다면 바로 삼각비를 이용해 거리를 구할 수 있어요.

먼저, 알고 있는 거리와 직각을 표시한 후 한 예각에 표시해요.

다음으로 구하고 싶은 거리를 x로 두고 예각의 삼각비를 이용해 구합니다.

예를 들어 알고 있는 거리가 30km이고 예각의 크기가 $60°$이면 직각삼각형 ABC에서 $\cos 60° = \dfrac{\overline{BC}}{\overline{AB}}$이고 $\cos 60° = \dfrac{1}{2}$이므로 $\dfrac{30}{x} = \dfrac{1}{2}$, $x = 60(\text{km})$을 구할 수 있어요.

물론 직각삼각형이 아니어도 구할 수 있습니다. 보조선을 활용하면 되니까요. 점 C에서 변 AB에 수선을 그어 생긴 직각삼각형으로 길이를 구할 수 있어요.

$\sin 60° = \dfrac{\overline{CD}}{\overline{BC}} = \dfrac{\overline{CD}}{30}$이고 $\sin 60° = \dfrac{\sqrt{3}}{2}$이므로 $\dfrac{\overline{CD}}{30} = \dfrac{\sqrt{3}}{2}$에서 $\overline{CD} = 15\sqrt{3}$이 돼요. 선분 CD의 길이를 알았으니 선분 BD의 길이가 15, 선분 AC의 길이가 $15\sqrt{6}$도 구할 수 있습니다.

한 변의 길이와 두 점 사이의 각도만 알고 있다면, 나머지 점들 사이의 거리는 실제로 측량하지 않아도 계산할 수 있어요. 이것이 삼각비를 이용한 삼각측량법입니다.

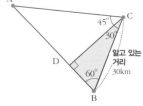

두 변과 끼인각으로 삼각형의 넓이 구하기

삼각측량에서는 거리를 직접 재어 구하지 않아도 삼각비를 이용해 거리를 구했죠? 이처럼 직접 측정할 수 없는 거리를 구하는 데 삼각비는 매우 유용합니다. 그래서 삼각형의 넓이를 구할 때 높이를 모르더라도 두 변과 끼인각의 크기를 안다면 삼각비를 이용해 넓이를 구할 수 있어요.

△ABC에서 두 변 b, c와 끼인각 ∠A를 알 때 △ABC의 넓이를 구해봅시다. 삼각비를 이용하려면 직각삼각형이 있어야 하죠? 비장의 무기인 보조선이 등장합니다. 적당한 곳에 잘 그려줘야 문제를 해결할 수 있어요. 보조선은 삼각형의 꼭짓점 C에서 변 AB로 내린 수선이에요. 이때 ∠A가 예각인지 둔각인지에 따라 그려지는 곳에 차이가 있으므로 나누어 생각해봅시다.

∠A가 예각인 경우의 그림을 하나 그려봅시다.

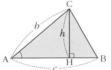

수선의 길이를 h라고 하면 $\sin A = \dfrac{h}{b}$이므로 $h = b\sin A$이에요.

(△ABC의 넓이) $= \dfrac{1}{2} \times$ (밑변의 길이) $\times$ (높이)로 구하므로 예각삼각형 △ABC의 넓이 S는 $S = \dfrac{1}{2}ch = \dfrac{1}{2}bc\sin A$가 됩니다.

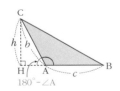

다음은 ∠A가 둔각인 경우의 그림을 그려 생각해봅시다.

꼭짓점 C에서 변 BA의 연장선 위에 내린 수선의 길이 h는 △AHC에서 삼각비를 이용해 구합니다. 이때 △AHC의 한 내각 ∠A는 △ABC의 외각이므로 $180° - ∠A$예요.

△AHC에서 $\sin(180° - ∠A) = \dfrac{h}{b}$이므로 높이 $h = b\sin(180° - ∠A)$입니다.

따라서 ∠A가 둔각인 △ABC의 넓이 S는 $S = \dfrac{1}{2}ch = \dfrac{1}{2}bc\sin(180° - ∠A)$가 됩니다.

사각형의 넓이

삼각비로 사각형의 넓이 구하기

두 변과 끼인각이 주어졌을 때 삼각비를 이용해 삼각형의 넓이를 구한 것과 같이 사각형에서도 삼각비를 이용해 구할 수 있습니다.

두 변과 끼인각을 아는 사각형이 주어지면 보조선 AC를 그어요. 그러면 2개의 삼각형으로 나뉘므로 □ABCD는 두 삼각형 △ABC와 △ACD의 합으로 생각합니다.

$$\square ABCD = \frac{1}{2} \times 4 \times 4 \times \sin 60° + \frac{1}{2} \times 2 \times 2\sqrt{2} \times \sin(180° - 135°) = 4\sqrt{3} + 2\,(cm^2)$$

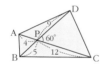

사각형의 두 대각선의 길이와 교각의 크기를 알 때도 넓이를 구할 수 있을까요?

대각선으로 쪼개진 4개의 삼각형 △PAB, △PBC, △PCD, △PDA의 합으로 구할 수 있습니다.

$$\square ABCD = \triangle PAB + \triangle PBC + \triangle PCD + \triangle PDA$$
$$= \frac{1}{2} \times 4 \times 5 \times \sin 60° + \frac{1}{2} \times 5 \times 12 \times \sin 60°$$
$$+ \frac{1}{2} \times 12 \times 9 \times \sin 60° + \frac{1}{2} \times 9 \times 4 \times \sin 60° = 56\sqrt{3}$$

좀더 통 큰 방법도 있어요. $\overline{EH} \parallel \overline{AC} \parallel \overline{FG}$, $\overline{EF} \parallel \overline{DB} \parallel \overline{HG}$가 되도록 평행선을 그어 □EFGH를 그리면 같은 번호의 삼각형끼리 합동이므로 □EFGH = □ABCD×2예요. 또, □EFGH는 평행사변형으로 △EFG의 넓이의 2배예요. 즉 □ABCD와 △EFG의 넓이가 같습니다.

$$\square ABCD = \triangle EFG = \frac{1}{2} \times (5+9) \times (4+12) \times \sin 60° = 56\sqrt{3}$$

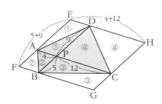

즉 대각선으로 나누어진 4개의 삼각형의 넓이의 합으로 구하거나, 각각의 대각선에 평행한 직선으로 이루어진 평행사변형을 이용해 넓이를 구할 수 있어요.

현의 수직이등분선

원의 중심을 지나는 선

늑대나 곰이 사향소들을 공격하면 사향소는 곧바로 새끼를 등지고 원을 만들어 방어합니다. 둥글게 둘러서면 삼각형이나 사각형으로 둘러서는 것보다 안쪽의 넓이가 더 넓어지기 때문이지요. 원은 안전한 공간을 만들기에도 최적의 도형입니다. 그래서 766년에 건설된 바그다드는 도시 안의 면적 넓게 하려고 원형 도시로 계획되었죠. 이 밖에 원에는 다양하고 신기한 성질들이 많습니다. 예로부터 완벽한 대칭성을 가지고 있어 둥글고 아름다운 도형이라고 사랑받아온 원의 또 다른 성질을 같이 알아볼까요?

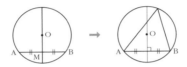

우선 원에서 현의 성질을 알아봅시다.

컴퍼스를 이용해 종이 위에 원 O를 그려 오려낸 후 현 AB를 그려 두 점 A와 B가 만나도록 접습니다. 접어서 생긴 선은 현 AB의 수직이등분선이죠? 이때 이 수직이등분선은 원의 중심을 지납니다. 왜 그럴까요?

방금 접은 현의 수직이등분선을 보니 떠오르는 것이 있죠? 바로 삼각형의 외심이에요! 현의 수직이등분선의 교점이 외심이므로 원에서 현의 수직이등분선은 항상 그 원의 중심을 지납니다.

이번에는 반지름 $\overline{OA}$, $\overline{OB}$와 점 O에서 현 $\overline{AB}$에 내린 수선의 발을 M이라고 하면 이등변삼각형 △OAB가 생기죠? 이는 이등변삼각형이므로 두 직각삼각형은 합동입니다. $\overline{OM}$이 $\overline{AB}$를 이등분하는 거죠. 즉 원의 중심에서 현에 내린 수선은 그 현을 수직이등분합니다.

따라서 원에서 현의 수직이등분선은 그 원의 중심을 지나요. 그리고 원의 중심에서 현에 내린 수선은 그 현을 수직이등분합니다.

현의 길이

한 원에서 길이가 같은 두 현

원에서 길이가 같은 여러 개의 현을 그리면 현들에 의해 원 안에 또 다른 원이 만들어지는 것을 볼 수 있습니다. 원에 현을 그려 만드는 것과 같이 선을 사용해 아름다운 모양을 만드는 것을 스트링 아트(String Art)라고 해요.

원 위에 길이가 같은 두 현을 그려볼까요? 먼저 원 모양의 색종이를 절반으로 접습니다. 그 다음 현이 생기도록 겹쳐진 색종이를 살짝 접었다가 펼치면 두 현이 만들어지죠. 이렇게 만들어진 두 현의 길이는 서로 같습니다. 이때 두 현은 원의 중심에서 같은 거리에 있기도 합니다. 왜 그럴까요?

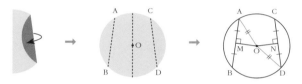

"한 원에서 두 현의 길이가 같다"라는 가정에서 출발해 "원의 중심으로부터 같은 거리에 있다"라는 결론에 도달하기 위해 우선 보조선부터 그어봅시다.

원 O의 중심에서 두 현 AB, CD에 수선을 그으면 $\overline{OM}$, $\overline{ON}$은 현의 수직이등분선이므로 $\overline{AM} = \overline{DN}$, $\angle OMA = \angle OND = 90°$예요. 그리고 반지름이므로 $\overline{OA} = \overline{OD}$이죠? RHS 합동조건에 의해 $\triangle OAM \equiv \triangle ODN$이에요. 따라서 원에서 길이가 같은 두 현은 원의 중심으로부터 같은 거리에 있는 것이죠.

그렇다면 같은 거리에 있는 두 현의 길이도 같을까요?

이번에는 "원의 중심에서 같은 거리에 있다"라는 가정에서 출발해 "두 현의 길이가 같다"라는 결론에 도달해야 합니다.

원의 중심에서 같은 거리에 있으면 $\overline{OM} = \overline{ON}$이고 $\angle OMA = \angle OND = 90°$이에요. 즉 $\overline{OM} = \overline{ON}$, $\angle OMA = \angle OND = 90°$, $\overline{OA} = \overline{OD}$이므로

$\triangle OAM \equiv \triangle ODN$(RHS 합동)예요. 따라서, 원의 중심으로부터 같은 거리에 있는 두 현은 그 길이가 같습니다.

접선의 길이

원 밖의 한 점에서 접점까지의 거리

2020년 12월의 어느 날 칠레와 아르헨티나는 대낮의 2분간 짙은 어둠 속에 갇혀 있었습니다. 바로 태양, 달, 지구가 일직선에 놓이면서 달의 그림자가 태양을 완전히 가리는 개기일식이 있었기 때문이에요.

아래 그림과 같이 개기일식 때 지구의 위치를 점 P라고 하고, 태양을 원 O라고 하면 2개의 접선을 그을 수 있어요. 원 O 밖의 한 점 P에서 원 O에 그은 두 접선의 접점을 각각 A, B라고 했을 때 $\overline{PA}$, $\overline{PB}$를 '접선의 길이'라고 해요. 이때 두 접선의 길이는 같습니다.

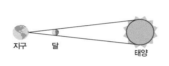
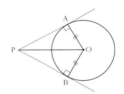

먼저 $\angle PAO = \angle PBO = 90°$, $\overline{OP}$는 공통, $\overline{OA} = \overline{OB}$이므로 $\triangle PAO \equiv \triangle PBO$(RHS 합동)이에요. 따라서 $\overline{PA} = \overline{PB}$입니다.

같은 방법으로 다른 두 꼭짓점인 점 Q, 점 R에서도 $\overline{QB} = \overline{QC}$, $\overline{RA} = \overline{RC}$임을 알 수 있습니다. 즉 삼각형의 각 꼭짓점에서 접점까지의 거리가 각각 같게 됩니다.

그리고 접선이 이루는 $\triangle PQR$의 내심이 바로 원 O임을 알 수 있습니다.

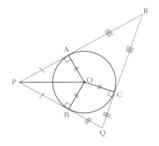

원주각과 중심각의 크기

원주각의 크기는 중심각의 크기의 절반

원 O에서 $\widehat{AB}$와 $\widehat{AB}$위에 있지 않은 원 위에 여러 점 P, Q, R, S를 연결해 각을 만들었습니다. P, Q, R, S를 꼭지각으로 하는 각의 크기를 이 각들의 중심이 되는 각, 즉 $\widehat{AB}$와 원의 중심을 꼭짓점으로 하는 ∠AOB와 비교하려고 해요. 이때 ∠APB를 $\widehat{AB}$의 '원주각'이라고 하고, $\widehat{AB}$를 원주각 ∠APB의 '호'라고 해요.

현 $\overline{AB}$를 그리면 무엇이 생각나나요? 네, 점 O는 바로 삼각형 ABR의 외심입니다. 여기서 기억을 소환해야 할 게 2가지 있죠?

첫째, 이등변삼각형의 두 밑각의 크기는 같다.

둘째, 삼각형의 한 외각의 크기는 이웃하지 않는 두 내각의 크기의 합과 같다.

먼저 △ORA, △ORB는 이등변삼각형이에요. 이때 이등변삼각형 △ORA의 한 밑각의 크기를 x라고 하고, 이등변삼각형 △OPB의 한 밑각의 크기를 y라고 합시다.

$\overline{OR}$의 연장선이 현 AB와 만나는 점을 D라고 하면, △ORA에서 ∠AOD는 외각이 됩니다. 한 외각의 크기는 이웃하는 않는 두 내각의 크기의 합인 $2x$와 같아요.

마찬가지로 △ORB에서 ∠BOD 역시 외각이므로 그 크기는 $2y$와 같습니다.

∠AOB $= 2x+2y = 2(x+y) = 2$∠ARB예요. 즉 중심각 ∠AOB의 크기가 정확히 원주각 ∠ARB의 크기의 2배가 됩니다. 어떤 원주각이든지 원주각의 크기는 중심각의 크기의 절반인 거죠. 원 위의 점 R이 아무리 움직여도 중심각은 ∠AOB로 고정되어 있기 때문에 $\widehat{AB}$의 원주각의 크기는 모두 같습니다.

원주각과 호

길이가 같은 호에 대한 원주각의 크기는 같다

세계 각국 정상들이 원탁에 모여 회의하는 것을 본 적이 있나요? 보통의 직사각형 탁자에서 서열에 따라 자리싸움을 벌이는 것을 해결하고자 영국의 아더왕이 생각한 것이 바로 원탁이랍니다. 원형 탁자에 일정한 간격으로 둘러앉으면 다른 도형과 달리 어느 자리에 있어도 중심각의 크기가 같아 이웃한 두 사람을 바라보는 각의 크기가 같아요. 그래서 회의자들은 서열에 상관없이 모두 평등한 관계가 되는 것이죠.

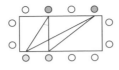

다른 위치에서 이웃한 두 사람 A와 B를 바라볼 때와 C와 D를 바라볼 때 각의 크기는 어떨까요?

원탁회의에서 일정한 간격으로 둘러앉았기 때문에 원 O에서 두 호 AB, CD의 길이는 같아요. 이때 이 호에 대한 중심각과 원주각의 크기를 구하면 다음과 같습니다.

$$\overparen{AB} : 중심각 \angle AOB, 원주각 \angle APB$$
$$\overparen{CD} : 중심각 \angle COD, 원주각 \angle CQD$$

중심각 $\angle AOB$, $\angle COD$의 크기는 서로 같죠? 원주각의 크기는 중심각의 크기의 $\frac{1}{2}$이므로 원주각의 크기도 같아요. 마찬가지로 원주각의 크기가 같으면 원주각의 크기의 2배인 중심각의 크기도 같으므로 호의 길이는 같아요.

따라서 한 원 또는 합동인 두 원에서 길이가 같은 호에 대한 원주각의 크기가 같습니다. 마찬가지로 크기가 같은 원주각에 대한 호의 길이도 같아요.

원의 이런 성질 때문에 원탁에 둘러앉은 사람은 모두 평등한 위치에 놓일 수 있게 되었답니다.

원에 내접하는 사각형

마주 보고 있는 두 각의 크기의 합은 항상 180°

모든 삼각형은 원에 내접하죠? 하지만 사각형은 특별한 경우에만 내접합니다. 어떤 것이 특별한 경우인지 알아보기 위해 원에 내접하는 사각형 □ABCD를 그려봅시다. 그리고 마주 보고 있는 두 각의 크기의 합을 구해보면 180°인 것을 알 수 있습니다. 왜일까요?

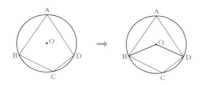

의문의 실마리를 풀기 위해선 보조선의 도움이 필요합니다.

$\overset{\frown}{BCD}$, $\overset{\frown}{BAD}$에 대한 중심각의 크기를 각각 $\angle a$, $\angle b$라고 하면 $\overset{\frown}{BCD}$, $\overset{\frown}{BAD}$에 대한 중심각의 크기는 각각 $\frac{1}{2}\angle a$, $\frac{1}{2}\angle b$가 됩니다.

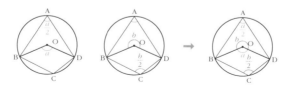

이때 $\angle a + \angle b = 360°$이므로 $\angle A + \angle C = \frac{1}{2}(\angle a + \angle b) = 180°$가 되죠.

즉 원에 내접하는 사각형에서 마주 보는 두 각의 크기의 합은 항상 180°가 되는 것입니다.

원주각의 성질

원의 접선과 현이 이루는 각

그리스의 수학자 탈레스! 탈레스는 언제나 '왜?'라는 질문을 입에 달고 살았다고 합니다. 그래서 직각삼각형 하나도 이리저리 꼼꼼히 따져본 것이죠. 탈레스는 빗변의 길이가 같은 직각삼각형을 여러 개 그려보았습니다. 물론 무수히 많겠죠? 그런데 이

직각삼각형을 겹쳐놓고 직각인 꼭짓점을 모두 이어보니 신기하게도 원이 만들어졌어요. 이 원을 바로 '탈레스의 원'이라고 합니다.

지름을 빗변으로 하는 직각삼각형을 이용하면 접선과 접선의 접점을 지나는 현이 이루는 각의 크기를 구할 수 있습니다.

우선 원 O의 한 점 A에서 접선 AT와 이 접점을 지나는 현 AB를 그어요. 무수히 많은 현을 그릴 수 있지만 이 현은 크게 3가지 경우로 나눌 수 있어요. 이때 접선과 호가 이루는 각 BAT의 크기와 호 AB에 대한 원주각 BCA의 크기를 비교해 봅시다.

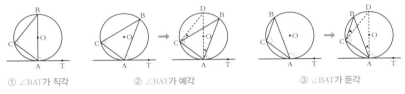

① ∠BAT가 직각   ② ∠BAT가 예각   ③ ∠BAT가 둔각

우선 접선과 현이 이루는 각 ∠BAT가 직각이면 $\overline{AB}$는 지름이므로 반원에 대한 원주각 ∠BCA =90°이므로 같아요.

∠BAT가 예각일 때는 지름 AD와 선분 CD를 그어 직각인 부분을 표시했어요. 호 BD에 대한 원주각 ∠BAD = ∠BCD =★이므로 각 BAT의 크기와 호 AB에 대한 원주각 ∠BCA의 크기는 90°-★로 같아요.

∠BAT가 둔각일 때도 지름 AD와 선분 CD를 그어 직각인 부분을 표시했어요. 호 BD에 대한 원주각 ∠BAD = ∠BCD이므로 각 BAT의 크기와 호 AB에 대한 원주각 ∠BCA의 크기 90°+▲로 같아요.

즉 원의 접선과 그 접점을 지나는 현이 이루는 각의 크기는 그 각의 내부에 있는 호에 대한 원주각의 크기와 같습니다.

육각형 모양의 벌집

평면을 가득 채울 수 있는 정다각형

바닥에 깔린 보도블록이나 벽의 타일은 서로 겹쳐지지 않으면서 평면을 빈틈없이 채우죠? 이렇게 일정한 모양의 도형을 반복해 빈틈이나 포개짐 없이 평면으로 공간을 완벽하게 채우는 것을 '테셀레이션'이라고 해요.

가장 기본적인 도형인 삼각형 중 정삼각형은 한 내각의 크기가 60°이므로 한 꼭짓점에 정삼각형 6개를 모으면 테셀레이션을 만

들 수 있는데요, 그러면 다른 정다각형들도 평면을 꽉 다 채울 수 있을까요?

정사각형은 한 내각의 크기가 90°이고, 정육각형의 한 내각의 크기는 120°이므로 정사각형과 정육각형으로는 각각 평면을 가득 채울 수 있습니다.

그렇다면 다른 정다각형들도 모두 평면을 가득 채울 수 있지 않을까요? 아쉽게도 정오각형의 한 내각의 크기는 108°이기 때문에 불가능합니다. 정오각형으로 평면을 가득 채우려고 3개를 붙여 맞추고 나면 남은 공간이 적어 네 번째 정오각형을 붙일 수가 없게 되기 때문이죠.

즉 빈틈이나 포개어지는 부분 없이 바닥을 가득 채우려면 도형의 한 내각의 크기가 360°의 약수여야 합니다. 그래서 한 내각의 크기가 90°인 정사각형이 4개 모이거나 한 내각의 크기가 120°인 정육각형이 3개 모이면 360가 되므로

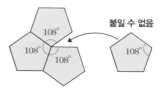

바닥을 빈틈없이 채울 수 있어요. 즉 평면을 가득 채울 수 있는 정다각형은 정삼각형, 정사각형, 정육각형 3가지뿐이랍니다.

신기하게도 꿀벌도 이 사실을 아는지 집을 지을 때 항상 육각형 모양으로 짓습니다. 공간을 빈틈없이 채우기 위해 정삼각형, 정사각형, 정육각형 모두 벌집이 될 수 있지만 육각형이 다른 도형보다 넓이가 가장 넓어 꿀을 많이 보관할 수 있죠. 즉 벌집은 최소한의 재료로 최대한의 공간을 확보하는 육각형 모양의 경제적인 구조이면서, 동시에 가장 균형 있게 힘을 배분하는 안정적인 구조입니다.

가장 경제적인 도형

길이가 일정할 때 최대 넓이를 가지는 정다각형

카르타고의 여왕 '디도'는 폭군인 오빠를 피해 북아메리카로 탈출합니다. 그리고 그곳의 원주민 통치자에게 황금을 줄 테니 땅을 팔라고 했지요. 이 통치자는 황소 한 마리를 주면 황소 한 마리의 가죽으로 둘러쌀 수 있는 만큼만 팔겠다고 했어요. 여왕 디도는 통치자의 말을 듣고 가죽을 가늘게 잘라 기다란 끈을 만들었어요. 그 가죽으로 땅을 둘러쌌지요. 최대한 많은 땅을 사야 하니 끈을 두를 때 넓이가 가장 넓도록 땅을 잘 둘러싸야겠죠? 과연 어떤 모양이어야 할까요?

길이가 일정한 끈으로 도형을 만들어 넓이를 비교해봅시다. 우선 막대 2개를 박고 끈의 양 끝을 묶어요. 그리고 막대 2개에 끝을 걸쳐 삼각형을 만들어볼까요? 그러면 무수히 많은 삼각형을 만들 수 있어요. 이때 밑변의 길이는 두 막대 사이의 거리로 고정되어 있으니 가장 넓게 하려면 높이를 가장 높게 하면 됩니다.

높이가 가장 긴 삼각형은 바로 이웃하는 두 변의 길이가 같은 삼각형입니다. 밑변을 두 막대 사이의 거리가 아니라 다른 변으로 하면 나머지 두 변의 길이가 같아야 최대의 넓이를 갖게 돼요. 즉 이 삼각형은 어느 변을 밑변으로 하든 이웃하는 두 변의 길이가 같아야 하기 때문에 정삼각형이 되어야 합니다. 마찬가지로 일정한 끈으로 사각형을 만들면 정사각형일 때 최대 넓이를 갖습니다.

정다각형의 변의 수가 많을수록 한 변의 길이는 짧아지고, 좀더 원에 가까워지면서 넓이는 점점 커집니다. 그래서 둘레의 길이가 일정할 때 원의 넓이가 가장 넓습니다.

여왕 디도는 가죽으로 원을 그리며 영역을 정하고, 그곳을 가죽이라는 뜻의 '바르사'라는 이름을 지어주었다고 합니다.

두 점 사이의 거리

피타고라스 정리로 두 점 사이의 거리 구하기

놀이공원에 가면 공원 안내도를 펼치고 어떤 것부터 탈지 순서를 정하게 되죠? 같은 시간에 많은 놀이기구를 타고 싶다면 놀이기구 사이의 거리를 살펴 동선을 잘 짜야 합니다.

안내도의 한 칸을 1m라고 하고 안내소에서 대관람차가 있는 곳까지는 3칸 떨어져 있다고 가정할 때, 안내소와 대관람차를 나타내는 점 P와 Q 사이의 거리 $\overline{PQ}$는 3m입니다. 이렇게 수직선 위의 두 점 사이의 거리는 두 좌표의 차의 절댓값으로 구할 수 있어요.

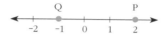

대관람차를 나타내는 점 A와 롤러코스터를 나타내는 점 B를 이었을 때, 대관람차와 롤러코스터까지의 거리 $\overline{AB}$는 몇 m일까요? 자를 가지고 잴 수 있을까요? 하지만 거리가 무리수인 경우는 정확한 값을 자로 잴 수 없죠. 이때 사용할 수 있는 무기가 바로 피타고라스 정리입니다.

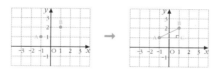

피타고라스 정리에서 직각삼각형의 직각을 끼고 있는 두 변 길이의 제곱의 합은 빗변 길이의 제곱과 같죠? $\overline{AB}$를 포함한 직각삼각형을 그리기 위해 점 A와 점 B에서 각각 x축, y축에 평행한 직선을 긋고, 두 직선이 만나는 점을 C라고 하면 직각삼각형 ABC가 그려집니다.

이제 피타고라스 정리에 따라 $\overline{AB}^2 = \overline{AC}^2 + \overline{BC}^2$이죠? 수직선 위의 두 점 사이의 거리는 두 좌표의 차의 절댓값이므로 $\overline{AB}^2$을 구하면 다음과 같습니다.

$$\overline{AB}^2 = \overline{AC}^2 + \overline{BC}^2 = |x_2 - x_1|^2 + |y_2 - y_1|^2 = |1 - (-1)|^2 + |2 - 1|^2 = 2^2 + 1^2 = 5$$

$\overline{AB}$는 길이이므로 5의 양의 제곱근이에요. 따라서 $\overline{AB} = \sqrt{5}$m가 됩니다.

즉 좌표평면 위의 두 점 $A(x_1, y_1)$, $B(x_2, y_2)$ 사이의 거리는
$\overline{AB} = \sqrt{(x_2 - x_1)^2 + (y_2 - y_1)^2}$입니다.

내분점

한 선분을 안에서 나누는 점

그리스의 수학자 아르키메데스는 "충분히 긴 지렛대와 받침대만 내게 준다면 지구도 들어 올릴 수 있다"고 했어요. 지렛대의 한 부분에 받침대를 받쳐 무거운 물건을 쉽게 들어올리는 지레의 원리는 시소나 병따개에서도 볼 수 있어요.

몸무게가 다른 두 형제가 시소를 탔을 때 지레의 원리를 이용하면 양쪽의 균형을 이룰 수 있습니다. 시소를 받치는 받침점을 P, 형과 동생의 몸무게를 W_1, W_2이라고 했을 때 형과 동생이 위치를 잘 잡아야 양쪽이 균형을 이루겠죠? 형과 동생의 각각의 위치를 A, B라고 하면 $\overline{PA} : \overline{PB} = W_2 : W_1$이 되면 시소는 균형을 이룹니다. 이것을 '지레의 원리'라고 합니다. 이때, 받침점 P는 선분 AB의 안에 있는 점이고 선분 AB를 $\overline{AP}$와 $\overline{BP}$로 나누어요. 그래서 점 P는 내(內 안)와 분(分 나누다)을 이용해 '한 선분을 안에서 나누는 점'이라는 뜻으로 선분 AB의 '내분점'이라고 부릅니다.

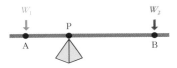

수직선 위의 두 점 A(−4), B(6)를 3 : 2로 내분하는 점 P(x)를 구해볼까요?

$\overline{PA} = \{x-(-4)\} = x+4$, $\overline{BP} = 6-x$이므로 지레의 원리에 의해 $(x+4) : (6-x) = 3 : 2$입니다.

$$(x+4) : (6-x) = 3 : 2, \quad 3(6-x) = 2(x+4), \quad 18-3x = 2x+8, x = 2$$

따라서 두 점 A(−4), B(6)를 3 : 2로 내분하는 점은 P(2)입니다.

원의 방정식

$(x-a)^2+(y-b)^2=r^2$

로마를 생각하면 떠오르는 명소인 바티칸 시티! 이곳에는 천재 화가라고 불리는 미켈란젤로의 피에타 상도 있고 무척이나 화려한 베드로 성당도 있어요. 이 성당에 그림을 그리게 하기 위해 14세기 교황 베네딕트 12세는 화가들에게 그들의 재능을 한껏 드러낼 작품을 제출하라고 했습니다. 이 유명한 성당에 그림을 그리고 싶어 하는 화가들은 앞다투어 멋진 작품을 제출했겠지요? 그런데 화가 조토는 붉은 물감으로 달랑 원 하나만 그려서 제출했어요. 재능을 뽐내기엔 너무도 터무니 없어 보이지만 교황은 컴퍼스 없이 완벽한 원을 그려낸 조토의 그림을 보고 그의 재능을 직감하고는 성당의 그림을 맡기게 됩니다.

교황이 감탄했다는 그 완벽한 원이란 과연 무엇일까요?

조토가 아닌 대부분의 사람들은 원을 그리기 위해 컴퍼스를 이용합니다. 예를 들어 좌표평면 위에 원의 중심을 P(1, 2), 반지름이 5가 되도록 컴퍼스를 이용해 원을 그릴 수 있습니다. 그런데 이 원 위에는 수없이 많은 점들이 있어요. 이때 원의 중심에서 원 위의 모든 점까지의 거리는 모두 같지요.

그렇다면 원 위 점들의 정확한 위치라든지 이 점들이 모두 중심에서 일정한 거리에 있다는 건 어떻게 나타낼까요? 이때 집중할 것이 바로 좌표평면입니다. x축과 y축으로 이루어진 좌표평면에 원을 그리면 정확한 위치와 정확한 길이, 정확한 모양을 나타낼 수 있기 때문입니다.

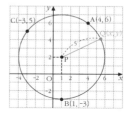

예를 들어 점의 위치를 나타내면 A(4, 6), B(1, -3), C(-3, 5)이고 원의 중심 P(1, 2)와 원 위의 점까지의 거리 $\overline{PA}$=5인 것을 알 수 있어요. 이때 점 P와 점 A 사이의 거리가 반지름의 길이 5인 것처럼 원 위의 점 Q(x, y)와 원의 중심 P와의 거리도 모두 반지름인 5와 같습니다. 두 점 사이의 거리를 이용해 두 점 Q(x, y)와 P(1, 2)의 거리를 식으로 나타내면 $5=\sqrt{(x-1)^2+(y-2)^2}$이에요. 이 식의 양변을 제곱하면 $(x-1)^2+(y-2)^2=5^2$입니다.

이렇게 반지름과 중심을 알면 원 위의 점 (x, y)를 식으로 나타낼 수 있어요. 중심이 (a, b)이고 반지름의 길이가 r인 원의 방정식은 $(x-a)^2+(y-b)^2=r^2$입니다.

원과 직선의 위치관계

만나거나 만나지 않거나

11명이 한 팀이 되어 발로 공을 차서 상대편 골문에 넣는 축구는 많은 이들이 열광하는 스포츠입니다. 이때 득점에 중요한 것은 골라인! 슛을 날려 공이 골라인을 통과하면 점수를 얻지만 아닌 경우에는 점수를 얻을 수 없어요.

아래 그림은 축구공과 골라인 *l*을 평면 위에 나타낸 모습입니다. 첫 번째 공은 골라인을 넘지 못하고 두 번째 공은 골라인과 접했어요. 세 번째 공은 골라인을 넘었죠? 이 골라인 *l*과 원의 위치를 보면 첫 번째 원과 골라인 *l*은 만나지 않아요. 그리고 두 번째 원과 직선 *l*이 접합니다. 마지막으로 세 번째 원과 골라인 *l*은 서로 다른 두 점에서 만나죠.

원의 중심이 O이고 반지름이 *r*인 원의 방정식을 $x^2+y^2=r^2$이라고 하고 직선의 방정식은 $y=mx+n$이에요. 이때 직선의 방정식 $y=mx+n$을 원의 방정식에 대입하면 $x^2+(mx+n)^2=r^2$이므로 정리해서 $(m^2+1)x^2+2mnx+n^2-r^2=0$이라고 나타낼 수 있어요.

이차방정식 $ax^2+bx+c=0$의 판별식 $D=b^2-4ac$에 따라 이차방정식의 근을 구분할 수 있죠? 그래서 $D=b^2-4ac>0$이면 실근이 2개, $D=b^2-4ac=0$이면 실근이 한 개(중근), $D=b^2-4ac<0$이면 허근이 2개이므로 판별식에 따라 원과 직선의 위치관계를 나타내면 3가지로 나뉩니다.

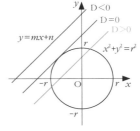

$D>0$이면 원과 직선이 서로 다른 두 점에서 만난다.
$D=0$이면 원과 직선이 한 점에서 만난다.
$D<0$이면 원과 직선이 만나지 않는다.

도형의 평행이동

도형의 모양은 그대로 두고 좌우상하로 옮기기

무작위로 내려오는 블럭을 차곡차곡 쌓아 가로줄을 없애면서 블럭이 맨 윗칸에 닿지 않도록 버티는 게임 '테트리스'! 정사각형 모양의 퍼즐이 아래로 내려오고 있는데 이때 가로줄을 채우려면 정사각형 퍼즐을 어떻게 옮기면 될까요? 예를 들어 정사각형 퍼즐의 모양은 변화시키지 않고 오른쪽으로 4칸-아래로 12칸만큼 옮기면 가로줄 한 줄이 사라지게 할 수 있습니다.

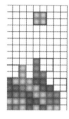

　이렇게 좌표평면 위에서 도형의 모양과 크기는 바꾸지 않고 일정한 방향으로 일정한 거리만큼 옮기는 것을 '평행이동'이라고 해요.

　좌표평면 위의 점 $P(x, y)$를 x축의 방향으로 a만큼, y축의 방향으로 b만큼 평행이동한 점을 $P'(x', y')$이라고 하면 점 P'의 좌표는 $(x+a, y+b)$가 됩니다. 예를 들어 $P(1, 3)$을 x축의 방향으로 2만큼, y축의 방향으로 1만큼 평행이동한 점은 $P'(2, 4)$가 됩니다.

　직선을 나타내는 방정식 $ax+by+c=0$과 같이 도형을 나타내는 방정식 $f(x, y)=0$ 위의 점 $P(x, y)$를 x축의 방향으로 2만큼, y축의 방향으로 1만큼 평행이동한 점을 $P'(x', y')$이라고 하면 $x'=x+2$, $y'=y+1$이므로 $x=x'-2$, $y=y'-1$이 됩니다.

　도형을 나타내는 방정식 $f(x, y)=0$에 점 P'의 좌표 $x=x'-2$, $y=y'-1$을 대입하면 $f(x'-2, y'-1)=0$이 되죠?

　즉 점 $P'(x', y')$이 있는 도형의 방정식은 $f(x'-2, y'-1)=0$입니다.

　점 $P'(x', y')$이 있는 도형의 방정식이 $f(x'-2, y'-1)=0$이므로 이제는 문자 x'과 y' 대신에 미지수를 나타내는 문자 x, y로 바꾸어 나타내도 됩니다. 따라서 도형의 방정식은 $f(x-2, y-1)=0$이 됩니다.

　즉 방정식 $f(x, y)=0$이 나타내는 도형을 x축의 방향으로 a만큼, y축의 방향으로 b만큼 평행이동한 도형의 방정식은 $f(x-a, y-b)=0$입니다.

　예를 들어 도형의 방정식 $2x-3y-1=0$을 x축의 방향으로 -3만큼, y축의 방향으로 1만큼 평행이동한 도형의 방정식을 구하면 x대신 $x+3$을, y대신 $y-1$을 대입해요. 그러면 식 $2(x+3)-3(y-1)-1=0$은 $2x-3y-1=0$을 x축의 방향으로 -3만큼, y축의 방향으로 1만큼 평행이동한 도형의 방정식이 됩니다.

중점을 이용해 대칭이동하기

모양의 변함없이 도형을 이동시키면 그 도형과 합동인 도형을 그릴 수 있어요. 이때 도형을 이동하는 방법은 평행이동 외에도 '대칭이동'이 있습니다. 대칭이 동은 한 도형을 한 직선 또는 한 점에 대해 대칭인 도형으로 이동시키는 것입니 다. 도형 위의 한 점 P가 있을 때 이 점을 직선 l에 대해 대칭이동해볼까요?

우선 점 P에서 직선 l에 수직인 반직선을 그려요. 그리고 이 반직선이 직선 l과 만나는 점을 M이라고 하고, $\overline{PM} = \overline{P'M}$인 점 P′를 반직선 위에서 찾아요. 그러면 점 P′는 직선 l에 대한 대칭점이 됩니다.

점 P를 한 점 M에 대해 대칭인 점을 찾을 때는 $\overline{PM}$에서 $\overline{PM} = \overline{P'M}$인 점 P′를 찾 으면 점 P와 P′는 점 M에 대해 대칭입니다.

그러면 좌표평면에서 두 축과 원점에 대해 대칭이동한 점을 찾아볼까요?

점 $P(x, y)$를 x축에 대해 대칭이동한 점을 찾아 봅시다. 우선 점 P를 지나며 x축에 수직인 선을 그려요. 이 선과 x축이 만나는 점을 M이라고 하 면 $\overline{PM} = \overline{P'M}$이에요. 그래서 점 P′의 점의 x좌표 는 점 P의 x좌표와 같고 y좌표는 부호만 반대인 점 $(x, -y)$예요.

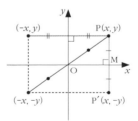

같은 방법으로 y축에 대해 대칭이동한 점은 $(-x, y)$이고 원점에 대해 대칭이동한 점은 $(-x, -y)$ 예요.

직선 $y=x$에 대한 도형의 대칭이동

중점과 수직을 이용해 대칭인 점 구하기

선분 AB 위의 중점 M에서 $\overline{AM}=\overline{BM}$인 점 M을 중점이라고 하죠? A(3), B(7)의 중점 M의 좌표는 $M\left(\dfrac{3+7}{2}\right)=M(5)$로 구할 수 있어요.

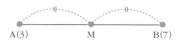

A(3)　　　　　M　　　　　B(7)

P(x, y)를 직선 $y=x$에 대해 대칭이동한 점 P$'(x', y')$의 좌표도 중점을 이용해 구할 수 있어요.

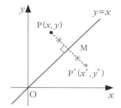

P(x, y)와 P$'(x', y')$의 중점부터 구해볼까요? 두 점의 x좌표의 중점은 $\dfrac{x+x'}{2}$이고 y좌표의 중점은 $\dfrac{y+y'}{2}$이므로 $M\left(\dfrac{x+x'}{2}, \dfrac{y+y'}{2}\right)$이 됩니다. 이때 중점은 $y=x$ 위의 점이므로 $y=x$에 대입하면 $\dfrac{x+x'}{2}=\dfrac{y+y'}{2}$입니다. 즉 $x'-y'=y-x$가 돼요.

직선 PP$'$은 직선 $y=x$에 수직이죠? 수직인 두 직선의 기울기의 곱은 -1이므로 $\dfrac{y-y'}{x-x'}=-1$이 됩니다. 즉 $x'+y'=y+x$가 돼요.

$x'-y'=y-x$와 $x'+y'=x+y$을 연립해서 풀면 $x'=y, y'=x$입니다.

따라서 점 P(x, y)를 직선 $y=x$에 대해 대칭이동한 점 P$'$의 좌표는 P$'(y, x)$가 됩니다.

예를 들어 $(2, 3)$의 $y=x$에 대해 대칭이동한 점은 $(3, 2)$가 됩니다.

PART5에서는 우리 삶에서 합리적인 의사 결정을 하는 데 큰 역할을 하게 되는 확률과 통계를 익히게 됩니다. 주어진 자료를 처리하는 여러 가지 방법을 공부하지만 어떤 상황에서 어떤 방법으로 처리할지는 여러분의 몫입니다. 여러분이 실제로 그 상황에서 사용자가 되어 의사결정을 내려야 한다고 생각하고 개념을 익히세요.

1. 전제 조건을 잊지 말고 확률의 개념을 이해한다.
중학교에서 다루는 확률의 상황은 전제 조건이 '어떤 실험이나 관찰에서 각 경우가 일어날 가능성이 같음'이지만 이 조건을 잊고 무조건 경우의 수만 따져서 확률을 구하는 경우가 많습니다. 모든 확률의 상황에서 전제 조건을 체크하는 것을 잊지 말고 확률의 개념을 이해하고 기억해주세요.

2. 주인의식을 가지고 통계 처리의 방법을 익힌다.
여러 가지 통계 처리의 방법을 배우지만 문제에서는 항상 그 방법을 일러주기 마련입니다. 하지만 현실에서 통계를 처리할 때는 그 방법을 여러분이 직접 선택해야 한다는 것을 꼭 기억해주세요. 항상 내가 어떤 상황에서 이 방법을 택해야 하는지 생각하며 공부한다면 가장 합리적인 의사결정을 하게 될 것입니다.

확률과 통계는 경향성에 대해 공부하는 단원입니다. 정확한 숫자가 중요하기보다는 미래를 예측하는 데 과거의 데이터로 그 방향을 활용하는 것에 초점을 두고 있습니다. 따라서 계산에 집중하기보다는 그 계산의 결과가 가지는 의미를 항상 분석해야 한다는 것을 기억해주세요.

PART 5

확률과
통계

자료를 수집, 조사하여 얻는 정보를 얻는 학문

어떤 자료를 조사한 후 결과를 목적에 맞게 정리하거나 요약하지 않으면 그 자료는 아무 쓸모가 없게 됩니다. 그래서 필요한 조건과 목적에 따라 자료를 정리하고 분석해야 규칙이나 변화를 발견할 수 있어요. 이것을 통계학이라고 합니다.

"네가 좋아하는 가수는 어떤 가수야?"라는 질문에 "검색어 1위를 한 달 동안 했어"라든지, "신곡을 내면 항상 음원 차트 1위를 차지해"라고 할 수 있어요. 이렇게 설명하는 것도 통계를 활용한 방법입니다.

로마가 점차 세력을 확장해 제국이 되어가면서 다스리는 지역에 세금을 거두기 위해 정확한 인구 조사가 필요했어요. 이렇듯 통계는 국가의 필요로 탄생되었답니다. 그래서 통계학(statistics)은 국가(state)를 뜻하는 라틴어 'status'에서 유래되었지요. 지금도 국가에서는 문맹률, 근로시간, 스마트폰 1일 평균 이용 횟수, 영아사망률 등과 같은 다양한 통계자료를 조사해요. 이러한 통계자료로 잘못된 일의 원인을 찾고 해결하려고 하면서 실제로 폐해도 점차 줄어들고 있죠.

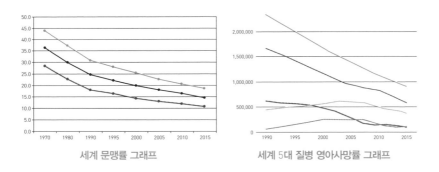

세계 문맹률 그래프   세계 5대 질병 영아사망률 그래프

정보통신의 발달로 신속하게 자료를 수집하는 것이 가능해지면서, 실제로 대형마트의 경우 오늘 잘 팔리는 물건을 분석해 다음 날 판매할 수량을 정하거나 판매할 상품의 위치를 바꾸는 마케팅 전략을 세워요. 이처럼 통계는 우리의 일상생활과 매우 밀접한 학문입니다.

자료를 시각적으로 나타내기

체험학습 장소를 정하기 위한 학급 회의 시간이 열기를 띠고 있습니다. 우리 반이 어떤 곳을 가고 싶어 하고, 가장 많은 학생이 가고 싶어 하는 여행지는 어디인지 한눈에 알아보는 방법이 무엇일까요? 바로 표와 그래프입니다.

조사한 자료를 어떤 기준에 따라 가로와 세로로 나눈 직사각형 모양의 칸에 자료를 정리해 나타낸 것을 '표'라고 해요.

장소	궁궐	전통시장	놀이공원	공연장	동물원	계
학생 수(명)	10	6	8	4	12	40

표를 보면 우리 반 친구들이 체험학습 장소로 추천한 곳은 모두 5개임을 알 수 있죠? 그리고 각 여행지별로 몇 명의 학생이 가고 싶어 하는지, 어느 장소를 가장 많이 가고 싶어 하는지도 알 수 있어요.

이번에는 전교생을 대상으로 가고 싶은 체험학습지를 조사하려고 해요. 그러면 한 반을 조사한 것보다 장소의 종류도 많아지고 숫자도 커지게 됩니다. 자료가 많아지면 표만으로는 수량을 비교하기가 어려워져요. 이때 등장하는 것이 바로 '그래프'입니다.

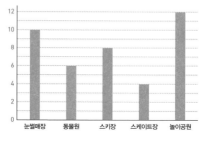

그래프의 종류는 다양해요. 그래프를 막대 모양으로 나타낸 '막대그래프'는 자료의 많고 적음의 비교가 쉽게 되고 게다가 각각의 항목에 대한 크기를 정확하게 표현할 수 있다는 장점도 있어요.

그리고 전체에 대한 각 항목의 비율을 띠로 나타낸 '띠그래프'나 원 모양으로 나타낸 '원그래프'는 전체에 대한 부분의 비율을 한눈에 알 수 있어요.

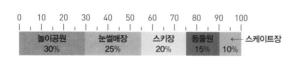

꺾은선그래프

꺾은선그래프로 변화하는 양의 미래 예측하기

이산화탄소 같은 온실 기체가 하늘로 올라가 지구를 둘러싸며 지구의 평균 기온이 올라가는 현상, 지구 온난화! 이로 인해 남극에 있는 빙하가 점점 녹아 바닷물의 높이가 높아지며 기후도 달라지고 동식물의 생활환경도 바뀌게 됩니다. 그래서 해마다 나라에서는 온실가스에 대한 자료를 조사하죠.

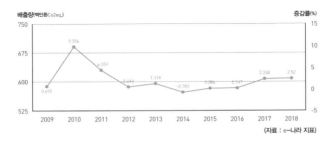

(자료 : e-나라 지표)

그래프는 (2009, 0.695), (2010, 9.756)과 같이 시간과 온실가스 증감률을 순서쌍으로 하는 점을 찍은 후 이 점들을 선으로 이어서 나타냈어요. 즉 시간의 흐름에 따른 온실가스의 증감률을 나타낸 그래프예요. 그래프를 보면 2015년부터 2018년까지 온실가스의 증감률이 0.084, 0.147, 2.338, 2.52로 높아지고 있어요. 우리가 생활할 때 필요한 에너지를 위해 석탄, 석유 등의 화석 연료를 사용하면서 온실가스는 해마다 더 많이 만들어지고 있다는 것을 알 수 있어요.

이렇게 시간에 따라 자료에 점을 찍고 이를 선으로 연결한 그래프를 '꺾은선그래프'라고 해요. 꺾은선그래프를 이용하면 연도별 온실가스의 증감률을 알 수 있고, 그래프가 점점 올라가므로 증감률이 올라간다는 것을 알 수 있어요. 그래서 앞으로 증감률이 올라갈 것이라는 예상도 할 수 있어요.

꺾은선그래프를 이용해 미래를 예측했죠? 온실가스가 증가해 문제가 될 수 있다는 것을 예측하면 문제점을 해결할 방법을 생각하게 됩니다. 그래서 화석 연료를 대체할 수 있는 친환경 에너지를 개발해 사용하게 하거나, 일회용품 줄이기 운동을 하게 한다거나, 자가용 대신 대중교통이나 자전거를 이용하도록 하죠.

이렇게 꺾은선그래프는 시간에 따른 변화를 나타내므로 미래에 대한 예측에 도움을 줍니다.

변량이 두 자리 수인 자료를 나타내는 방법

서울역에서 지하철을 타기
위해 시간표를 보았어요. 준
현이가 서울역에 도착한 시
간은 7시 40분이에요. 그러
면 처음으로 오는 하행선을
타기 위해서는 몇 분을 기다
려야 할까요? 다음 지하철이
7시 43분이므로 3분을 기다려야 합니다.

상행			시간	하행		
□ 전체	□ 동두천	□ 의정부	종착	□ 전체	□ 서동탄	□ 인천
□ 양주	□ 청량리	□ 소요산		□ 병점	□ 천안	□ 신창
□ 광운대	□ 동묘앞	□ (급)청량리		□ (급)천안	□ 구로	□ (급)신창
	20 24 32 40 50 54 59		5	20 30 37 44 50 54		
07 12 18 25 29 37 43 49 56			6	02 12 16 25 28 35 39 43 47		
				51 56		
01 07 12 17 22 27 31 36 42			7	01 07 11 15 18 35 39 43 47		
	45 50 54 58			39 43 50 55		
04 08 11 15 18 23 27 33 37			8	00 07 11 15 19 23 26 30 34		
	41 46 52 57			37 42 46 51 55		

　지하철 운행시간표에서 시간을 줄기로, 분을 잎으로 구분해 나타낸 것과 같이
자료를 정리해 나타내는 그림을 '줄기와 잎 그림'이라고 해요.

　우리반 학생 20명이 하루에 사용하는 이모티콘 수를 조사한 자료를 다음 순서
대로 줄기와 잎 그림으로 나타내봅시다. 이때 이 자료를 '변량'이라고 합니다.

38	34	32	51	46	39	47	37	27	35
40	33	29	26	27	49	33	35	45	36

　먼저 변량을 줄기와 잎으로 구분합니다. 이때 줄기는 십의 자리 숫자, 잎은 일
의 자리 숫자입니다.

　다음으로 세로선을 긋고, 세로선의 왼쪽에 줄기를 작은 수부터 세로로 나열합
니다.

　마지막으로 세로선의 오른쪽에, 잎을 작은 수부터 일정한 간격을 두고 가로로
나열합니다. 이때 중복되는 자료의 값은
중복된 횟수만큼 나열합니다.

(2|6은 26개)

　이모티콘 사용이 가장 많은 것은 51건,
가장 적은 것은 26건이죠? 이렇게 줄기와
잎 그림을 통해 원래의 변량을 정확히 알
수 있어요.

줄기	잎
2	6 7 7 9
3	2 3 3 4 5 5 6 7 8 9
4	0 5 6 7 9
5	1

자료의 구간을 나누어 표로 나타내기

즐겨 먹는 간식 중 나트륨 함량이 적은 것만 골라 먹어서 다이어트를 하고자 한다면 간식의 나트륨 함량부터 알아야겠죠? 간식의 10g당 들어 있는 나트륨 함량을 조사해 일일이 기록하고 먹어도 되는 간식이 몇 개나 있는지 찾아보았어요.

45	52	22	42	59	53	45	58	76	68
35	36	29	44	60	77	74	11	33	122
65	71	64	128	60	57	38	62	91	47

　이 자료로 간식에 들어 있는 나트륨의 양을 알 수는 있지만, 자료 전체의 분포 상태를 알아보거나 나트륨 함량이 적고 높은 것을 판단하기는 불편하죠. 줄기와 잎 그림을 그려서 정리하면 어떨까요? 줄기의 개수도 많고 변량도 두 자리 숫자가 아닌 것들이 있어서 이 자료를 정리하기에 그리 좋은 방법은 아닌 듯합니다.

　즐겨 먹는 간식 중 나트륨 함량이 10mg 이상 30mg 미만으로 다이어트에 적합한 것은 3개이고, 나트륨 함량이 110mg 이상 130mg 미만으로 멀리해야 하는 간식은 2개입니다.

　이렇게 어떤 구간에 포함된 수에 관심을 가질 때는 '도수분포표'를 이용하면 편리해요. 이때 변량

나트륨 함량

나트륨 함량(mg)	간식 수(개)
$10^{이상} \sim 30^{미만}$	3
30 ~ 50	9
50 ~ 70	11
70 ~ 90	4
90 ~ 110	1
110 ~ 130	2
합계	30

을 일정한 간격으로 나눈 구간을 '계급', 구간의 너비를 '계급의 크기', 각 계급에 속하는 자료의 수를 그 계급의 '도수'라고 합니다. 그리고 계급의 가운데 값을 '계급값'이라고 합니다.

　이 표에서 계급의 크기는 20mg이고, 도수가 가장 큰 계급은 도수가 11인 50mg 이상 70mg미만입니다. 계급값은 $\frac{(계급의 \, 양 \, 끝 \, 값의 \, 합)}{2}$ 으로 구하면 되므로 도수가 가장 작은 계급의 계급값은 $\frac{90+110}{2}=100\,(mg)$이에요.

　이렇게 자료를 도수분포표로 작성하면 각 계급의 도수를 한눈에 알아보기 쉽고, 자료 전체의 분포 상태를 알아보기 쉽다는 장점이 있어요. 하지만 도수분포표만으로는 각 자료의 값을 정확히 알 수 없다는 단점도 있습니다.

도수분포표 작성법

계급의 크기를 정하고 표로 만들기

K-POP과 드라마뿐 아니라 먹방 등 한류 문화에 대한 관심이 전 세계적으로 높아지고 있습니다. 2018년 한 해 동안 우리나라를 방문한 관광객의 수를 나타낸 표에서 관광객 수가 1000명에서 25000명 사이인 나라가 몇 개인지 알고 싶다면 도수분포표를 이용하면 편리합니다.

나라	관광객 수	나라	관광객 수	나라	관광객 수
대만	808,584	베트남	210,723	인도네시아	158,819
미국	803,661	필리핀	193,159	호주	145,062
홍콩	633,343	싱가포르	191,117	영국	117,046
기타	629,049	러시아	174,798	독일	98,552
태국	409,783	중동	172,681	프랑스	84,317
말레이시아	275,329	캐나다	160,862	인도	72,027

(자료 : 2018. 문화체육관광부「외래관광객실태조사」)

도수분포표를 만들고 싶다면 가장 먼저 자료에서 최댓값과 최솟값을 찾아 자료가 걸쳐 있는 범위를 정합니다. 최댓값을 가지는 대만과 최솟값을 가지는 인도를 찾아 계급을 둘로 나누었어요.

계급이 2개여서 무척 간단해 보이지만, 이 표로는 자료의 분포 상태를 알기는 어렵습니다. 그래서 보통 계급의 개수는 5~15개로 정합니다. 다시 계급을 나누어 표를 만들어봅시다. 자료를 보고 해당

관광객 수(만 명)	나라 수(개국)
0^{이상} ~ 50^{미만}	14
50 ~ 100	4
합계	18

하는 칸에 ///// 이나 正으로 변량의 수를 셉니다. 첫 번째 변량이 808,584명이므로 75만 명 이상 90만 명 미만인 계급에 / 표시를 해요. 두 번째 변량이 201,723이므로 15만 명 이상 30만 명 미만인 계급에 / 표시를 해요. 모든 변량을 표시한 후 숫자로 나타내면 도수분포표가 완성됩니다.

나라별 입국자 수

관광객 수(만 명)	나라 수(개국)
0^{이상} ~ 15^{미만}	
15 ~ 30	/ ← 210,723
30 ~ 45	
45 ~ 60	
60 ~ 75	
75 ~ 90	/ ← 808,584
합계	

→

관광객 수(만 명)	나라 수(개국)
0^{이상} ~ 15^{미만}	////
15 ~ 30	//// ///
30 ~ 45	/
45 ~ 60	
60 ~ 75	//
75 ~ 90	//
합계	

→

관광객 수(만 명)	나라 수(개국)
0^{이상} ~ 15^{미만}	5
15 ~ 30	8
30 ~ 45	1
45 ~ 60	0
60 ~ 75	2
75 ~ 90	2
합계	18

히스토그램

직사각형을 이용한 그래프

흔히 핸드폰이라 부르는 모바일 폰으로는 전화
통화 이외에도 독서, 게임, 쇼핑 등 다양한 활동
이 가능합니다. 주말에 핸드폰을 할 수 있는 자
유시간이 40분인 동현이는 웹툰을 읽다 말고, 문
득 다른 친구들의 핸드폰 사용시간이 궁금해졌
어요. 다른 친구들과 자신의 휴대폰 사용 시간을
비교하기 위해 반 친구 30명의 주말 동안 휴대폰
사용 시간을 조사해 보았습니다.

핸드폰 사용 시간(분)	학생 수(명)
$20^{이상}$ ~ $40^{미만}$	3
40 ~ 60	9
60 ~ 80	10
80 ~ 100	6
100 ~ 120	2
합계	30

이 자료를 보면 동현이의 휴대폰 사용 시간이 다른 친구들보다 적다고 생각되
나요? 그렇다면 부모님께 이 자료를 보여드리고 휴대폰 사용 시간을 좀더 늘려
달라고 설득할 수 있을 겁니다.

만약 도수분포표보다 자료의 전체적인 분포 상태를 한눈에 더 잘 볼 수 있는
그래프를 부모님께 보여드린다면 어떨까요? 그 그래프가 바로 '히스토그램'입
니다.

히스토그램을 그리려면 먼저 가로축에 각 계
급의 양 끝 값을 차례로 표시합니다. 그 다음
세로축에 도수를 차례로 표시합니다. 마지막
으로 각 계급의 크기를 가로로 하고 도수를 세
로로 하는 직사각형을 차례로 그립니다.

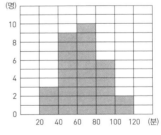

그려놓고 나니 막대그래프와 비슷하지요?
하지만 중요한 차이가 있습니다. 막대그래프
의 폭은 의미가 없지만, 히스토그램은 폭이 계급의 크기를 의미합니다. 그래서
히스토그램의 각 직사각형의 넓이는 계급의 도수에 정비례해요. 게다가 막대그
래프는 혈액형, 성적과 같이 불연속적인 변량을 나타내는 데 쓰이지만, 히스토그
램은 키, 몸무게, 시간과 같이 연속적인 변량을 나타내는 데 쓰입니다.

2개 이상의 자료 비교에 편리한 그래프

동현이와 윤우가 각자의 반 친구들을 대상으로 주말 동안 핸드폰 사용 시간을 조사했어요. 그리고 두 반을 비교하려고 합니다.

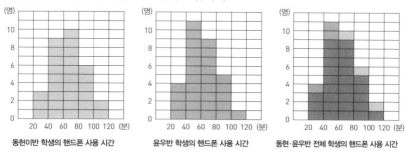

동현이네 반과 윤우네 반 친구들의 핸드폰 사용 시간을 비교하기 위해 한 그래프에 놓아 보았더니 히스토그램이 겹쳐져서 어떤 반이 더 많고 적은지 비교하기가 쉽지 않아요. 이처럼 2개 이상의 자료를 비교할 때는 '도수분포다각형'이 편리합니다. 이름에서 느낌이 오듯이 도수를 이용한 다각형을 그리는 겁니다.

도수분포다각형은 다음 순서로 그립니다.

먼저 히스토그램에서 각 직사각형의 윗변의 중앙에 점을 찍습니다. 다음으로 히스토그램의 양 끝에 도수가 0인 계급이 있는 것으로 생각하고 그 중앙에 점을 찍습니다. 마지막으로 위에서 찍은 점을 선분으로 연결합니다.

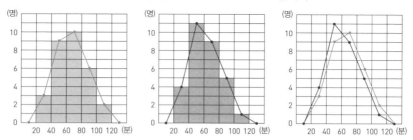

이때 직사각형의 중점인 곳의 좌표는 (계급값, 도수)이므로 히스토그램을 그리지 않아도 곧장 도수분포다각형을 그릴 수도 있습니다.

두 반을 비교하면 윤우네 반 학생들의 그래프가 좀더 왼쪽으로 치우쳐 있죠? 이것은 윤우네 반 학생들의 핸드폰 사용 시간이 좀더 적다는 것을 알 수 있어요.

그래프의 눈속임

같은 자료로 그려진 다른 모양의 그래프

자료를 정리해야 비로소 그 자료를 분석해 정보를 얻을 수 있죠? 자료는 목적에 따라 표로 나타내기도 하고 꺾은선 그래프와 같이 미래의 예측이 가능한 그래프로 나타내기도 합니다. 특히 그래프는 표보다 시각적이어서 변화를 알아보거나 자료끼리 비교하기에도 좋아요. 자신의 키의 변화를 기록하고 있던 종원이는 그래프를 배우고 난 후 자신이 가진 자료를 그래프로 나타내보았어요.

월	1	2	3	4	5	6
키(cm)	148	152	155	157	162	165

키가 크고 싶어 일찍 자고 열심히 운동도 하는 종원이는 그래프를 보고 그만 실망하고 말았어요. 지난 6개월 간 키가 거의 자라지 않은 거예요.

실망하는 종원이를 보고 누나가 그래프를 다시 그려주었어요.

그런데 누나가 그려준 그래프가 가파르게 올라간 것을 보니 종원이가 6개월 간 키가 많이 자란 게 아니겠습니까? 어떻게 같은 자료로 이토록 다른 그래프가 그려졌을까요? 종원이를 위로하려는 누나의 마음이 그래프에 녹아들어가서 다른 그래프가 그려진 건 아닐 겁니다. 두 그래프는 같은 자료를 보고 나타낸 것이니까요. 단지 누나가 그린 그래프는 키를 나타내는 세로축의 간격을 더 좁게 잡아 시간에 따라 키가 많이 자란 것처럼 보이는 것입니다.

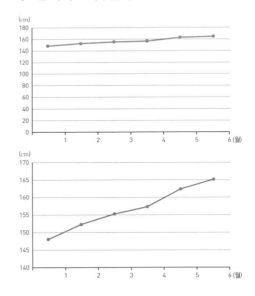

이렇게 같은 자료를 가지고도 전혀 다른 모양의 그래프를 만들 수 있기에 그래프의 모양에 깜빡 속을 수 있어요. 그래프를 보고 분석하거나 예측할 때는 이러한 눈속임에 주의해야 자료를 현명하게 이해하고 활용할 수 있답니다.

상대도수

각 계급의 도수가 차지하는 비율

사이버 공간에서 관심사에 따라 모인 사람들은 다양한 연령층입니다. 내가 가입한 인터넷 커뮤니티에 '10대는 얼마나 있을까?'와 같이 연령층이 궁금할 때가 있어요. 연령층을 조사한 결과 10대와 20대의 합이 50% 이상이면 젊은 취향의 커뮤니티라는 생각이 들겠죠?

커뮤니티 가입자 나이

나이(세)	도수(명)
$10^{이상} \sim 20^{미만}$	52
20 ~ 30	64
30 ~ 40	34
40 ~ 50	30
50 ~ 60	18
60 ~ 70	2
합계	200

전체 200명 중에서 10대와 20대를 합하면 116명이므로 50%가 넘습니다. 이렇게 도수 대신 각 계급의 도수가 전체에서 차지하는 비율을 나타내는 것이 자료의 특성을 더 잘 나타내는 경우가 있어요. 이때 사용하는 것이 바로 '상대도수'입니다.

$$(어떤\ 계급의\ 상대도수) = \frac{(그\ 계급의\ 도수)}{(도수의\ 총합)}$$

'서로 맞서거니 비교되는 관계에 있는 것'이라는 뜻의 '상대'와 '도수'가 결합했으니 자료를 서로 비교할 때 사용합니다.

10대의 상대도수를 구하려면 전체 200명 중 52명이므로 $\frac{52}{200} = 0.26$이 됩니다. 이렇게 도수분포표에서 각 계급의 상대도수를 구해 만든 표를 상대도수의 분포표라고 합니다. 표에서 알 수 있듯 상대도수는 0이상이고 1이하의 수로 나타납니다. 그리고 각 계급의 상대도수의 합은 1이에요.

커뮤니티 가입자 나이

나이(세)	도수(명)	상대도수
$10^{이상} \sim 20^{미만}$	52	0.26
20 ~ 30	64	0.32
30 ~ 40	34	0.17
40 ~ 50	30	0.15
50 ~ 60	18	0.09
60 ~ 70	2	0.01
합계	200	1

두 자료의 비교

도수의 총합이 다른 두 자료의 비교

좋아하는 가수가 신곡 발표를 예고했다면 두근거리는 마음으로 음원이나 인터넷을 찾아보게 됩니다. 국내 한 가수의 뮤직비디오는 우리나라에서 조회 수가 약 400만 회, 미국에서는 약 1000만 회가 넘어 화제가 되었어요.

조회 수만 따지면 우리나라 가수인데도 미국보다 우리나라의 관심이 더 적은 것처럼 보입니다. 하지만 미국은 약 3억 명의 인구를 가지고 있고 우리나라는 약 5천 명의 인구를 가지고 있죠. 뮤직비디오를 조회한 비율을 비교하면 미국은 약 3%이고, 우리나라는 약 8%입니다. 즉 전체 인구에서 차지하는 비율을 비교하면 우리나라의 관심이 훨씬 높았던 것이죠.

이렇게 총합이 다른 두 집단을 비교할 때는 도수가 아닌 비율을 비교해야겠죠? 이때 사용하는 것이 바로 상대도수입니다.

다른 예를 하나 더 들어볼까요?

외국 친구에게 대표적인 한국 영화를 추천해주고 싶어요. 최종 두 편을 선정했는데 어떤 영화를 추천해주면 좋을지 고민입니다. 그래서 서로 다른 두 영화의 추천 수를 조사해보았어요. 두 영화의 추천 수 총합이 다르니 상대도수를 이용하면 더 쉽게 비교할 수 있겠죠? 각 계급의 도수의 비율을 비교하도록 상대도수를 구해 만든 상대도수의 분포표를 그렸어요.

추천자의 나이

나이(세)	추천자 수(명)	
	A 영화	B 영화
$10^{이상} \sim 20^{미만}$	48	12
20 ~ 30	70	20
30 ~ 40	40	30
40 ~ 50	26	22
50 ~ 60	16	16
합계	200	100

$\Rightarrow$

추천자의 나이

나이(세)	상대도수	
	A 영화	B 영화
$10^{이상} \sim 20^{미만}$	0.24	0.12
20 ~ 30	0.35	0.2
30 ~ 40	0.2	0.3
40 ~ 50	0.13	0.22
50 ~ 60	0.08	0.16
합계	1	1

상대적으로 10대와 20대는 A 영화를 더 선호하는 것을 알 수 있어요. 친구의 나이대가 더 선호하는 A 영화를 추천할 수 있으니 고민 해결입니다. 물론 두 영화를 모두 추천하면 더욱 좋겠지요?

반복되는 상황에서 나올 수 있는 모든 결과의 가짓수

무언가를 정하는 가장 손쉬운 방법, 그건 바로 '가위바위보'일 겁니다. 가위바위보와 같은 효과를 발휘할 수 있는 간단한 도구인 주사위도 있지요. 친구들과 모여 주사위를 던지며 주사위 수만큼 땅을 사거나 팔고 그 땅에 건물을 짓는 게임도 할 수 있어요.

가위바위보를 할 때 내가 선택해 낼 수 있는 가짓수는 가위, 바위, 보인 3가지입니다. 그리고 정육면체 주사위를 한 개 던졌을 때 나오는 수의 가짓수는 1, 2, 3, 4, 5, 6으로 6가지입니다. 수학에서는 이 가짓수를 '경우의 수'라고 합니다.

그리고 주사위를 던지거나 가위바위보를 하는 경우와 같이 같은 조건에서 반복할 수 있는 실험이나 관찰해서 나타나는 결과를 '사건'이라고 해요. 일상생활에서 '사건이 생겼어!'라고 말한다면 교통사고, 화재, 폭행 등 듣기만 해도 끔찍하고 무서운 뜻밖의 일을 의미하죠? 하지만 수학에서는 주사위를 던지는 경우와 같이 반복적으로 시행하는 일을 의미합니다.

주사위를 던지는 실험에서 '홀수의 눈이 나온다'라는 사건의 경우의 수는 3가지입니다.

1부터 10까지 자연수가 하나씩 적힌 10장의 카드를 뽑을 때 '8의 약수가 나온다'라는 사건의 경우의 수는 4가지입니다.

이렇게 경우의 수를 구할 때는 사건에서 나올 수 있는 모든 결과를 빠짐없이 세지만 중복되지 않도록 구합니다.

사건 A 또는 사건 B가 일어나는 경우의 수

두 사건 A, B가 동시에 일어나지 않을 때

여행가는 길에 들르는 맛집 가득한 휴게소! 메뉴판을 보며 무엇을 먹을까 행복한 고민을 하게 됩니다. 메뉴판을 보니 한식이 5종류, 분식이 6종류가 있어요. 한식과 분식 중 한 가지만 주문할 때, 주문할 수 있는 메뉴는 한식과 분식의 각 경우의 수를 더해서 모두 11가지가 됩니다.

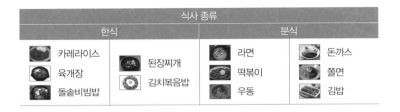

식사 종류			
한식		분식	
카레라이스	된장찌개	라면	돈까스
육개장	김치볶음밥	떡볶이	쫄면
돌솥비빔밥		우동	김밥

   이처럼 한식을 고르는 사건을 A, 분식을 고르는 사건을 B라고 하면 사건 A의 경우의 수는 5이고 사건 B의 경우의 수는 6입니다. 이때 한식을 고르게 되면 분식을 고르지 못하고, 분식을 고르면 한식을 고르지 못하죠? 즉 두 사건 A, B는 동시에 일어날 수 없어요.

   동시에 일어나지 않는 두 사건 A, B에서 사건 A가 일어나는 경우의 수를 a, 사건 B가 일어나는 경우의 수를 b라고 하면

   (사건 A 또는 사건 B가 일어나는 경우의 수)$=a+b$입니다.

   식사를 마쳤다면 디저트로 음료를 하나만 골라볼까요? 자판기에 생수가 1종류, 과일음료가 4종류, 탄산음료가 3종류 있어요. 생수를 고르면 나머지 음료를 고를 수가 없기에, 동시에 일어날 수 없는 사건이므로 음료를 고르는 경우의 수는 각 경우의 합 1+4+3=8이 됩니다. 각 경우의 수의 합으로 구할 수 있기 때문에 '합의 법칙'이라고도 합니다.

두 사건이 모두 일어날 때

친구들과의 여행! 인생 사진을 찍을 생각에 무척 설레지만 어떤 옷을 가져갈지
고민이에요. 상의 2벌과 하의 3벌을 두고 짝지어 입는 경우를 생각해보았어요.
상의와 하의를 한 벌씩 짝지어 입는 경우는 몇 가지일까요?

우선 상의를 하나 선택했어요! 이번엔 하의를 결정해야겠죠? 청바지, 주름치
마, 체크 치마 총 3가지 하의 중에서 하나를 선택할 수 있어요. 이 선택의 상황을
나무에서 가지가 나누어지는 것과 같은 모양을 그려서 나타내 볼 수 있습니다.

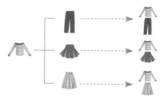

상의 하나에 3가지 하의 중 선택할 수 있으니 3가지 방법으로 짝지을 수 있어
요. 그러면 다른 하나의 상의도 3가지 방법으로 짝지어 입을 수 있겠지요.

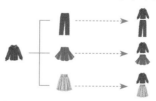

총 6가지의 경우의 수가 나왔죠? 각각의 경우의 수 2, 3을 곱한 $2 \times 3 = 6$가지
입니다. 따라서 사건 A가 일어나는 경우의 수를 a, 그 각각에 대하여 사건 B가
일어나는 경우의 수를 b라고 하면 상의를 선택하면 꼭 하의를 선택하는 것과
같이 두 사건이 모두 일어나는 사건, 즉 동시에 일어나는 사건이 경우의 수는
(사건 A와 사건 B가 동시에 일어나는 경우의 수)$=a \times b$로 '곱의 법칙'이라고도
합니다.

이때 나뭇가지 모양같이 선으로 연결하는 그림을 '수형도'라고 해요. 수형도를
이용하면 각 경우를 빼거나 중복하지 않고 그릴 수 있는 장점이 있습니다.

확률

어떤 일이 일어날 수 있는 가능성

$x-1=0$과 같은 방정식의 해는 $x=1$과 같이 확실한 답이 있고 이 답을 구한 이유가 있습니다. 하지만 세상에는 확실하지 않은 답을 가진 경우가 더 많고 우연히 일어나는 일도 많아요. 우연히 일어난 일이 좋은 일이면 행운이라고 부릅니다. 이러한 운을 바라며 우리는 동전을 던지기도 하고 주사위를 던지기도 합니다.

보드게임을 하거나 순서를 정할 때 자주 사용하는 방법 중 하나인 주사위! 신라 시대에도 게임을 하거나 벌칙을 정할 때 '목제주령구'라고 불리는 일종의 주사위를 사용했어요.

목제주령구는 정사각형 6개와 정육각형이 아닌 육각형 8개로 이루어진 십사면체입니다. 각 면이 나올 가능성이 똑같아야 게임의 긴장감이 있을 텐데 정다면체가 아니라서 의아하지요? 각 면이 나올 가능성이 다를까 걱정되지만 신기하게도 목제주령구는 어느 면이든 넓이가 거의 같아 그 가능성이 같습니다.

자, 우리도 목제주령구를 가지고 주사위 던지기를 해볼까요? 다음 표는 7000번 반복해 던지는 실험을 한 결과입니다.

면에 적힌 수	1	2	3	4	5	6	7
나온 횟수	499	502	512	530	471	518	499
상대도수	$\frac{499}{7000}$	$\frac{502}{7000}$	$\frac{512}{7000}$	$\frac{530}{7000}$	$\frac{471}{7000}$	$\frac{518}{7000}$	$\frac{499}{7000}$
면에 적힌 수	8	9	10	11	12	13	14
나온 횟수	489	517	500	469	480	471	499
상대도수	$\frac{489}{7000}$	$\frac{517}{7000}$	$\frac{500}{7000}=\frac{1}{14}$	$\frac{469}{7000}$	$\frac{480}{7000}$	$\frac{471}{7000}$	$\frac{499}{7000}$

각 면의 넓이가 같아서 나온 결과들도 모두 500에 가까운 값들이 나왔죠? 반복해서 던지는 횟수를 아주 많이 늘리면 각 면마다 나온 횟수의 차이도 줄어들어 각 숫자가 나올 가능성이 $\frac{500}{7000}=\frac{1}{14}$에 가까워집니다. 이렇게 어떤 사건이 일어날 가능성을 '확률'이라고 해요. 이렇게 직접 실험하여 각 숫자가 나올 가능성인 $\frac{1}{14}$을 얻는 확률을 '통계적 확률'이라고 하고, 이론적으로 면이 14개이므로 각 면이 나올 확률이 $\frac{1}{14}$라는 것을 얻는 확률을 '수학적 확률'이라고 합니다.

비가 올 확률 70%의 뜻

기상청에서 내일 비가 올 확률이 70%라고 예보했어요. 이 예보를 듣고 우산을 꼭 챙겨나가야 할까요? 그리고 우산을 챙겨나갔는데 비가 오지 않았다면 기상청의 예측은 틀린 걸까요?

비가 올 확률이 70%라는 것은 비가 오지 않을 확률이 30%라는 뜻이기도 해요. 그러면 30%의 가능성으로 기상청의 예측이 맞았다고 할 수 있을까요?

이것에 대한 정확한 답은 "알 수 없다"입니다.

어떤 사건의 확률이라는 것은 다음과 같이 구해요.

$$(어떤\ 사건의\ 확률) = \frac{(그\ 사건이\ 발생하는\ 경우의\ 수)}{(가능한\ 모든\ 경우의\ 수)}$$

진짜 답을 알기 위해서는 70%로 예상된다고 예보한 날과 습도, 바람 등이 같은 조건인 날 100일을 모아서 실제로 비가 온 날이 70일이라면 이 예측은 맞는 것이에요. 하지만 실제 비가 온 날이 70일보다 적거나 많으면 예보는 틀린 것이라고 할 수 있죠.

70%의 확률로 열 번 중 일곱 번이 맞는 것이라면 세 번은 틀려야 하는 게 당연할까요? 당연히 틀려야 하는 세 번 중 오늘이 예보가 틀린 날일 수 있으니 일기 예보가 틀렸다고는 할 수 없습니다.

확률이란 미래에 대한 가능성입니다. 주사위를 던질 때 숫자 1이 나오는 확률이 $\frac{1}{6}$이므로 여섯 번을 던지면 1이 꼭 한 번은 나올 거라고 생각하지만 운이 나쁘면 1이 한 번도 나오지 않을 수 있어요. 즉 확률은 미래에 대한 가능성일 뿐 현실에서 실제로 일어난 결과와는 다를 수 있습니다.

확률의 성질

반드시 일어나거나 절대 일어나지 않는 사건의 확률

그리스, 페르시아, 인도에 이르기까지 대제국을 이루고 대왕이라고 불리는 알렉산더 대왕! 그가 군대를 이끌고 전쟁터에 나갔는데 적군이 아군보다 무려 10배가 많은 거예요. 10대 1로 싸워야 하니 병사들은 온통 겁을 먹었겠죠? 이때 알렉산더 대왕이 동전 하나를 꺼내 들고 이렇게 말했어요. "신이 나에게 계시를 주었다. 이 동전을 던져 앞면이 나오면 우리가 승리할 것이다." 동전은 높이 던져졌고 모든 병사가 숨죽이며 바닥에 떨어진 동전을 보았습니다. 다행히도 앞면이었어요. 승리의 계시를 받았으므로 병사들의 사기는 높아졌고 결국 전쟁에서 승리했다고 해요.

$\frac{1}{2}$의 확률을 뚫어야 하니 아슬아슬했을 법도 한데 사실 이 동전은 실제로는 양면이 모두 앞면인 동전이었어요. 동전을 100번 던지더라도 모두 동전의 앞면이 나오게 됩니다. 이렇게 반드시 일어나는 사건의 확률은 $\frac{100}{100}=1$이 나와요.

알렉산더 대왕의 동전에서 뒷면이 1번이라도 나올 수 있을까요? 없습니다. 즉 절대로 일어날 수 없는 사건이므로 1번을 던지든 100번을 던지든 나오는 횟수는 0이에요. 이렇게 절대로 일어나지 않는 사건의 확률은 $\frac{0}{5}=\frac{0}{100}=0$ 입니다.

급식표를 받으면 '십중팔구' 좋아하는 메뉴가 언제 나오나 찾아보게 되죠? 십중팔구라는 말은 열 가운데 여덟이나 아홉이라는 뜻으로 $\frac{8}{10}$ 또는 $\frac{9}{10}$를 나타내요. 일상생활에서 매우 드문 경우를 나타내는 '백의 하나'나 '만에 하나'도 각각 확률 $\frac{1}{100}$, $\frac{1}{10000}$을 나타내요. 즉 사건이 일어나는 경우의 수는 모든 경우의 수보다 작거나 같아요.

일반적으로 어떤 사건이 일어날 확률을 p라고 하면

$$0\leq\frac{(\text{어떤 사건이 일어나는 경우의 수})}{(\text{모든 경우의 수})}\leq1$$

이므로 확률 p의 범위는 $0\leq p\leq1$입니다.

이때 $p=0$이면 절대로 일어나지 않는 사건이고 $p=1$이면 반드시 일어나는 사건입니다.

머피의 법칙

나에게만 안 좋은 일이 생기는 것은 우연이 아니야!

백화점 같은 곳에서 여러 대의 엘리베이터 앞에 서 있을 때는 가장 먼저 도착할 것 같은 곳에 서 있게 됩니다. 그런데 기다리다 보면 이상하게도 다른 엘리베이터가 먼저 도착하는 것 같습니다. 학교를 가려고 탄 버스도 유독 내가 탄 버스만 빨리 가지 못하고 다른 차선의 차들이 앞질러갑니다.

미국의 한 공군 기지에서 일하던 머피 대위에게도 이런 일이 있었어요. 머피는 비행기 조종사의 몸에 부착하는 전극봉에 대해 실험을 하는 중이었어요. 전극봉이란 몸에 붙이면 몸 속의 심장, 폐 등의 상태를 알 수 있는 도구입니다. 이를 비행기 조종사들의 몸에 붙이면 비행기 속도에 따른 조종사들의 상태를 알게 되는 것이죠.

머피는 완벽하게 준비를 했지만 다른 기술자의 실수 때문에 실험에서 번번이 실패했어요. 머피는 다른 기술자의 실수를 모른 채로 실험을 잘 해보려고 최선을 다했어요. 하지만 자꾸 일이 꼬이고 해결이 잘 되지 않았어요. 그래서 머피처럼 일이 쉽게 풀리지 않고, 우연히 나쁜 방향으로만 전개될 때 흔히 '머피의 법칙'이라고 합니다.

그러면 나와 머피만 유달리 운이 나쁜 걸까요? 답은 '아니다'입니다. 그 이유는 수학적으로 알 수 있어요. 슈퍼마켓에 가면 여러 개의 계산대가 있죠? 5개의 계산대가 있을 때 서 있는 사람들을 보고 내 줄이 가장 먼저 줄어들기를 바라고 서 있을 거예요. 그런데 내가 선 줄은 한 개이므로 내가 선 줄이 가장 빨리 줄어들 확률은 $\frac{1}{5}$이에요. 반면, 나머지 줄 4개가 빨리 줄어들 확률은 $\frac{4}{5}$입니다. 즉 내 줄이 먼저 줄어들 확률은 다른 줄에 비해 반도 되지 않아요.

즉 나에게만 일어나는 재수 없는 일이 아니라 확률적으로 누구에게나 일어나는 일입니다.

한 가지 더! 샐리의 법칙

샐리의 법칙은 머피의 법칙과는 달리 주위에서 일어나는 일은 우연히도 자신에게 유리하게 풀린다는 의미의 법칙이에요. 내내 놀다 시험 직전에 본 문제가 나와서 맞았다든지 사람이 많은 엘리베이터에 내가 탄 후 다음 사람이 타니 중량이 초과하는 경우가 샐리의 법칙에 해당하는 경험입니다.

일어나지 않을 확률

적어도 ~일 확률

승부를 쉽게 가릴 때 저절로 손이 나가며 하게 되는 말! '안 내면 진다 가위, 바위, 보!' 하지만 단 한 번에 승부가 나지 않을 수도 있어요.

두 사람이 가위바위보를 할 때 일어나는 모든 경우는 그림과 같습니다.

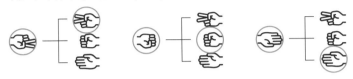

승부가 나는 경우는 6가지예요. 그리고 두 사람 모두 같은 것을 내서 승부가 나지 않는 경우, 즉 비기는 경우는 9-6 =3가지예요. 승부가 날 확률과 승부가 나지 않을 확률을 구하면 다음과 같아요.

$$(\text{승부가 날 확률}) = \frac{6}{9}$$
$$(\text{승부가 나지 않을 확률}) = \frac{9-6}{9} = 1 - \frac{6}{9} = 1 - (\text{승부가 날 확률})$$

일반적으로 사건 A가 일어날 확률을 p라고 하면 사건 A가 일어나지 않을 확률은 $1-p$입니다. 예를 들어 농구선수가 자유투에 성공할 확률이 0.74라고 하면 실패할 확률은 1-0.74 =0.26이 됩니다.

고모가 쌍둥이를 임신했다는 말을 듣고 준호는 자신과 같이 축구를 할 수 있는 남동생이 태어나길 바랐어요. 그러면 쌍둥이 중 적어도 한 명은 남동생이어야죠? '적어도' 한 명이라는 것은 남동생이 '한 명 이상'으로 한 명이거나 2명이어야 해요. 여동생이면 안 되는 거죠. 즉 쌍둥이 중 적어도 한 명은 남동생이라는 것은 쌍둥이 모두 여동생이 아닌 것과 같아요.

쌍둥이 동생의 성별은 그림과 같이 4가지 경우가 있죠?

다른 조건은 모르는 상태에서 준호가 쌍둥이 모두 여동생인 것을 맞힐 확률은 $\frac{1}{4}$이므로 적어도 한 명이 남동생인 것을 맞힐 확률은 $1-\frac{1}{4} = \frac{3}{4}$입니다.

확률의 덧셈

사건 A와 사건 B가 동시에 일어나지 않을 확률

맛있는 디저트 가게가 즐비한 거리! 색색으로 눈이 즐거운 마카롱을 먹을까, 시원한 아이스크림 아니면 달콤한 컵케이크를 먹을까 고민이에요.

디저트는 아무것도 따지지 않고 그저 무심히 결정하기로 했어요. 마카롱 가게에는 달콤 쫀득한 7가지의 마카롱이 있고 골라 먹는 재미가 있는 아이스크림 가게는 6가지 다양한 맛이 있어요. 화려한 장식이 예쁜 컵케이크 가게에는 8가지가 있어요. 이 중 한 가지를 먹으려고 해요.

민경이가 마카롱이나 아이스크림을 먹을 확률은 얼마일까요? 전체 디저트의 수는 7+6+8=21이고 마카롱과 아이스크림의 수는 7+6=13이므로 마카롱이나 아이스크림을 먹을 확률은 $\frac{13}{21}$입니다.

그런데 마카롱을 먹을 확률은 $\frac{7}{21}$이고 아이스크림을 먹을 확률은 $\frac{6}{21}$이므로 마카롱 또는 아이스크림을 먹을 확률은 다음과 같이 구할 수 있습니다.

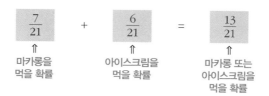

$$\frac{7}{21} \quad + \quad \frac{6}{21} \quad = \quad \frac{13}{21}$$

⇑ 마카롱을 먹을 확률   ⇑ 아이스크림을 먹을 확률   ⇑ 마카롱 또는 아이스크림을 먹을 확률

한 가지만 선택해서 먹어야 하므로 마카롱을 먹는 것과 아이스크림을 먹는 것은 동시에 이루어질 수 없어요.

이렇게 두 사건 A, B가 동시에 일어나지 않을 때, 사건 A 또는 사건 B가 일어날 확률을 각각 p, q라고 하면 (사건 A 또는 사건 B가 일어날 확률)$=p+q$입니다.

확률의 곱셈

사건 A와 사건 B가 동시에 일어날 확률

여러 디저트 가게 중 하나만 고르는 경우 마카롱 가게를 선택했다면 다른 가게를 가지 못합니다. 즉 두 사건이 동시에 일어날 수 없죠.

하지만 맛있는 것 중에서 하나만 고른다는 건 너무 가혹한 일이죠? 2가지를 다 고를 수 있는 기쁨을 느껴봅시다. 먹고 싶은 메인 메뉴를 선택하고 동시에 디저트도 선택할 거거든요.

메인 메뉴를 보니 피자와 파스타, 샌드위치 3가지가 있고 디저트는 아이스크림과 케익으로 2가지입니다. 무엇을 먹을까 고민하는 행복한 시간! 고를 수 있는 전체 경우부터 생각해봅시다. 메뉴와 디저트를 고르는 사건은 동시에 일어나므로 전체 경우의 수는 3×2=6가지입니다.

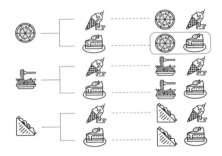

이제, 메뉴에서 무심코 피자를 선택하고 디저트에서 케익을 선택할 확률을 구해볼까요? 피자와 케익을 선택할 경우는 한 가지이므로 확률은 $\frac{1}{6}$이에요.

이 확률은 3가지 메뉴 중 피자를 선택할 확률 $\frac{1}{3}$과 2가지 디저트 메뉴 중 케익을 선택할 확률 $\frac{1}{2}$의 곱과 같아요. 사실 피자를 먹는다고 반드시 디저트로 케익을 선택해야 하는 것은 아니죠? 다시 말하자면 메인 메뉴 선택이 디저트 선택에 영향을 미치지 않아요.

그래서 두 사건 A, B가 서로 영향을 끼치지 않고 사건 A, B가 일어날 확률을 각각 p, q라고 할 때 사건 A와 사건 B에 동시에 일어날 확률은 각각의 확률의 곱으로 계산할 수 있어요.

(사건 A와 사건 B가 동시에 일어날 확률)$=p \times q$

복불복의 확률

복불복 게임에서 필승의 순서가 있다? 없다!

예능 프로에서 벌칙자를 선발하거나, 식사, 상품을 택할 때 흔히 복불복 게임을 합니다. 이런 복불복 게임에서 반드시 승리할 수 있는 전략이 있을까요?

복불복 게임에 사용할 4개의 제비가 있습니다. 이 중 하나는 한 숟가락만 먹을 수 있는 '한 입만' 제비입니다. 제비뽑기를 하기 전 이런 저런 생각을 하게 됩니다. "첫 번째가 유리할 거야.", "마지막 순서가 유리할 거야.", "순서에 상관이 없지 않을까?"

과연 어떤 생각이 맞을까요?

첫 번째 사람이 한 입만 제비를 뽑을 확률은 4개 중 하나이므로 $\frac{1}{4}$입니다.

두 번째 사람이 한 입만 제비를 뽑을 확률을 구해봅시다. 여기서 주의할 점 하나! 앞사람이 무엇을 뽑느냐에 따라 뒷사람은 그 영향을 받게 된다는 것입니다. 두 번째 사람이 한 입만 제비를 뽑으려면 이전에 첫 번째 사람이 식사 제비를 반드시 뽑아야 합니다.

앞사람이 식사 제비를 뽑고 연이어 두 번째 사람이 남은 제비 3개 중 한 입만 제비를 뽑아야 하므로 (두 번째 사람이 한 입만 제비를 뽑을 확률)$= \frac{3}{4} \times \frac{1}{3} = \frac{1}{4}$입니다.

마찬가지로 세 번째 사람은 앞의 두 사람이 반드시 식사 제비를 뽑고 남은 2개의 쿠폰 중에서 한 입만 제비를 뽑아야 하므로

(세 번째 사람이 한 입만 제비를 뽑을 확률)$= \frac{3}{4} \times \frac{2}{3} \times \frac{1}{2} = \frac{1}{4}$입니다.

마지막 사람은 앞의 세 사람이 모두 식사 제비를 뽑고 남은 한 개를 뽑아야 하므로 (네 번째 사람이 한 입만 제비를 뽑을 확률)$= \frac{3}{4} \times \frac{2}{3} \times \frac{1}{2} \times 1 = \frac{1}{4}$입니다.

첫 번째 사람이 식사 쿠폰을 고를 확률 $\frac{3}{4}$　　두 번째 사람이 식사 쿠폰을 고를 확률 $\frac{2}{3}$　　세 번째 사람이 식사 쿠폰을 고를 확률 $\frac{1}{2}$　　네 번째 사람이 식사 한입만 쿠폰을 고를 확률 1

복불복 게임은 운에 따라 좌우되는 것일 뿐 순서에는 상관이 없습니다.

자료 전체의 특징을 대표적으로 나타내는 값

우리나라 가을의 평균 기온은 약 15℃입니다. 어느 지역은 연평균 기온이 16.1℃이고 월평균 기온이 가장 높을 때가 20.2℃, 가장 낮을 때가 11.8℃라고 합니다. 우리나라 가을 날씨를 생각하면 이 지역은 사람이 살기에 좋은 곳일까요?

이런 경우도 있습니다. 중국의 한 장수가 적진을 향해 나가던 중, 큰 강에 가로 막혔습니다. 이 장수는 강의 평균 수심이 140cm이고 병사들의 키가 165cm이라는 것을 알고 강을 건너라고 했습니다. 병사들은 무사히 강을 잘 건넜을까요?

이 2가지 경우에 사용한 평균만으로 보면 우리나라 날씨와 비교했을 때 이 지역은 살기에 좋은 곳일 것 같고, 병사들의 키는 수심보다 크므로 강을 잘 건넜을 것 같아요. 하지만 평균에는 함정이 있습니다.

제시한 평균 기온 자료의 지역은 사하라 사막입니다. 숲이나 물도 없거니와 낮 최고 기온은 최고 50℃까지 오르고, 밤 기온은 최저 0℃까지 내려간다고 하니 사람이 살기에 쾌적하다고 하기는 힘들겠죠?

한편 병사들은 강을 무사히 건너지 못했습니다. 강의 한 가운데 수심이 병사들의 키보다 더 깊었기 때문이에요. 장수는 강의 수심에 대한 평균을 알아야 하는 것이 아니라 가장 깊은 곳의 수심을 알아야 했던 것이죠.

자료 전체의 특징이나 중심 경향을 대표적으로 나타내는 값을 그 자료의 '대푯값'이라고 합니다. 우리가 사용하는 평균도 대푯값입니다. 하지만 사하라 사막의 경우 최고 기온과 최저 기온의 차이가 너무 크다 보니 대푯값으로 평균을 사용하면 사하라 사막의 특징을 나타내기 힘듭니다. 그리고 강의 수심의 경우 강의 특징을 나타내는 또다른 자료가 필요합니다.

일반적인 자료의 범위와는 달리 비정상적으로 아주 작은 값이나 아주 큰 값이 포함될 수 있어요. 이러한 이상한 값들로 인해 평균으로는 자료의 특징을 잘 알 수 없게 됩니다.

그래서 체조 경기에서 선수의 점수를 산정할 때는 여러 심사 위원들의 점수 중 최저 점수와 최고 점수를 제외한 점수의 평균을 이용해요.

예를 들어 6명의 심사 위원으로부터 6점, 10점, 12점, 12점, 13점, 20점을 받았다고 하면 6점과 20점을 제외한 나머지 점수의 평균인 $\frac{10+12+12+13}{4}=11.75$가 이 선수의 점수가 됩니다.

자료를 순서대로 나열했을 때 중앙의 값

선호가 이번 달 용돈을 받으며 '내 용돈이 다른 친구들보다 적은 것은 아닐까?' 라는 생각을 했어요. 그래서 친구들 7명의 한 달 용돈을 조사해 보았어요.

지우	형민	나라	선호	지환	희진	혜선
21000	25000	20000	25000	100000	28000	26000

이제 7명의 용돈에 대한 평균을 구해볼까요?

$$\frac{21000+25000+20000+25000+100000+28000+26000}{7}=35000(원)$$

지난 달 생일이었던 지환이 때문에 7명의 용돈 평균이 무려 35000원이 나왔어요. 하지만 대부분 친구들의 용돈은 평균과는 차이가 꽤 있습니다.

이렇게 자료의 특징이 평균만으로 나타내지지 않는다면 다른 대푯값이 필요하겠죠? 또 다른 대푯값으로 '중앙값'이 있습니다. 중앙값은 자료를 작은 값부터 크기순으로 나열해 보았을 때 자료의 중앙에 위치한 값이에요.

7명의 친구들의 자료를 크기순으로 나열해봅시다.

20000   21000   25000   25000   26000   28000   100000

7개의 용돈 자료 중 선호가 받은 용돈이 딱 가운데에 있네요! 즉 이 자료의 중앙값은 25000원입니다. 지환이의 용돈이 다른 친구들에 비해 너무 많아 평균에 영향을 미치니까 중앙값이 평균보다는 대푯값으로 더 적절하겠죠?

이렇게 자료의 개수가 홀수면 자료의 수에 1을 더해 반으로 나눈 수에 해당하는 순서의 수를 중앙값으로 찾으면 됩니다. 그래서 $\frac{7+1}{2}=4$번째 선호의 자료가 중앙값이 됩니다.

만약 선호를 제외한 다른 친구들의 자료에 대한 중앙값을 구하려고 하면 자료의 수가 6개인 짝수가 됩니다.

자료의 수가 짝수일 때는 중앙의 두 자료를 이용합니다. 6명의 중앙은 세 번째와 네 번째 자료이므로 형민의 용돈 25000원과 혜선의 용돈 26000원의 평균인 $\frac{25000+26000}{2}=25500(원)$이 중앙값이 됩니다.

최빈값

선호도를 나타내는 대푯값

반 친구들과 같이 가는 현장체험학습! 각자 가고 싶은 곳을 생각한 후 의견을 모았어요. 가고 싶은 장소를 조사하니 고궁, 실내스포츠체험관, 동물원, 숲, 그리고 놀이공원이 나왔어요. 이렇게 5가지 장소를 두고 어느 곳으로 정할지 투표하기로 했어요. 투표에서 가장 많은 표를 받은 곳이 현장체험학습 장소가 되겠죠? 이렇게 자료 중 가장 많이 나오는 값을 최(가장 最)와 빈(자주 頻)을 사용하여 '최빈값'이라고 해요.

장소	고궁	실내스포츠체험관	동물원	숲	놀이공원
득표수(표)	9	5	4	3	9

투표 결과 가장 많은 표를 받은 장소는 고궁과 놀이공원이죠? 이 투표에서 최빈값은 고궁과 놀이공원입니다. 이렇게 최빈값은 자료에 따라 하나일 수도 있고, 둘 이상이 될 수도 있어요.

우리가 많이 사용하는 대푯값인 평균이나 중앙값은 키나 몸무게, 점수 등과 같이 숫자로 된 자료를 대표하는 값이에요. 최빈값은 키, 몸무게와 같은 숫자로 된 자료뿐만 아니라 '고궁', '실내스포츠체험관'과 같이 숫자가 아닌 자료에도 사용됩니다.

최빈값은 가게의 물건을 얼마나 준비해놓을지를 결정할 때 유용하게 사용돼요. 예를 들어 신발 가게나 교복 가게는 같은 디자인의 물건이라도 치수별로 물건을 준비해둬야 해요.

이때 모든 치수의 물건을 같은 개수만큼 가져다놓아야 할까요? 그것보단 많이 팔리는 치수가 있다면 그 치수를 많이 가져다놓는 것이 좋죠. 그래서 이전에 팔린 치수 중 최빈값을 조사하여 가장 많이 팔린 치수를 더 많이 가져다 둡니다.

이렇게 숫자가 아닌 자료에 대해서도 대푯값을 구할 수 있다는 것이 최빈값의 장점이에요.

같은 평균 다른 분포

가장 친한 친구인 윤우와 강준이는 이번 시험 성적 평균도 사이좋게 80점으로 똑같아요. 두 사람의 성적은 질적으로도 같을까요?

실제 두 사람의 성적표와 성적을 나타낸 그래프를 보면 차이가 있음을 알 수 있어요. 평소 모든 과목을 고르게 공부하는 윤우는 과목 대부분의 성적이 비슷해요. 즉 평균 근처에 성적이 고르게 분포되어 있어요.

하지만 강준이는 성적이 들쑥날쑥하죠? 강준이가 좋아해서 열심히 공부한 수학과 영어의 성적은 높지만 공부를 잘 하지 않은 국어와 과학의 점수는 낮아요.

	국어	수학	과학	영어	평균
윤우	75	80	80	85	80
강준	65	100	55	100	80

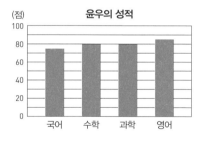

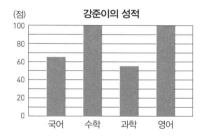

평균은 들쑥날쑥한 자료를 고르게 만드는 마법을 부려요. 그래서 고른 점수를 가진 윤우나 점수가 들쑥날쑥한 강우의 평균이 서로 같게 되는 것입니다. 이렇게 평균과 같은 대푯값은 자료의 성격을 파악하기에 편리한 점이 있지만, 자료의 특징을 나타내기에는 충분하지 않습니다. 같은 평균을 가진 윤우와 강준이의 점수가 실제 과목별 점수의 분포는 다르듯이 점수의 흩어져 있는 정도는 서로 다를 수 있어요. 그래서 자료가 얼마나 흩어져있는지 하나의 수로 나타내어 정보로 사용하는데 이를 한자 산(흩어지다 散)을 이용하여 '산포도'라고 해요.

편차

자료가 평균으로부터 떨어져 있는 정도

'이상과 현실에는 편차가 있다', '이 학급의 1차 지필평가 성적은 편차가 적은 고른 분포이다'와 같이 편차는 일상생활에서 수치 또는 위치가 일정한 기준에서 얼마만큼 떨어져 있는지를 알려줍니다. 수학에서는 기준을 평균으로 두고 자료가 평균과 얼마나 차이가 나는지를 구합니다.

$$(편차)=(자료의 값)-(평균)$$

편차의 절댓값이 클수록 평균과 떨어져 있고 작을수록 평균에 가까워요. 그리고 자료의 값이 평균보다 크면 편차는 양수이고, 자료의 값이 평균보다 작으면 편차는 음수가 됩니다.

두 양궁 선수 A와 B가 화살을 쏜 과녁을 볼까요?

두 선수의 과녁의 점수를 표로 나타내고 평균을 구했더니 서로 같아요.

회	1	2	3	4	5	6	7	8	9	평균
A 선수	8	7	8	9	8	7	8	8	9	8
B 선수	8	7	7	9	10	9	6	10	6	8

이제 두 선수의 편차를 구해볼까요?

회	1	2	3	4	5	6	7	8	9	편차의 합
A 선수의 편차	0	-1	0	1	0	-1	0	0	1	0
B 선수의 편차	0	-1	-1	1	2	1	-2	2	-2	0

두 선수의 편차의 합을 구해보면 두 선수 모두 편차의 합은 0이죠? 양수와 음수의 편차를 모두 더하기 때문에 편차의 합을 더하면 어떤 자료든 항상 0이 됩니다. 과녁을 보면 흩어져있는 정도가 달라 보이지만 평균도 같고 편차의 합도 같아요. 그래서 편차의 합으로는 자료의 산포도를 알 수 없습니다.

분산과 표준편차

평균과 편차를 이용해 산포도 구하기

편차의 총합은 어느 자료든지 항상 0이므로 산포도를 알 수 없습니다. 그래서 사용하는 것이 '분산'과 '표준편차'입니다.

분산은 편차의 제곱의 평균이에요. 편차의 합은 양수와 음수의 편차를 모두 더해 0이 되지만 편차를 제곱하면 항상 0 이상이므로 평균에서 얼마나 떨어져 있는지를 나타내는 산포도로 사용됩니다. 그리고 분산의 음이 아닌 제곱근인 표준편차도 산포도로 사용됩니다.

새로 개봉한 2개의 영화 중 어떤 것을 보러 갈까 고민이라면 다른 사람들이 매긴 평점을 참고로 영화를 선택할 수 있죠? 두 영화에 대해 10개의 사이트가 매긴 점수를 보니 두 영화 모두 평균이 8점으로 같아요. 평균으로 영화 한 편을 선택하기는 어렵죠? 그래서 산포도를 구하기로 했어요.

편차										
A 영화	0	0	0	1	0	-1	0	1	0	-1
B 영화	-1	-2	0	-1	0	1	2	1	2	-2

A 영화의 분산과 표준편차를 구하면 다음과 같아요.

$$(분산) = \frac{0^2+0^2+0^2+1^2+0^2+(-1)^2+0^2+1^2+0^2+(-1)^2}{10} = \frac{4}{10} = \frac{2}{5}$$

$$(표준편차) = 0.6324\cdots$$

B 영화의 분산과 표준편차를 구하면 다음과 같아요.

$$(분산) = \frac{(-1)^2+(-2)^2+0^2+(-1)^2+0^2+1^2+2^2+1^2+2^2+(-2)^2}{10} = \frac{20}{10} = 2$$

$$(표준편차) = 1.4142\cdots$$

분산과 표준편차가 작은 영화 A에는 대부분의 사람들이 비슷하게 점수를 줬지만 영화 B는 사람에 따라 점수의 편차가 크다는 것을 알 수 있죠? 이 경우 대체로 비슷한 점수를 준 영화 A를 선택해서 보는 것이 다른 사람과 비슷한 점수를 줄 가능성이 커요.

분산은 평균에서 떨어진 정도를 양의 값으로 나타내기 위해 제곱이 필요했어요. 하지만 제곱 때문에 값이 무척 커질 수 있어요. 그래서 값을 작게 하려고 분산의 음이 아닌 제곱근의 값인 표준편차를 산포도로 사용합니다.

상관관계

두 변량 사이의 관계

실내자전거를 즐겨 타는 효진이는 친구들과 앱에서 만나 운동을 해요. 실내자전거를 탄 후 친구들의 운동한 시간과 소모한 칼로리를 조사해 운동한 시간 x분과 소모한 칼로리 y kcal의 순서쌍을 좌표평면에 나타내면 다음과 같아요.

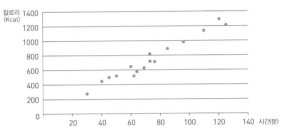

이렇게 두 변량 x, y의 순서쌍 (x, y)를 좌표평면 위에 나타낸 그림을 두 변량 x, y의 '산점도'라고 해요. 산점도를 보면 운동한 시간이 많을수록 소모한 칼로리가 높다는 것을 알 수 있어요. 이렇게 두 변량에 대해 한 변량의 값이 변함에 따라 다른 변량의 값이 변하는 경향이 있을 때, 이 두 변량 사이의 관계를 '상관관계'라고 해요. 산점도에서 점들이 오른쪽 위로 향하는 경향이 있으면 양의 상관관계가 있고, 오른쪽 아래로 향하는 경향이 있으면 음의 상관관계가 있다고 해요.

즉 운동한 시간과 소모한 칼로리의 산점도를 보면 양의 상관관계가 있다는 것을 알 수 있어요. 함수의 그래프로 두 변수의 관계를 알 수 있듯이 산점도를 그리면 두 변수의 관계를 알 수 있습니다.

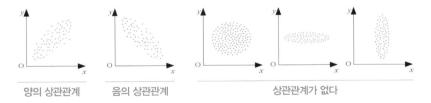

| 양의 상관관계 | 음의 상관관계 | 상관관계가 없다 |

MATHEMATICS
IS FUN!

■ **독자 여러분의 소중한 원고를 기다립니다** ─────────────

메이트북스는 독자 여러분의 소중한 원고를 기다리고 있습니다. 집필을 끝냈거나 집필중인 원고가 있으신 분은 khg0109@hanmail.net으로 원고의 간단한 기획의도와 개요, 연락처 등과 함께 보내주시면 최대한 빨리 검토한 후에 연락드리겠습니다. 머뭇거리지 마시고 언제라도 메이트북스의 문을 두드리시면 반갑게 맞이하겠습니다.

■ **메이트북스 SNS는 보물창고입니다** ─────────────

메이트북스 유튜브 bit.ly/2qXrcUb

활발하게 업로드되는 저자의 인터뷰, 책 소개 동영상을 통해 책에서는 접할 수 없었던 입체적인 정보들을 경험하실 수 있습니다.

메이트북스 블로그 blog.naver.com/1n1media

1분 전문가 칼럼, 화제의 책, 화제의 동영상 등 독자 여러분을 위해 다양한 콘텐츠를 매일 올리고 있습니다.

메이트북스 네이버 포스트 post.naver.com/1n1media

도서 내용을 재구성해 만든 블로그형, 카드뉴스형 포스트를 통해 유익하고 통찰력 있는 정보들을 경험하실 수 있습니다.

STEP 1. 네이버 검색창 옆의 카메라 모양 아이콘을 누르세요.　　STEP 2. 스마트렌즈를 통해 각 QR코드를 스캔하시면 됩니다.
STEP 3. 팝업창을 누르시면 메이트북스의 SNS가 나옵니다.